5G 新技术丛书

5G 物联网及 NB-IoT 技术详解
（第 2 版）

江林华　编著

電子工業出版社
Publishing House of Electronics Industry
北京 • BEIJING

内 容 简 介

本书讲解了 5G 物联网关键技术，包括各类非授权频谱即私有物联网技术和 3GPP 主导的授权频谱物联网技术，其中，窄带物联网（NB-IoT）技术已经成为万物互联时代的新引擎。本书第 1 章介绍移动通信技术近 40 年的发展历程，着重介绍 ITU 及 3GPP 组织主导的 5G 标准进展、应用场景、核心指标（5G KPI）要求及关键技术；第 2 章介绍主流非授权频谱物联网技术；第 3 章介绍 3GPP 定义的中速率中成本中功耗物联网即 5G RedCap 技术；第 4～7 章详细介绍 NB-IoT 的基本概念、物理层原理、基本过程和数据传输模式；第 8 章解析 NB-IoT 物联网中常用的信令消息内容，对从事 NB-IoT 物联网系统及终端开发与测试，以及网络维护的工程师有较大的参考意义，可以方便读者查对和比较相关信令消息内容，实用性和针对性强。

本书既适合移动物联网行业的测试工程师、研发工程师和 NB-IoT 网络运营维护人员，以及第三方应用开发平台的工程师阅读，也适合从事物联网终端行业特别是 NB-IoT 终端模块研发和测试的工程师参考，同时可供大专院校电子与通信相关专业的师生参考阅读。

图书在版编目（CIP）数据

5G 物联网及 NB-IoT 技术详解 / 江林华编著. -- 2 版.
北京 : 电子工业出版社, 2024. 6. -- （5G 新技术丛书
）. -- ISBN 978-7-121-48061-4

Ⅰ. TN929.538; TP393.4; TP18

中国国家版本馆 CIP 数据核字第 2024FC8543 号

责任编辑：曲　昕　　文字编辑：康　霞
印　　刷：三河市君旺印务有限公司
装　　订：三河市君旺印务有限公司
出版发行：电子工业出版社
　　　　　北京市海淀区万寿路 173 信箱　邮编 100036
开　　本：787×1 092　1/16　印张：14.25　字数：364 千字
版　　次：2018 年 3 月第 1 版
　　　　　2024 年 6 月第 2 版
印　　次：2025 年 1 月第 2 次印刷
定　　价：69.00 元

凡所购买电子工业出版社图书有缺损问题，请向购买书店调换。若书店售缺，请与本社发行部联系，联系及邮购电话：（010）88254888，88258888。

质量投诉请发邮件至 zlts@phei.com.cn，盗版侵权举报请发邮件至 dbqq@phei.com.cn。

本书咨询联系方式：（010）88254468，quxin@phei.com.cn。

前 言

当前移动通信技术的发展日新月异，4G-LTE 演进部署正当其时，5G 及 NB-IoT 物联网技术又要登场，尽管很多私有的采用非授权频谱的物联网技术已经发展应用了很多年，但都不温不火，没有爆发大规模商用。3GPP 主导的、能可靠运营的、电信级的、具备统一开放标准的 NB-IoT 物联网技术在 2016 年年底横空出世，并很快后来居上，大有一统江湖之势。全球各大通信运营商、网络设备商、终端模块制造商、第三方物联网服务与应用提供商等共同掀起了大规模开发、测试和部署 NB-IoT 物联网的热潮。

目前图书市场上虽然有一些 5G 和物联网方面的图书出版，但是很少有专门论述 NB-IoT 技术的书籍。本书编著者十多年来一直从事移动通信技术开发与测试工作，具有丰富的 3G/4G/5G 移动通信行业经验，对通信技术市场发展趋势和热点需求把握准确。本书重点论述 NB-IoT 物联网技术，同时兼顾介绍 5G 标准与关键技术，以及其他各类非授权频谱的私有物联网技术，以期满足广大从事 NB-IoT 物联网技术的相关人员的迫切需求。

本书采用以点带面、点面结合的方法，既概述了当前 5G 的标准进展、核心指标要求、关键技术与应用场景，又总结了当下流行的各类物联网技术及其发展应用，最后重点深入论述 3GPP 主导的 NB-IoT 物联网技术的实现原理、基本过程、数据传输和消息解读，而非泛泛而谈或简单翻译协议，特别适合从事 NB-IoT 技术系统设计、开发与集成测试及网络维护的相关人员参考阅读或查询比对。更重要的是，读者能在一本书中尽览最新的 5G 标准与关键技术，以及各种物联网技术和 NB-IoT 技术的详解。

本书附录对英文缩略语进行了中文翻译，其中部分词汇没有统一性表达，仅供参考。本书第 1 版 2018 年年初由电子工业出版社出版发行，获得行业读者热烈反响与欢迎，不少高校选用本书作为通信及物联网相关专业的教学或参考用书，这些都是对编著者多年移动通信行业工作积累的肯定。几年过去了，3GPP 又制定推出了中速率中成本中功耗物联网新标准——5G RedCap 技术，中文简称为减少能力或轻量级物联网技术，正好与低速率低成本低功耗的 NB-IoT 技术形成互补，至此 3GPP 主导的物联网技术一统江湖，完成了高、中、低三种速率、三种成本和三种功耗的全覆盖，因此此次再版时特别添加了一章内容，专门用来介绍最新的 5G RedCap 技术。另外本书其他章节特别是第一章部分内容也有一些更新修正。此次再版获得了电子工业出版社策划编辑曲昕女士以及其他排版、设计、审稿人员的大力支持，在此一并感谢。同时，还要感谢家人给予的鼓励和支持。

尽管编著者通过再版已经尽力将出错的概率降到最小，但错漏之处仍在所难免。如果发现本书有任何错漏的地方，欢迎广大读者批评指正，不胜感激！

江林华

2024 年 4 月 8 日于北京

前言

[illegible]

目　录

第 1 章　5G 概述

本章主要介绍移动通信发展史和 5G 的基本概念，包括 5G 标准进展及技术演进、5G 三大应用场景和 5G 核心指标（KPI），以及 5G 关键技术。

1.1　移动通信发展史

基于蜂窝架构的移动通信技术经历了从单向（寻呼机时代）到双向、从单工（对讲机）到双工、从模拟调制到数字调制、从电路交换到分组交换、从纯语音业务到数据及多媒体业务、从低速数据业务到高速数据业务的快速发展，不但实现了人们对移动通信的最初梦想——任何人，在任何时间和任何地点，可以同任何人通话，而且实现了在高速移动过程中发起视频通话、接入互联网、收发电子邮件、电子商务、实时上传和下载文件或分享照片及视频等。未来不仅要实现人与人、人与物之间的互连通信，而且要走进物与物，即万物互连的物联网新通信时代。图 1-1 直观地告诉我们移动通信技术每隔 10 年就会经历一次革命性的跨越。

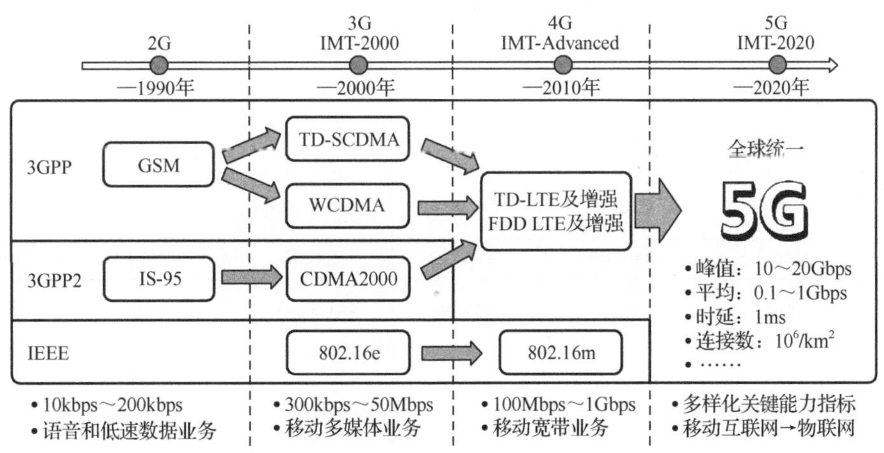

图 1-1　移动通信技术每隔 10 年经历一次跨越

表 1-1 描述了移动通信技术 30 多年来，从第 1 代（1G）到第 4 代（4G），直至第 5 代（5G）的详细发展路线图。

表 1-1　移动通信技术发展路线图

名称 参数	1G AMPS/ TACS	2G GSM	2G CDMA IS-95	2.5G GPRS	2.5G CDMA IS-2000	2.75G EDGE
最大 下行速率	只支持语音	9.6/14.4kbps	9.6/14.4kbps	144kbps	153kbps	375kbps
用户 面时延	—	>250ms	>250ms	>200ms	>200ms	>200ms
3GPP 版本	—	3GPP	3GPP2	3GPP R97	3GPP2	3GPP R98
部署时间	1982 年	1992 年	1995 年	1997 年	1999 年	1998 年
小区或信 道带宽	30kHz	200kHz	1.25MHz	200kHz	1.25MHz	200kHz
核心技术 和主要 功能	—	GMSK 数字调制	—	引入 分组交换	引入 分组交换	高阶调制 （8-PSK）， 时隙捆绑
调制方式	模拟调制	GMSK	QPSK	GMSK	QPSK/ 16QAM	GMSK/ 8-PSK
多址方式	FDMA	TDMA	CDMA	TDMA	CDMA	TDMA
运营商	—	中国移动 中国联通	中国电信	中国移动 中国联通	中国电信	中国移动 中国联通
名称 参数	3G WCDMA （UMTS）	3G TD-SCDMA	3G CDMA2000 1xEVDO RevA	3.5G CDMA2000 1xEVDO RevB	3.5G HSPA （HSDPA/ HSUPA）	3.75G HSPA+
最大 下行速率	384kbps	128kbps	2.45/3.1Mbps （1x）	9.3Mbps（3x）	7.2/14.4Mbps	21/42/ 84/168Mbps
用户 面时延	150ms	150ms	100ms	100ms	70ms	50ms
3GPP 版本	R99/R4	R4	3GPP2 RevA	3GPP2 RevB	R5/R6	R7/R8
部署时间	2000 年	2001 年	2004 年	2006 年	2005 年	2008 年
小区或信 道带宽	5MHz	1.6MHz	1.25MHz	3×1.25MHz	5MHz	5/10MHz
核心技术 和主要 功能	MMS， Location Service	—	—	Max 14.7M with 64QAM	IMS， WB-AMR， MBMS	Dual-Carrier， MIMO2×2， CPC，FDPCH， Enhanced FACH/PCH
调制方式	模拟调制	GMSK	QPSK	GMSK	QPSK/ 16QAM	GMSK/ 8-PSK
多址方式	CDMA	CDMA	CDMA	CDMA	CDMA	CDMA
运营商	中国联通	中国移动	中国电信	中国电信	中国联通	中国联通

续表

名称 参数	3.9G	4G	4.5G（4G+）	5G
	LTE （FDD/TDD）	LTE Advanced （FDD/TDD）	LTE Advanced Pro	New Radio/ Cloud
最大 下行速率	50/100/300Mbps	1Gbps	10Gbps	20Gbps
用户 面时延	20ms	10ms	≤5ms	≤1ms
3GPP 版本	R8/R9	R10/R11/R12	R13/R14	R15/R16
部署时间	2010 年	2012 年	2016 年	2020 年
小区或信 道带宽	1.4～20MHz	20～100MHz	1.4MHz/200kHz	>100MHz
核心技术 和主要 功能	LTE，SAE，SU-MIMO4×4，MBSFN，TM#1～6	CA（Carrier Aggregation），CoMP，Relay，MU-MIMO 4×8（TM#9），SON，Aperiodic SRS Transmission，Uplink Multi-antenna Transmission，Heterogeneous Cells	LTE-M（eMTC），NB-IoT，32 CA，LAA	超密集组网、大规模天线阵列（Massive MIMO）、非正交传输、毫米波通信、C-RAN、软件定义网络（SDN）、网络功能虚拟化（NFV）、内容分发网络（CDN）
调制方式	QPSK/16QAM/64QAM	QPSK/16QAM/64QAM	QPSK/16QAM/64QAM	256QAM
多址方式	OFDMA（DL）/ SC-FDMA（UL）	OFDMA（DL）/ SC-FDMA（UL）	OFDMA（DL）/ SC-FDMA（UL）	Fast OFDM
运营商	中国联通，中国电信	中国联通，中国电信	—	—

1.2　5G 技术演进

其实，在 4G 时代，移动通信网络的发展演进路径就已经出现了两大分支，覆盖了更多应用场景，如图 1-2 所示。

为了满足未来移动通信用户数，即网络容量的极大增长要求，以及满足巨大的物联网业务需求和超高速的数据传输速率的要求，除移动通信网络架构的演进之外，所谓第五代，即 5G 移动通信技术也无非是从以下 3 个维度来演进的，如图 1-3 所示。

- 提升频谱效率。
- 扩展频谱带宽。
- 增加网络密度。

移动通信频谱效率的演进如图 1-4 所示。

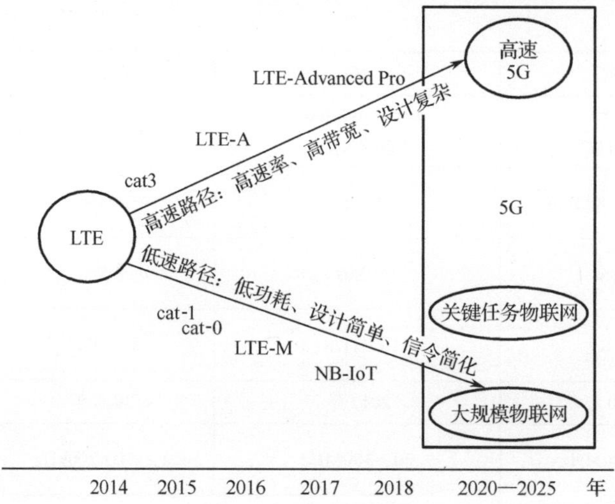

图 1-2　移动通信演进分支

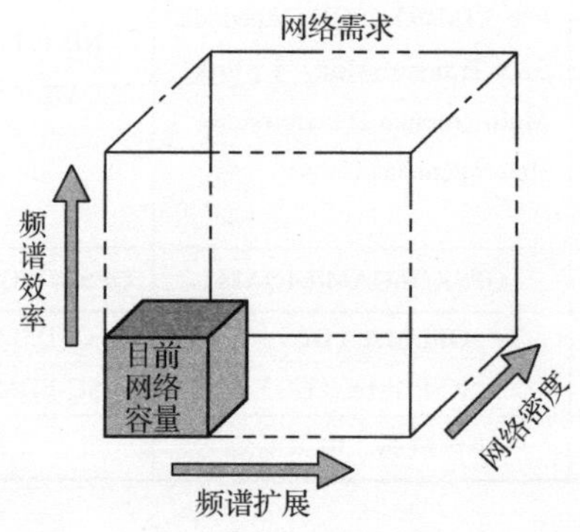

图 1-3　移动通信技术演进的三个方向

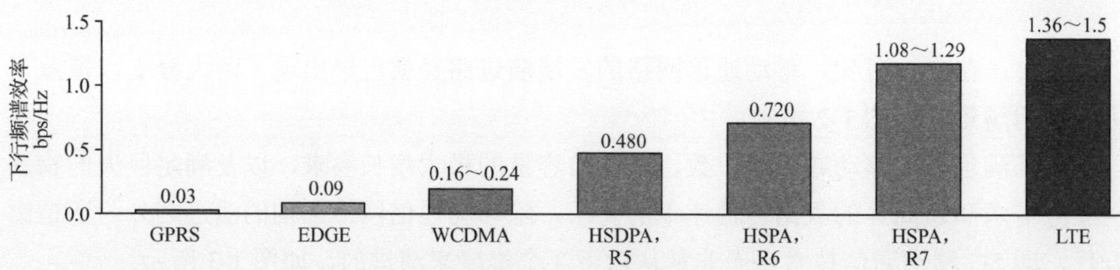

图 1-4　移动通信频谱效率的演进

由于以下两项技术的普遍采用，移动通信的频谱效率也在不断演进和提高。

- 高阶调制技术：QPSK→16QAM→64QAM→256QAM。
- 多天线技术：MIMO2×2→MIMO4×4→MIMO8×8→MIMO64×64→Massive MIMO256（大规模智能天线阵列）。

移动通信的频谱效率越来越接近香农定律的极限值。

另外，由于要支持超高数据传输速率，除上面说的频谱效率提升之外，蜂窝小区的工作带宽也变得越来越大，或者引入多载波聚合（CA）技术提升小区带宽：30kHz→200kHz→1.25MHz→5MHz→10MHz→20MHz→100MHz→200MHz

无线频段也随之越来越向高频段扩展，直至毫米波段（>20GHz）：700MHz→900MHz→1800MHz→2100MHz→2600MHz→3GMHz→6GMHz→10GHz→30GHz

频率越高的无线电波传播的损耗越大，穿透力也越差，导致小区的覆盖范围也越来越小（见图 1-5）。

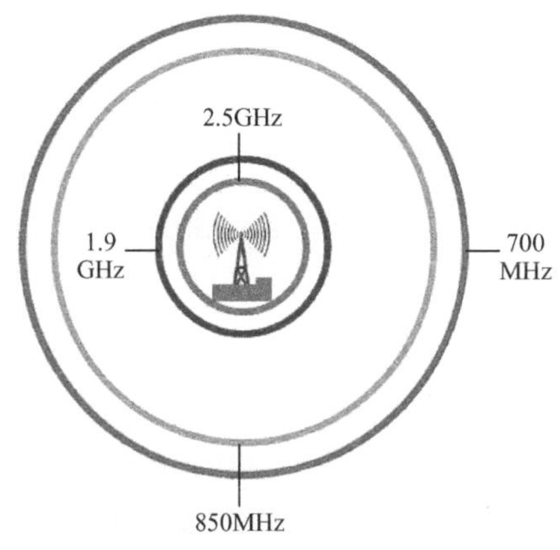

图 1-5　移动通信不同频段小区的覆盖范围

频段越高，小区的覆盖范围越小，自然蜂窝网络密度越来越大，也就意味着运营商要部署更多的基站，未来 5G 基站将遍地皆是，沿街每一个路灯柱子上面都有可能装有一个基站，每个家庭也将可能安装一个私有基站，面对这么庞大的网络基站规模，移动通信网络的建设和维护成本也会越来越大。

因此，要求未来 5G 移动通信网络必须足够灵活，也就是说，网络应该具有强大的自治力、自适应力和创造力，并能从无线环境中学习，各网元、各基站之间能相互协同工作、自适应优化、自适应配置，从而实现任何时间、任何地点的高可靠高速率通信，以及对异构网络环境下有限的无线频谱资源进行高效利用。只有这样才能实现网络功能的虚拟化、协作化、云化和软件化。

1.3　5G 标准与应用

1. 5G 标准进展

2016 年，国际电信联盟组织（International Telecommunication Union，ITU）已经正式将 5G 命名为 IMT-2020，图 1-6 给出了 3GPP 等标准组织的 5G 标准化进展时间表。

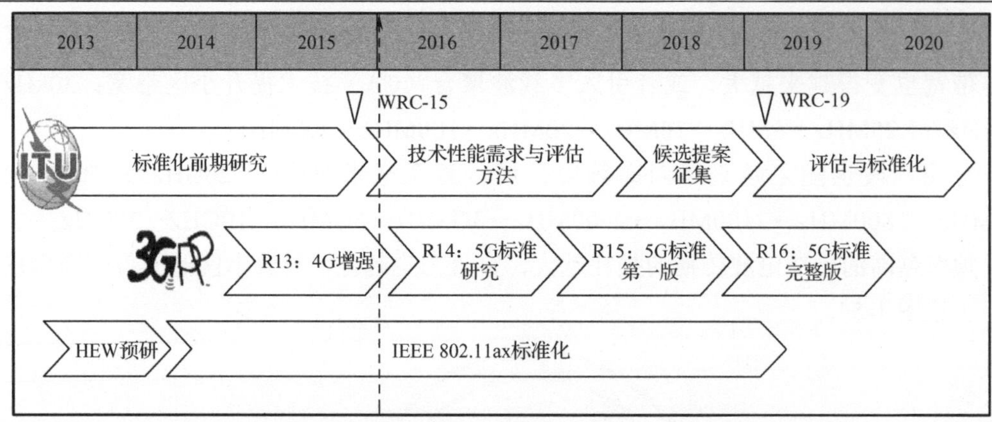

图 1-6　3GPP 等标准组织的 5G 标准化进展时间表

ITU：已经完成了 5G 愿景研究，2017 年年底启动 5G 技术方案征集，2020 年完成 5G 标准制定。

3GPP：2016 年年初启动了 5G 标准研究，2018 年下半年完成 5G 标准第一版本，2019 年年底完成满足 ITU 要求的 5G 标准完整版本。

IEEE：2014 年年初启动下一代 WLAN（802.11ax）标准的制定，2019 年年初完成该标准的冻结发布。802.11be，即 Wi-Fi7 工作组成立于 2019 年年中，目前 Wi-Fi 标准制定进行到 DRAFT3.0 版本，预计 2024 年年底将正式发布 Wi-Fi7 标准。

不过最新的进展消息是，3GPP 主导的 5G 标准进展被要求加速，第 1 版标准 R15 提前半年在 2018 年上半年发布。2019 年 12 月完成 R16 第三阶段的研究工作，并于 2020 年 3 月形成完整的 5G 标准，包括 SA 和 NSA 模式 5G 标准的冻结发布。

2．5G 应用场景

5G 通常包含下面三大应用场景（见图 1-7）。

- 大规模物联网，也称为大规模机器类型或海量机器类型通信（massive Machine Type Communication，mMTC）。
- 超可靠低时延通信（Ultra Reliable Low Latency Communication，URLLC）：任务关键性物联网主要应用于无人驾驶、自动工厂、智能电网等领域，要求超高安全性、超低时延与超高可靠性，比如，我们体验增强现实（Argument Reality，AR）或虚拟现实（Virtual Reality，VR）、远程控制和游戏等业务时，数据需要传送到云端进行分析处理，并实时传回处理后的数据或指令，这一来回的过程时延一定要足够低，低到用户无法觉察到。另外，机器对时延比人类更敏感，对时延要求更高，尤其是 5G 车联网、自动工厂和远程机器人、远程医疗机器人手术等的应用。
- 增强的移动带宽（enhanced Mobile BroadBand，eMBB），也称为极致移动带宽：超高传输速率（>10Gbps），5G 时代将面向 4K/8K 超高清视频、全息技术、增强现实/虚拟现实等应用，移动带宽的主要需求是更高的数据传输速率。

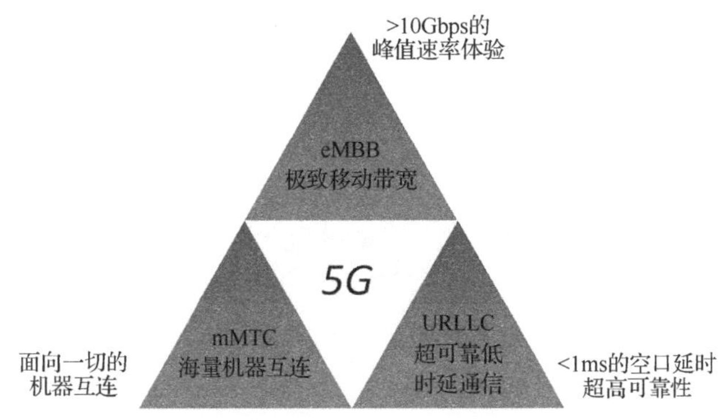

图 1-7　5G 三大应用场景

本书主要讲解 5G 大规模物联网技术，即 NB-IoT，对其他两大应用场景不做介绍。

1.4　5G 核心指标

5G 新空口无线技术（New Radio，NR）明确规定了两大核心关键指标。

- 峰值速率：DL 20Gbps。
- 用户面时延：0.5ms（URLLC）。

这两个关键 KPI 指标值在 4G-LTE 基础上整整提升了 20 倍。表 1-2 给出详细的 5G NR 各项性能指标。

表 1-2　5G NR 各项性能指标

5G 关键指标项目	5G KPI Items	KPI 指标值
峰值速率	Peak Data Rate	DL：20Gbps UL：10Gbps
峰值频谱效率	Peak Spectral Efficiency	DL：30bps/Hz UL：15bps/Hz
控制面时延	Control Plane Latency	10ms
用户面时延	User Plane Latency	URLLC：0.5ms（DL&UL）
非频发小数据包时延	Latency for Infrequent Small Packets	TBD
移动性中断时间	Mobility Interruption Time	0ms
系统间移动性	Inter-system Mobility	Mandatory/Optional
可靠性	Reliability	URLLC：BLER≤0.001%（1ms）
覆盖	Coverage	mMTC：164dB

1.5　5G 关键技术

本节集中介绍 5G 可能会采用的 8 大核心关键技术，包括无线接入网（RAN）和网络架构（Network Architecture）都会涉及的新技术。

1.5.1　毫米波技术

以往移动通信的传统工作频段主要集中在 3GHz 以下，这使得频谱资源十分拥挤，而在高频段（如毫米波、厘米波频段）可用频谱资源丰富，能够有效缓解频谱资源紧张的现状，可以实现极高速短距离通信，能满足 5G 大容量和高速率等方面的需求。

高频段在移动通信中的应用是未来的发展趋势，业界对此高度关注。下面是高频段毫米波移动通信的主要优点：

- 足量的可用带宽；
- 小型化的天线和设备；
- 较高的天线增益；
- 绕射能力好；
- 适合部署大规模天线阵列（Massive MIMO）。

高频段毫米波移动通信也存在传输距离短、穿透能力差、容易受气候环境影响等缺点。射频器件、系统设计等方面的问题也有待进一步研究和解决。

目前，各大研究机构和公司正在积极开展高频段需求研究及潜在候选频段的遴选工作。高频段资源虽然较为丰富，但是仍需要进行科学规划、统筹兼顾，从而使宝贵的频谱资源得到最优配置。

1.5.2　大规模天线阵列

多天线技术经历了从无源到有源、从二维（2D）到三维（3D）、从高阶 MIMO 到大规模阵列（Massive MIMO）的发展，将有望实现频谱效率提升数十倍甚至更高，是目前 5G 技术重要的研究方向之一。

由于引入有源天线阵列和毫米波技术，基站侧同样大小的物理空间可支持的协作天线数量将达到 128 根甚至更多，如图 1-8 所示。

此外，原来的 2D 天线阵列拓展成 3D 天线阵列，形成新颖的 3D-MIMO，即立体多维 MIMO 技术，支持多用户智能波束赋型，减小用户间干扰，结合高频段毫米波技术，将进一步改善无线信号的覆盖性能。

3D-MIMO 技术在原有 MIMO 的基础上增加了垂直维度，使得波束在空间上三维赋型，可更好地避免相互之间的干扰。配合大规模 MIMO，可实现多方向波束赋型。

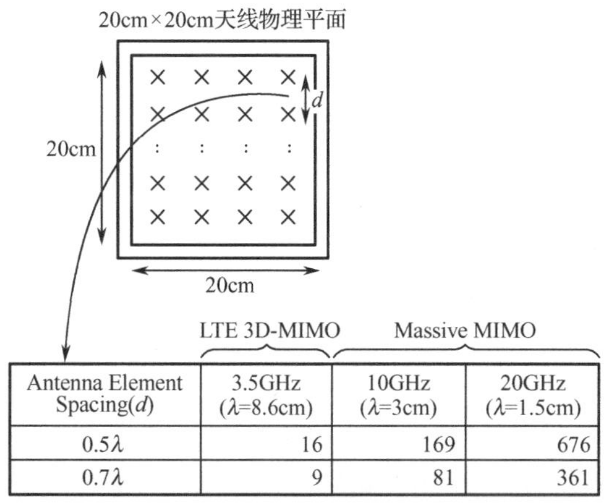

Antenna Element Spacing(d)	3.5GHz (λ=8.6cm)	10GHz (λ=3cm)	20GHz (λ=1.5cm)
0.5λ	16	169	676
0.7λ	9	81	361

图 1-8　Massive MIMO 原理示意图

目前研究人员正在针对大规模天线信道测量与建模、阵列设计与校准、导频信道、码本及反馈机制等问题进行研究，未来将支持更多的用户空分多址（SDMA），显著降低发射功率，实现绿色节能，提升覆盖能力。

1.5.3　新型调制编码技术

调制编码技术是移动通信的核心技术。5G 所采用的新型调制编码技术主要包括 256QAM 高阶调制、LDPC 和 Polar 编解码技术。下面分别介绍。

1948 年，香农（Shannon）在他的开创性论文“通信中的数学理论”中第一次提出在有噪信道中实现可靠通信的方法，并且提出著名的有扰信道编码定理，奠定了纠错编码的基础。

20 世纪 50 年代初，汉明（Hamming）、斯列宾（Slepian）、普兰奇（Prange）等人在香农理论的基础上，设计出一系列性能优异的编译码方案，并以此为基础得出在编码信道条件下各种信道的香农极限。香农极限作为通信系统中的性能极限，具有非常重要的意义，也带动了通信领域中设计和构造逼近香农极限的纠错编码的研究与应用。

简单来说，信道编码就是在 K 比特的数据块中插入冗余比特，形成一个更长的码块，这个码块的长度为 N 比特（$N>K$），$N-K$ 比特就是用于检测和纠错的冗余比特，编码率 R 为 K/N。一个好的信道编码，就是在一定的编码率下，能无限接近信道容量的理论极限，即香农极限。

3GPP 决定 5G 采用哪种编码方式的因素包括译码吞吐量、时延、纠错能力、误块率（BLER）、灵活性，以及软硬件实现的复杂性、成熟度和后向兼容性等。

低密度奇偶校验（Low Density Parity Check，LDPC）码最早由美国麻省理工学院的 Robert G.Gallager 博士于 1963 年提出，是一类具有稀疏校验矩阵的线性分组码，不仅有逼近香农极限的良好性能，而且译码复杂度较低，结构灵活，一直是信道编码领域的研究热点。

LDPC 码的核心思想是用一个稀疏的向量空间把信息分散到整个码字中，也就是要求校验矩阵中1的个数远小于0的个数，并且码长越长，密度越低。

普通的分组码校验矩阵密度高，采用最大似然法在译码器中解码时，错误信息会在局部校验节点之间反复迭代并被加强，造成译码性能下降。反之，LDPC 码的校验矩阵非常稀疏，错误信息会在译码器的迭代中被分散到整个译码器中，正确解码的可能性会相应提高。简单来说，普通的分组码的缺点是错误集中并被扩散，而 LDPC 码的优点是错误分散并被纠正。

但是由于 LDPC 解码器运算复杂，限于当时的硬件技术条件和缺乏可行有效的译码算法，在问世后的35年间，LDPC 码被逐渐遗忘。

直到20世纪80年代，Tanner 用图论的方式解释了 LDPC 码，并改进了译码方法。1993年，Berrou 等人发现了 Turbo 码，在此基础上，1995年左右剑桥大学卡文迪许实验室的 David J. C. MacKay 再次发现了 LDPC 这种性能优秀的信道编码，并提出可行的译码算法，从而进一步发现了 LDPC 码所具有的良好性能，这迅速引起强烈反响和极大关注，LDPC 码也再次进入学术界的视野。

随后，学术界对 LDPC 码投入了大量的关注，包括对编码矩阵构造、解码算法优化等关键技术展开了研究。其中比较关键的突破为高通公司的 Thomas J. Richardson 提出的 Multi-Edge 构造方法可以灵活地得到不同速率 LDPC 码，非常适合通信系统的递增冗余（IR-HARQ）技术；LDPC 码的并行解码可以大幅度降低 LDPC 码的解码时间和复杂度。至此，LDPC 码从理论上进入通信系统的障碍被全部扫清了。

经过十几年来的研究和软硬件技术的飞速发展，LDPC 码的相关技术也日趋成熟，已经开始有了商业化的应用成果，并进入无线通信等相关领域，LDPC 码被各种通信系统采纳，目前已广泛应用于深空通信、光纤通信、卫星数字视频和音频广播等领域。

- 广播系统：卫星数字广播（DVB-S2）系统、地面数字视频广播（DTMB）系统、中国移动多媒体广播（CMMB）系统。
- 固定接入网络：ITU-T 高速家庭有线网络（G.hn）。
- 无线接入网络：IEEE 的 802.11n、802.11ac、802.16e（WiMAX）。

此外，LDPC 码还被应用在包括嫦娥二号在内的航天通信领域。

至此，没有正式接纳 LDPC 码的只有 3GPP 所主导的主流移动通信系统（WiMAX 并未被主流运营商大规模部署）。

LDPC 码在 3GPP 的第一次尝试出现在2006年的 LTE R8 讨论中。由于非技术因素，LDPC 码惜败于风头正劲的 Turbo 码，错过了成就大满贯的机会。但是错过了第一个赛点的 LDPC 码并没淡出大众视线，依然在其他通信标准领域高歌猛进。2016年，经过10年的积淀，在实际通信系统中得到充分验证的 LDPC 码又来到移动通信标准的赛场上，成为5G的备选方案。这次，天时、地利、人和都站在 LDPC 码这边。面对第二个赛点的 LDPC 码已经成为包括大部分中国公司在内的业界共识。经过深入讨论，在通信界主流公司的推动下，2016年10月14日，在葡萄牙里斯本召开的 3GPP RAN1 会议上，LDPC 码终于击败 Turbo 2.0 被 3GPP 接纳为 5G 系统 eMBB 场景下业务信道数据信息的长码块编码方案，在问世 50 多年之后，LDPC 码终于被主流移动通信系统接纳采用了。

目前研究成果最多、比较成熟并逼近香农极限的纠错码是 LDPC 码和 Turbo 码。虽然两种码字的性能已十分优异，但人们一直坚持寻找性能更好，可以非常接近，甚至完全达到香农极限，并且有简单的编译码方法的各类编码方案。

Polar 码是编码界的新星，由土耳其毕尔肯大学 E.Arikan 教授于 2007 年基于信道极化理论提出，是一种全新的线性信道编码方法，该码字是迄今发现的唯一一类能够达到香农极限的编码方法，并且具有较低的编译码复杂度，当编码长度为 N 时，复杂度为 O（$N\log N$）。Polar 码自从被提出以来，就引起了众多学者的兴趣，是这几年信息编码领域研究的热点。

Polar 码的理论基础就是信道极化理论。信道极化包括信道组合和信道分解两部分。当组合信道的数目趋于无穷大时，会出现极化现象：一部分信道将趋于无噪信道，另外一部分则趋于全噪信道，这种现象就是信道极化现象。无噪信道的传输速率将会达到信道容量 $I(W)$，而全噪信道的传输速率趋于零。Polar 码的编码策略正是应用了这种现象的特性，利用无噪信道传输用户有用的信息，利用全噪信道传输约定的信息或不传信息。

2016 年 11 月 19 日，在美国内华达州里诺刚刚结束的 3GPP RAN1 第 87 次会议上，国际移动通信标准化组织 3GPP 确定将 Polar 码（极化码）作为 5G eMBB（增强移动宽带）场景的控制信道，即短码块编码方案。

至此，5G eMBB（增强移动宽带）场景的信道编码技术方案完全确定，其中，Polar 码作为控制信道，即短码块的编码方案，LDPC 码作为数据信道，即长码块的编码方案。

1.5.4　多载波聚合

LTE R12 已经支持 5 个 20MHz 载波聚合，如图 1-9 所示。LTE R13 将扩展到支持多达 32 个载波聚合，如图 1-10 所示。

另外，未来的 5G 网络将是一个融合的网络，载波聚合技术将扩展到支持以下不同类型的无线链路间的聚合技术，如图 1-10 所示。

- LTE 内多达 32 个载波聚合。
- 系统间双链接载波聚合，如 4G-LTE 与 3G-HSPA+无线链路的载波聚合。
- 支持 FDD+TDD 链路聚合，即上下行非对称的载波聚合。
- 支持 LTE 授权频谱辅助接入（LAA/eLAA），即支持与非授权频谱，如 Wi-Fi 无线链路之间的载波聚合。

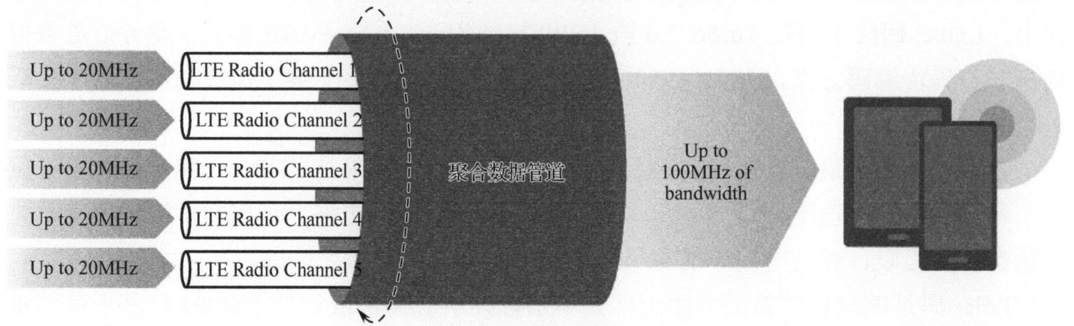

图 1-9　LTE 内 5 个载波聚合示意图

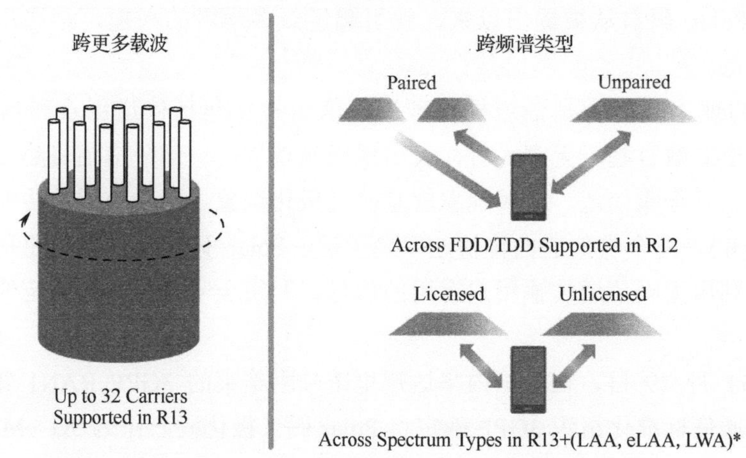

图 1-10　5G 支持多无线链路间的载波聚合技术

1.5.5　网络切片技术

网络切片（Network Slice）技术，最简单的理解就是将一个物理网络切割成多个虚拟的端到端网络，每个虚拟网络之间，包括网络内的设备、接入、传输和核心网，都是逻辑独立的，任何一个虚拟网络发生故障都不会影响其他虚拟网络。每个虚拟网络就像瑞士军刀上的钳子、锯子一样，具备不同的功能、特点，面向不同的需求和服务，可以灵活配置调整，甚至可以由用户定制网络功能与服务，实现网络即服务（Network as a Service，NaaS）。

目前 4G 网络中主要的终端设备是手机，网络中的无线接入网部分（包括数字单元（Digital Unit，DU）或基带单元（Baseband Unit，BBU）和射频单元（Radio Unit，RU））和核心网部分都采用设备商提供的专用设备。

4G 网络主要服务于人，连接网络的主要设备是智能手机，不需要网络切片以面向不同的应用场景，但是 5G 网络需要将一个物理网络分成多个虚拟的逻辑网络，每一个虚拟网络对应不同的应用场景，这就称为网络切片。5G 网络切片技术如图 1-11 所示。

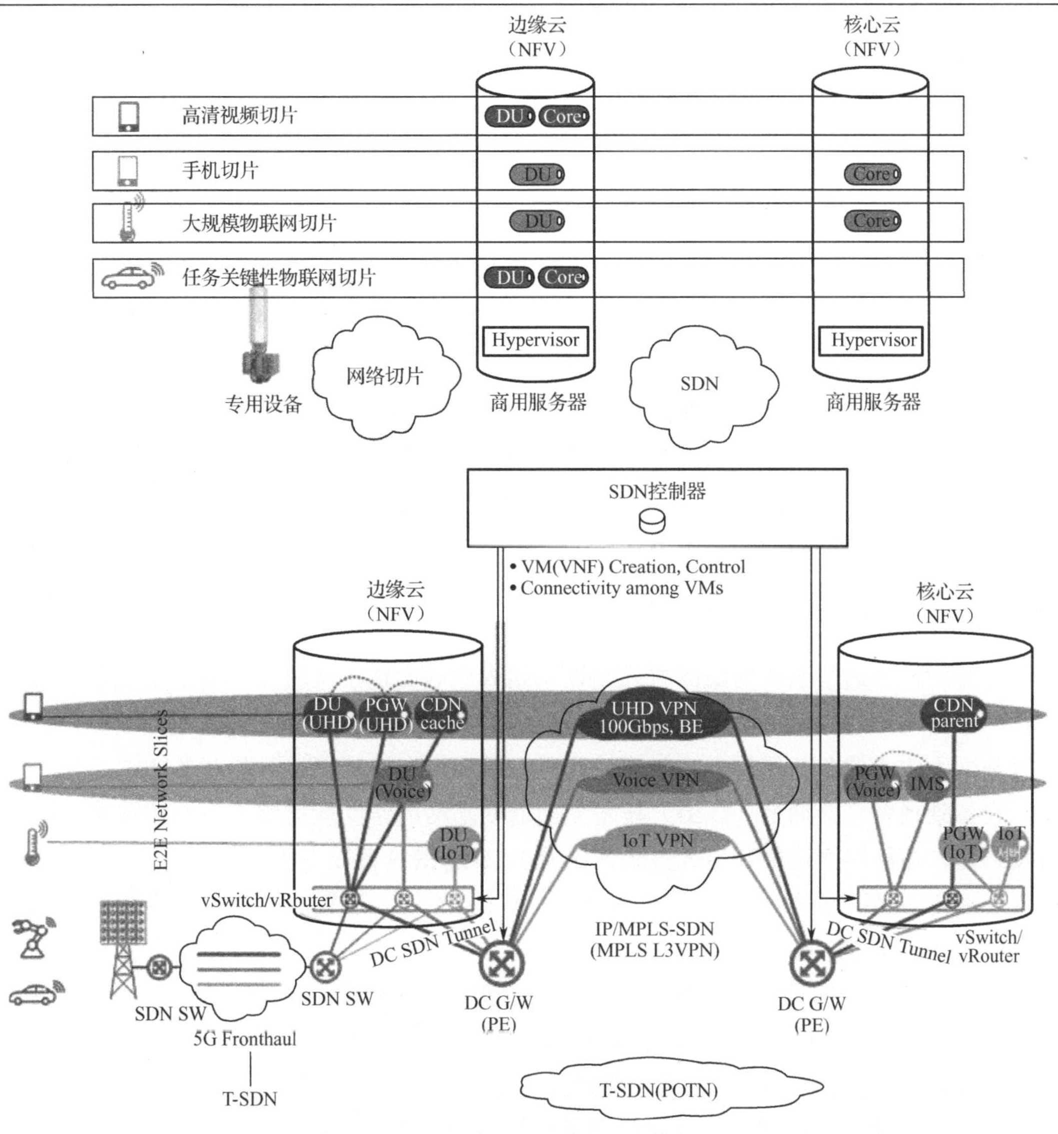

图 1-11　5G 网络切片技术

为了实现网络切片，网络功能虚拟化（Network Function Virtualization，NFV）是先决条件。本质上讲，所谓 NFV，就是将网络中的专用设备的软硬件功能（如核心网中的 MME、S/P-GW 和 PCRF，无线接入网中的数字单元等）转移到虚拟主机（Virtual Machines，VM）上。这些虚拟主机是基于行业标准的商用服务器，成本低且安装简便。简单来说，就是用基于行业标准的服务器、存储和网络设备，来取代网络中专用的网元设备，实现网络设备软硬件解耦，从而达到快速开发和部署的目的。

网络经过功能虚拟化后，其无线接入网部分叫边缘云（Edge Cloud），而核心网部分叫核心云（Core Cloud）。边缘云中的 VM 和核心云中的 VM，通过 SDN（软件定义网络）互联互通，实现网络设备软硬件解耦，从而达到控制与承载彻底分离的目的。

如图 1-11 所示，针对不同的应用场景，网络被“切”成 4“片”。

（1）高清视频切片（UHD Slice）：原网络中的数字单元（Digital Unit，DU）和部分核心网功能被虚拟化后，加上存储服务器，统一放入边缘云（Edge Cloud）。部分被虚拟化的核心网功能放入核心云。

（2）手机切片（Phone Slice）：原网络无线接入部分的数字单元（DU）被虚拟化后，放入边缘云。原网络的核心网功能，包括 IMS，被虚拟化后放入核心云。

（3）大规模物联网切片（Massive IoT Slice）：由于大部分传感器都是静止不动的，并不需要移动性管理，在这个切片中，核心云的任务相对轻松简单。

（4）任务关键性物联网切片（Mission Critical IoT Slice）：由于对时延要求很高，为了最小化端到端时延，原网络的核心网功能和相关服务器均下沉到边缘云。

当然，网络切片技术并不仅限于这几类切片，它是灵活的，运营商可以随心所欲地根据应用场景定制自己的虚拟网络。

1.5.6 设备到设备直接通信

传统的蜂窝通信系统的组网方式是以基站为中心实现小区覆盖，而基站及中继站无法移动，其网络结构在灵活度上有一定的限制。随着无线多媒体业务的不断增多，传统的以基站为中心的业务提供方式已无法满足海量用户在不同环境下的业务需求。

设备到设备直接通信（D2D）技术无须借助基站的帮助就能够实现通信终端之间的直接通信，拓展网络连接和接入方式，因此 D2D 通信具备以下优点：

- 由于短距离直接通信，信道质量高，D2D 能够实现较高的数据速率、较低的时延和较低的功耗；
- 通过广泛分布的终端，能够改善覆盖，实现频谱资源的高效利用；
- 支持更灵活的网络架构和连接方法，提升链路灵活性和网络可靠性。

目前，D2D 采用广播、组播和单播技术方案，未来将发展其增强技术，包括基于 D2D 的中继技术、自组织网络技术，多天线技术和联合编码技术等。

当然，D2D 通信技术只能作为蜂窝网络辅助通信的手段，而不能独立组网通信。

1.5.7 超密集异构网络

在未来的 5G 通信中，无线通信网络正朝着网络多元化、宽带化、综合化、智能化的方向演进。随着各种智能终端的普及，数据流量将出现井喷式的增长。未来数据业务将主要分布在室内和热点地区，这使得超密集异构网络（Ultra-dense HetNet）成为实现未来 5G 的 1000 倍容量需求的主要手段之一。

未来 5G 网络将采用立体分层超密集异构网络（HetNet），在宏蜂窝网络层（Macro Cell）中部署大量微蜂窝小区（Micro Cell）、微微蜂窝小区（Pico Cell）、毫微微蜂窝小区（Femto Cell），覆盖范围从十几米到几百米。超密集异构网络能够改善网络覆盖，大幅度提升系统容量，并且对业务进行分流，具有更灵活的网络部署和更高效的频率复用。未来面向高频段、大带宽，将采用更加密集的网络方案，部署小区/扇区将高达 100 个以上。

与此同时，愈发密集的网络部署也使得网络拓扑更加复杂，小区间干扰已经成为制约系统容量增长的主要因素，极大地降低了网络能效。干扰消除、小区快速发现、密集小区间协作、负载动态平衡、基于终端能力提升的移动性增强方案等，都是目前超密集异构网络方面的研究热点。

1.5.8　新型网络架构

1. C-RAN

目前，LTE 接入网采用网络扁平化架构，减小了系统时延，降低了建网成本和维护成本。未来 5G 可能采用云接入网架构，即所谓的 Cloud-RAN（C-RAN）。

C-RAN 是基于集中化处理、协作式无线电和实时云计算构建的绿色无线接入网架构。C-RAN 的基本思想是通过充分利用低成本高速光传输网络，直接在远端天线和集中化的中心节点间传送无线信号，以构建覆盖上百个基站服务区域，甚至上百平方千米的无线接入系统。

C-RAN 架构适于采用协同技术，能够减小干扰、降低功耗、提升频谱效率，同时便于实现动态使用的智能化组网，集中处理有利于降低成本，便于维护，减少运营支出。目前的研究内容包括 C-RAN 的架构和功能，如集中控制、基带池 RRU 接口定义、基于 C-RAN 的更紧密协作，如基站簇、虚拟小区等。

2. SDN 和 NFV

5G 网络架构也将全面采用 SDN 和 NFV 技术。

云端虚拟化技术的日益成熟和成功应用，以及互联网的开放思维共同驱动各大运营商对移动通信网络架构及业务部署进行重新思考。

软件定义网络（SDN）的概念是让软件来控制网络，充分开放网络能力，是一种具有控制信令与用户数据分离（C-U Split）、集中控制网络功能、开放应用程序界面（API）这三大特征的新型网络架构和网络技术。通过引进 SDN 的概念，可以将封闭垂直一体的传统电信网络架构一举转为弹性化、开放、高度整合、服务导向及确保服务质量的分层网络架构。

在引入 SDN 后，面临的新挑战是如何进行网络功能重构，如何设计新增接口协议，进而基于 SDN 实现架构的优化及端到端信令流程的优化。另外，大量的复杂控制机制集中到 SDN 控制器上运行，也降低了 SDN 交换器的采购、管理与替换等成本，连带解决了被网络通信设备制造商的专用硬件设备绑定的问题。

与 SDN 的概念相仿，网络功能虚拟化（NFV）的目的之一也在于实现特定网络通信设备的软硬件功能解耦。NFV 采用云端虚拟化为主的手段改造 4G/5G 核心网络，目前 4G/5G 核心网络上最重要的功能除 EPC 之外就是IMS，其虚拟化后分别称为 vEPC 及 vIMS，这样就可以采用市场上通用的服务器平台来替代原来昂贵的专用电信设备，单位计算性能价格比远低于电信设备。

透过 NFV，既有专用 4G 核心网络的相关网络设备功能以软件的方式虚拟化，并经由云计算相关技术，硬件资源虚拟化为多个 VM（Virtual Machine），利用云端计算的快速部署能力，使得各个 EPC 软件网络组件的容量配置调整周期从数周缩短到数分钟，大幅度提升了 EPC 网络组件部署和更新的敏捷性，负载平衡机制提升了系统服务水平，每个 VM 可以迁移和重生，在本地或异地相互热备份，进一步确保了网络的高可靠性，并实现了设备容量按需求（On Demand）动态弹性扩充，确保了系统的可维护性，降低了服务器硬件基础设施的部署与运维成本。如此一来，4G/5G 网络运营商和设备商的重点就能转移到服务创新上，进一步为通信运营商创造更高的收益。

由于 NFV 与 SDN 技术双方的核心概念颇有相通之处，两者具备互补整合之高度条件，因此目前在 4G 核心网络实现虚拟化的工作中，经常将 NFV 与 SDN 相提并论，两者间未来可能发展出的协同运作模式也值得探讨。SDN 负责 Layer-3 以下的网络基础设施及低层网络流量转送的处理，NFV 则负责 Layer-3 以上的网络上层应用服务设施的弹性灵活的资源调度，两者相辅相成，营造出未来高效优化的运营商整合服务平台。

第 2 章　物联网简介

本章主要介绍物联网的起源与发展、物联网的特性与应用，以及物联网技术的分类。

2.1　物联网的前世今生

2.1.1　物联网的起源与发展

最广为人知的物联网起源，要追溯到 1991 年，英国剑桥大学特洛伊计算机实验室的科学家们常常要下楼去看咖啡煮好了没有，但又怕影响工作，为了解决这个问题，他们编写了一套程序，在咖啡壶旁边安装了一个便携式摄像头，利用终端计算机的图像捕捉技术，以 3 帧/秒的速率传递到实验室的计算机上，以方便工作人员随时查看咖啡是否煮好，这就是物联网的雏形。1993 年，作为首个 X-Windows 系统案例，“特洛伊咖啡壶服务器”事件被上传到网上，获得近 240 万点击量。

但真正意义上的物联网术语出现在 1994 年。1994 年，美国麻省理工学院 Auto-ID 中心的创始人之一凯文 • 阿什顿成为第一个使用“Internet of Things.”的人。阿什顿对于物联网的想法集中在使用射频识别（Radio Frequence Identifier，RFID）技术将设备连接在一起的事实。这类似于今天的物联网，但与主要依赖于 IP 网络让设备交换的广泛信息显著不同。RFID 标签提供的功能比较有限。1994 年无线网络仍处于起步阶段，与蜂窝网络一样，还没有切换到一个完全基于 IP 的配置。在这种情况下，很难想象物联网中所有设备都有一个独一无二的 IP 地址。另外，在 IPv4 的情况下，如果所有设备都加入网络，就没有足够的 IP 地址进行分配了。不过因为 RFID 不会要求每个设备都需要 IP 地址或实际直接连接互联网，它似乎是一个更便宜和更可行的解决方案。

到了 2005 年，物联网已经不再局限于 RFID，已经扩展到任何物与物之间的信息互联，物联网的覆盖范围有了更大的拓展。物联网已经不再只是少数高端互联家电。如今，连接到物联网的各种类型的设备很常见，从电视机到温控器，以及连接到互联网的汽车。

云计算的发展使现代物联网成为可能。这是因为云计算用于存储信息，为处理分析数据提供了一个低成本、永远在线的方式。价格便宜和高度可用的云计算基础设施可以很容易地运行物联网设备的存储和云计算任务。反过来，物联网设备可以更便宜、更精简，以及更灵活。

总体来说，物联网是一次技术的革命，它的发展依赖于一些重要领域的动态技术革新，包括射频识别技术、无线传感器技术、智能嵌入技术、网络通信技术、云计算技术和纳米技术等。

但安全和隐私仍然是物联网的巨大隐患。物联网设备为消费者带来了一个全新的在线隐私问题。这是因为这些设备不仅可以收集用户的姓名和电话号码等个人信息，而且可以监控用户在家中的一切。在发现有媒体对重大数据泄露事件进行披露之后，消费者对在公有云或私有云上放置过多的个人数据是谨慎的，需要有更充分的安全隐私保护措施。物联网供应商在解决了这些安全问题之后，才能使物联网设备充分发挥它们的全部潜力。

另外一个问题是物联网技术的发展缺乏一个统一开放的标准，出现了很多私有、孤立的物联网技术，如 SigFox、LoRaWAN 等，这会阻碍物联网的进一步发展与应用。标准化是任何一项技术广泛应用和拓展的必要条件，几乎所有在商业上成功的技术都要经历标准化阶段，才能实现更大的市场占有率。如今，3GPP 的强势介入势必会整合和推动物联网技术的大规模发展与商用。

2.1.2　物联网在美国——智慧地球

1995 年，克林顿政府提出了“信息高速公路”的国家振兴战略，大力发展互联网，推动了全球信息产业革命，美国经济也受惠于这一战略，并在 20 世纪 90 年代中后期享受了历史上罕见的长时间繁荣。奥巴马就任美国总统后，2009 年 1 月 28 日与美国工商业领袖举行了一次“圆桌会议”，作为仅有的两名代表之一，IBM 公司首席执行官彭明盛提出了“智慧地球”这一概念。

IBM 方面认为建设智慧地球需要 3 个步骤：

第一，各种创新的感应科技开始被嵌入各种物体和设施中，使得物质世界极大程度地实现数据化，从而提供了海量数据来源；

第二，随着网络的高度发达，人、数据和各种事物都将以不同方式接入网络；

第三，先进的技术和超级计算机可以对这些堆积如山的数据进行整理、加工和分析，将生硬的数据转化成实实在在的洞察，并帮助人们做出正确的行动决策。

此外，IBM 方面提出将在六大领域建立智慧行动方案，分别是智慧电力、智慧医疗、智慧城市、智慧交通、智慧供应链和智慧银行。

物联网就是这些所谓智慧型基础设施中间的一个基本概念。“新能源”和“物联网”是奥巴马认为的全球经济新引擎。如今，“智慧地球”已经上升为美国的国家战略。

2.1.3　物联网在中国——感知中国

物联网技术不仅仅是工业化国家的“宝藏”，同时也为发展中国家带来诸多领域的应用，如在医疗诊断、污水处理、能源产业、环境卫生和食品安全等领域的广泛应用。

2009 年 8 月 7 日，时任国务院总理温家宝到中国科学院无锡高新微纳传感网工程技术研发中心考察，在得知国内传感网核心技术还未达到全球领先水平后，温总理表示："当计算机和互联网产业大规模发展时，我们因为没有掌握核心技术而走过一些弯路。在传感网发展中，要早一点谋划未来，早一点攻破核心技术。"温总理指出，至少三件事情可以尽快去做：

一是把传感系统和 3G 中的 TD 技术结合起来；

二是在国家重大科技专项中，加快推进传感网发展；

三是尽快建立中国的传感信息中心，或者叫作"感知中国"中心。

2009 年 11 月 3 日，温总理发表了题为"让科技引领中国可持续发展"的重要讲话，在这次讲话中，物联网被列为国家五大新兴战略性产业（新能源、新材料、生物科学、信息网络和空间海洋开发）之一。要求"着力突破传感网、物联网关键技术，早部署后 IP 时代相关技术研发，使信息网络产业成为推动产业升级、迈向信息社会的发动机。"

2010 年 3 月 5 日，温总理在第十一届人大三次会议上做《政府工作报告》时指出："要大力发展新能源、新材料、节能环保、生物医药、信息网络和高端制造产业。积极推进新能源汽车、'三网'融合取得实质性进展，加快物联网的研发应用。加大对战略性新兴产业的投入和政策支持。"

这是"物联网"首次被写进政府工作报告，也意味着物联网发展进入国家层面的视野，已经被提升到国家战略。人们通常将 2010 年定为物联网元年。

2016 年，物联网再次受到国务院重视。2016 年 3 月 5 日，时任国务院总理李克强在做《政府工作报告》时强调"促进大数据、云计算、物联网广泛应用"。10 月 31 日，李克强总理为世界物联网无锡峰会发去贺信，对世界物联网博览会的召开表示热烈祝贺，希望利用博览会平台，交流创新思想，深化相互合作，带动创业创新，造福人类社会。

2017 年 4 月，工业和信息化部召开 NB-IoT 工作推进会，共同培育 NB-IoT 产业链，并要求年底建设基于标准 NB-IoT 的规模外场。展望未来，NB-IoT 技术将孵化成熟为无处不在的蜂窝物联网覆盖，NB-IoT 的良好前景无限拓展了信息通信的商用领域。

2.2 物联网的特性与应用

2.2.1 物联网的特性

通常将现代物联网分为三层，如图 2-1 所示。

- 感知层。感知层负责通过传感器和终端物联网芯片采集大量信息。
- 网络层。网络层提供安全可靠的连接、交互与共享，负责将感知层采集到的大量信息数据传输到管理与应用层或第三方云端进行分析处理，并向终端回传指令等相关信息。
- 管理与应用层。管理与应用层对大数据进行分析，并提供开放的云服务平台，为第三方企业提供商业决策与服务。

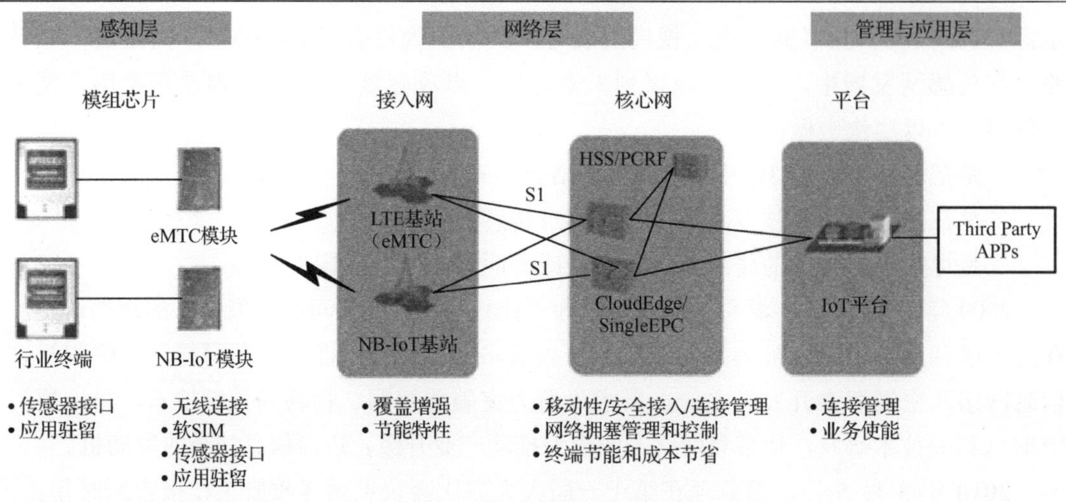

图 2-1　物联网技术架构

通常，物联网具备以下几大特点与要求，如图 2-2 所示。

- 超强覆盖：覆盖增强 20dB，达到 MCL=164dB。
- 超大容量：支持大规模连接，200kHz 带宽的小区支持 100 000 个终端接入。
- 超低功耗：10 年电池寿命。
- 超低成本：5～10 美元/终端。
- 较低速率：10kbps～100kbps。
- 时延容忍：1～10s。

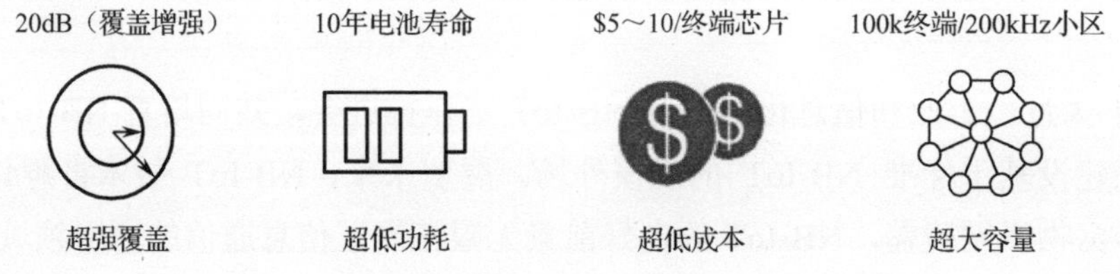

图 2-2　物联网特性要求

低功耗广域网（Low Power Wide Area Network，LPWAN）有两个关键点：

- 低功耗；
- 广域覆盖。

简单来说，LPWAN 技术就是在省电的情况下，实现长距离和深度覆盖的无线通信网络技术。

2.2.2　物联网的应用

根据速率、时延及可靠性等要求，物联网可应用于以下三大类业务。

第一，低时延、高可靠性业务。该类业务对吞吐率、时延或可靠性要求较高，其典型应用包含车联网、远程医疗等。

第二，中等需求类业务。该类业务对吞吐率要求中等或偏低，部分应用有移动性及语音方面的要求，对覆盖与成本也有一定限制，其典型业务主要有智能家防、智能穿戴设备等。

第三，低功耗广域覆盖业务。低功耗广域覆盖业务的主要特征包括低功耗、低成本、低吞吐率、要求广（深）覆盖及大容量，其典型应用包含抄表、环境监控、物流、资产追踪等。

表 2-1 列出了详细的物联网应用场景。

表 2-1　物联网应用场景

应用领域	场　景	应用领域	场　景
金融服务	物流配送	公共安全	城市照明监控
	送货服务		电视信号控制
	商业零售		城市应急服务
	金融、电信、邮政、石化、市政客户服务厅自助服务终端		市民身份识别
	无线 POS		灾害恢复
	实时金融信息集成	气象服务	短期降雨、中期降水预报
物流管理	交易监控		监测设备远程控制
	订单数据传送		洪水预报
	货物定位	远程医疗	医疗设备监护
	货物跟踪		临床设备信息的自动获取、归档、分析
	货品识别		计算机辅助诊断
	库存优化供应链自动化		病程记录
智能交通	停车位管理	遥感勘测	火山和冰川监测
	商用车队营运		森林生态环境监测
	紧急车辆监控与派遣		地震监测
	车队管理		海洋突发性事件的监测与预警
	车辆安全监控		农作物动态监测、农业灾害预报、监测和评估
	汽车导航	农业	农作物灌溉监测
	公共运输动态信息		土壤空气情况监测
	交通控制与管理		牲畜和家禽的环境状况监测
环境监控	工厂监控		温室控制
	环境与火灾监控		智能畜牧业（跟踪管理家禽、牲畜）
	工程安全监控	林业	森林防火
	大楼/物业监控		森林灭火
	公共事业监控（水/电/油/气）		森林勘察业务
	污染排放点实时监测	水务	水质、水量监测
	污染报警		大坝安全监测

续表

应用领域	场　景	应用领域	场　景
智能建筑	设备监控与管理	水务	水资源调度
	节能控制		突发性污染报警
	建筑群系统集成		远程抄水表
	智能小区	电力	远程抄电表
智能家居	灯光照明控制		用电实时监控
	家庭安防		重要电力节点监控
	家庭环境监控	煤矿	通风设备管理
	可视对讲		瓦斯浓度监测
	智能门锁	石化	险情预警
	家电控制		油井监测
消防控制	应急联动		异常情况报警
	自动喷淋		生产监控
	火灾现场实时监控		储运监控
	消防救援定位		
	火情数据实时分析		
	远程调度		

2.3 物联网技术的分类

在各类物联网应用业务中，低功耗广域覆盖业务由于其连接需求规模大，成为全球各运营商争夺连接的主要市场。目前，存在多种可承载低功耗广域覆盖业务的物联网通信技术，如GPRS、LTE、LoRa、Sigfox 等，下面对此进行分类介绍。

物联网技术根据所使用的频谱类型可以分为如下两大类，如图 2-3 所示。

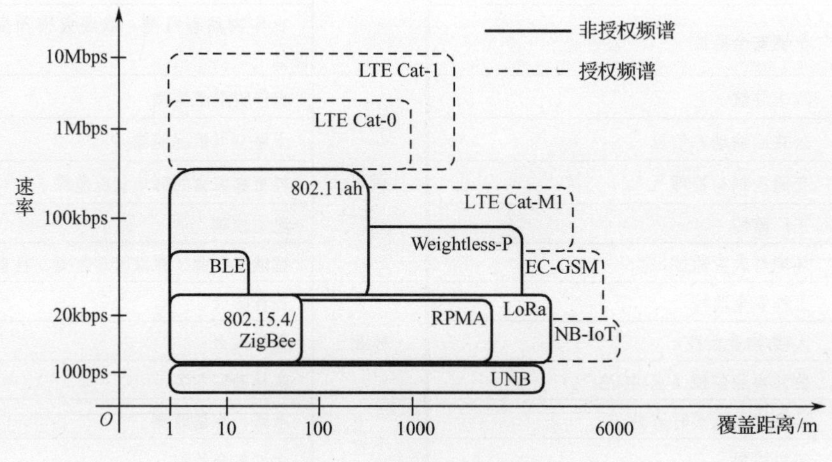

图 2-3　物联网技术的分类

- 采用授权频谱的物联网技术，如 EC（Extended Coverage）-GSM，NB-IoT 和 LTE-M，主要由 3GPP 主导的运营商和电信设备商投入建设和运营，也可以称之为蜂窝物联网（Cellular Internet of Things，CIoT）。授权频谱的物联网技术分类如图 2-4 所示。

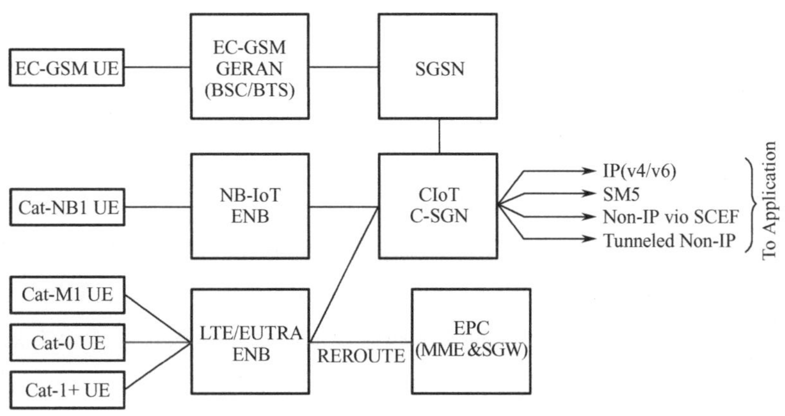

图 2-4　授权频谱的物联网技术分类

- 采用非授权频谱的物联网技术，如 LoRaWAN、Sigfox、Weightless-P、HaLow、RPMA（Random Phase Multiple Access）等私有技术，其大部分投入为非电信领域。

物联网技术根据覆盖距离又可以分为长距离覆盖网络和短距离覆盖网络。

- 长距离覆盖：NB-IoT、Sigfox、LoRa>1 000m。
- 短距离覆盖：Wi-Fi、Bluetooth、NFC、ZigBee<100m，适合非组网情况下的设备对设备（D2D）直接通信。

NB-IoT/LTE-M 采用授权独占频谱，干扰小，可靠性和安全性高，但部署和使用成本相对也高些，如图 2-5 所示。

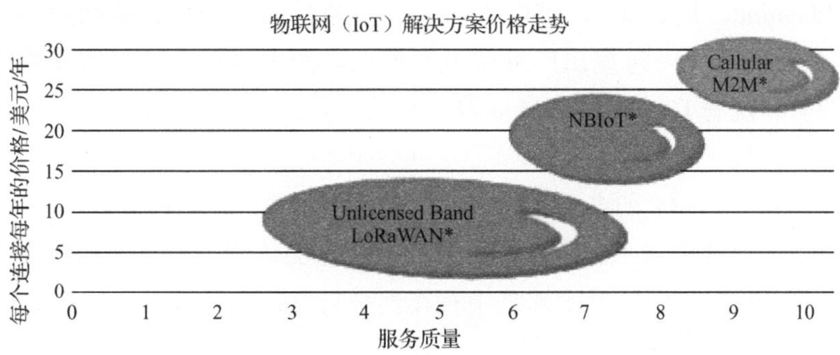

图 2-5　物联网部署和使用成本

除 NB-IoT 物联网技术之外，其他各类物联网技术，如GPRS、LTE、LoRa、Sigfox 等都存在如下问题或不足。

（1）终端续航时长无法满足要求。比如，目前GSM终端待机时长（不含业务）仅 20 天左右，在一些低功耗广域覆盖的典型应用，如抄表类业务中更换电池成本高，且在某些特殊地点，如深井、烟囱等更换电池很不方便。

（2）无法满足海量终端的应用需求。物联网终端的一大特点就是海量连接数，因此需要网络能够同时接入大量用户，而现在针对非物联网应用设计的网络无法满足同时接入海量终端的需求。

（3）典型场景网络覆盖不足，如深井、地下车库等覆盖盲点，室外基站无法实现全覆盖。

（4）成本高。对于部署物联网的企业来说，选择低功耗广域覆盖的一个重要原因就是部署的成本低。智能家居应用的主流通信技术是Wi-Fi，虽然 Wi-Fi 模块本身价格较低，已经降到 10 元以内，但支持 Wi-Fi 的物联网设备通常还需无线路由器或无线 AP 进行网络接入，或只能进行局域网通信；而蜂窝通信技术对于企业来说部署成本太高，国产最普通的 2G 通信模块一般在 30 元以上，4G通信模块则要 200 元以上。

（5）传输干扰大。这主要针对的是非蜂窝物联网技术，其基于非授权频谱传输，传输干扰大，安全性差，无法确保可靠传输。

上述几点已经成为阻碍低功耗广域覆盖业务发展的影响因素，而 3GPP 组织主导的 NB-IoT 与 eMTC 的优势较为明显。

2.4 授权频谱物联网技术

2.4.1 3GPP 物联网之路

早在 2013 年，包括运营商、设备制造商、芯片提供商等在内的产业链上下游就对窄带蜂窝物联网产生了前瞻性的兴趣，为窄带物联网起名为 LTE-M，全称为 LTE for Machine to Machine，期望基于 LTE 产生一种革命性的专门为物联网服务的新空口技术。LTE-M 从商用角度同时提出广域覆盖和低成本两大目标，既要实现终端低成本、低功耗，又能够和现有 LTE 网络共同部署。从此以后，由 3GPP 主导的窄带物联网协议标准化之路逐步加快了步伐。

2014 年 5 月，LTE-M 的名字也改为蜂窝物联网（Cellular IoT），简称 CIoT，从名称的演变更直观地反映出技术的定位，同时对于技术的选型态度更加包容。

实际上，3GPP 在初期的技术选型中存在两种思路：一种是基于 GSM 网络的演进思路；另一种是华为提出的新空口思路，当时命名为 NB-M2M。尽管这两种技术思路都被包含在 3GPP GERAN 标准化工作组立项之初，但是相比暮气沉沉的 GSM 技术演进，新空口方案反而引起更多运营商的兴趣。随着全球金融投资对物联网带来的经济效益集体看涨，在 GERAN 最初立项进行标准化的 CIoT 课题得到越来越多运营商和设备商的关注，不过 GERAN 的影响力相对来说已经日趋势微。

2015 年 4 月底，3GPP 内部的项目协调小组（Project Coordination Group）在会上做了一项重要决定，CIoT 在 GERAN 研究立项之后，实质性的标准化阶段转移到 RAN 进行立项。这其中又有两大技术提案。

其一，华为在与高通基于达成共识的基础上，于 2015 年 5 月共同宣布了一种融合的物联网技术解决方案：上行采用 FDMA 多址方式，下行采用 OFDMA 多址方式。融合之后的方案名称定为 NB-CIoT（Narrow Band Celluar IoT）。这一融合方案基本奠定了窄带物联网的基础架构。

其二，爱立信联合其他几家公司提出 NB-LTE（Narrow Band LTE）方案，从名称可以直观地看出，NB-LTE 最主要希望能够使用原有的 LTE 实体层部分，并且在相当大的程度上能够使用上层的 LTE 网络，沿用原有的 LTE 蜂窝网络架构，达到快速部署目的，使得运营商在部署时能够减少设备升级的成本。

NB-LTE 与 NB-CIoT 最主要的区别在于采样频率及上行多址接入技术，两种方案各有特点。

2015 年 9 月，经过多轮角逐和激烈讨论，各方最终达成一致，NB-CIoT 和 NB-LTE 两个技术方案进行融合形成了 NB-IoT，NB-IoT 的名称自此正式确立。NB-IoT 的演进之路如图 2-6 所示。

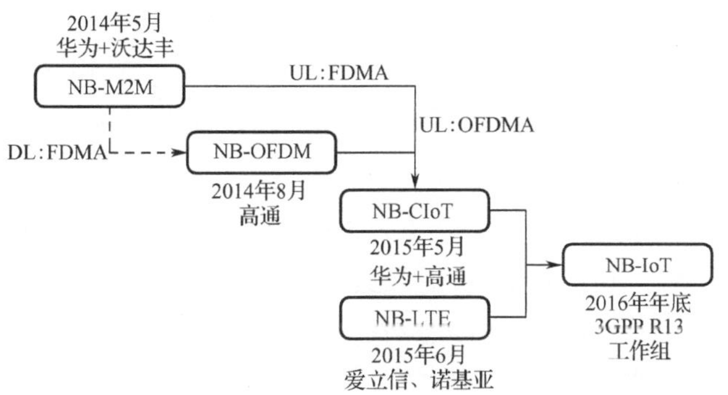

图 2-6　NB-IoT 的演进之路

2016 年年底，3GPP 规范 Release13（R13）最终完成冻结，由此 NB-IoT 从技术标准中彻底完备了系统实现所需的所有细节。当然，随着技术标准版本的不断演进（R14，R15，…），对应的系统设计和功能也会不断更新升级。

自 R13 标准冻结后，NB-IoT 正以惊人的速度占领市场，颇有后来居上的势头。据不完全统计，中国、德国、西班牙、荷兰等国家已经宣布计划商用 NB-IoT。全球 300 多家运营商已完成覆盖率达 90%的移动网络，无与伦比的生态系统让其他 LPWAN 技术直呼“狼来了”。

- 2017 年 2 月，中国移动在鹰潭建成全国第一张地市级全域覆盖 NB-IoT 网络，预示着蜂窝物联网已经开始从标准理念向正式全网商用落地迈出实质性的重要一步。

- 中国电信计划于 2017 年 6 月商用第一张全覆盖的 NB-IoT 网络。德国电信计划于 2017 年第二季度商用 NB-IoT 网络，采用 LTE 800MHz 和 900MHz 频段，首先应用于智能电表、智能停车和资产追踪管理等领域。
- 荷兰计划于 2017 年年初完成国家级的 NB-IoT 网络建设。
- 在西班牙，Vodafone 首先在巴伦西亚和马德里部署了 NB-IoT，并在 2017 年 3 月底将城市扩展到巴萨罗拉、毕尔巴鄂、马拉加等地，已有 1 000 个以上的基站支持 NB-IoT。

NB-IoT 技术与其他 LPWAN 技术相比，有以下优势：

- 支持现网升级，可在最短时间内抢占市场。
- 运营商级的安全和质量保证。
- 标准不断演进和完善。在 3GPP R14 标准里，NB-IoT 还将会增加定位、Multicast、增强型非锚定 PRB、移动性和服务连续性、新的功率等级、降低功耗与时延、语音业务支持等。
- 采用授权频谱，可避免无线干扰。

2.4.2 NB-IoT 和 LTE-M

旨在基于现有的 LTE 载波快速满足物联网设备需求，3GPP 早在 R11 中已经定义了最低速率的 UE 设备类别为 UE Cat-1，其上行峰值速率为 5Mbps，下行速率为 10Mbps。为了进一步适应物联网传感器的低功耗和低速率需求，到了 R12，又定义了 Low-Cost MTC（Machine Type Communication），引入更低成本、更低功耗的 Cat-0，其上行速率和下行速率分别为 1Mbps。在 R13 中对此又进行了增强，称为 enhanced MTC（eMTC），引入 Cat-M1，其技术演进过程见表 2-2。

表 2-2 LTE-M 物联网技术演进对照表

指　标	Cat-1 2RX	Cat-1 1RX	Cat-0（MTC）	Cat-M1（eMTC）
协议发布版本	R11	R11	R12	R13
下行峰值速率	10Mbps	10Mbps	1Mbps	1Mbps
上行峰值速率	5Mbps	5Mbps	1Mbps	1Mbps
终端接收天线个数	2	1	1	1
空分复用层级	1	1	1	1
双工模式	FDD	FDD	FDD/HD-FDD	FDD/HD-FDD
小区最大发射带宽	20MHz	20MHz	20MHz	1.4MHz
终端最大发射功率	23dBm	23dBm	23dBm	20dBm
目标设计复杂度/%	100%	50%～100%	50%	50%

因此可以看到，3GPP 在 R13 实际上定义了两种物联网版本：LTE-M（UE Cat-M1，eMTC）和 NB-IoT（UE Cat-NB1），其参数对比见表 2-3。也可以说，这是为了尽

快推出协议各方协调的结果。

表 2-3　LTE-M 与 NB-IoT 参数对照表

指　　标	LTE-M（UE Cat-M1，eMTC）	NB-IoT（UE Cat-NB1）
协议发布版本	R13	R13
协议参考规范	TS36.888	TS36.211/212/213/331，TS45.820
小区带宽	1.4MHz	200kHz
部署模式	带内（Inband）	带内（Inband） 独立（Standalone） 保护带（Guard Band）
双工模式	FDD/HD-FDD/TDD	HD-FDD
多入多出（MIMO）	不支持	不支持
终端最大上行发射功率	23dBm	23dBm，20dBm on R14
基站最大下行发射功率	46dBm	43dBm
语音支持（VoLTE）	支持	不支持
连接状态下切换	支持	不支持
系统内小区重选	支持	支持
系统间小区重选	支持（也依赖于终端）	不支持
峰值速率	1Mbps（FDD），375kbps（HD-FDD）	50kbps
定位精度（无 GPS 辅助）	较高（≤50m）	较低（≤100m）
成本	较高（≤10$）	低（≤5$）
时延	短（<1s）	长（5～10s）
最大耦合路损（MCL）	156dB	164dB

下面列出 NB-IoT 和 LTE-M 的优缺点。

NB-IoT：其在覆盖率、功耗、成本、连接数等方面的性能占优，但无法满足移动性及中等速率要求、语音等业务需求，比较适合低速率、移动性要求相对较低的 LPWA 应用。

LTE-M（eMTC）：其在覆盖及模组成本方面目前弱于 NB-IoT，但在峰值速率、移动性、语音能力（VoLTE）方面存在优势，适合中等吞吐率、移动性或语音能力要求较高的物联网应用场景。运营商可根据现网中的实际应用选择相关物联网技术进行部署。

NB-IoT 和 LTE-M（eMTC）在实质上没有什么区别，基带调制复用技术都是源自 OFDM（正交频分复用技术），频谱利用率也基本相似，但是在组网带宽、上下行频率选择（FDD/TDD）、吞吐率方面有所区别，这就意味着二者本身并不成为竞争关系，而恰恰是适合不同应用领域的互相补充，如 NB-IoT 适合静态的、低速的、对时延不太敏感的“滴水式”交互类业务，又如用水量、燃气消耗计数上传之类的业务，而 eMTC 具备一定的移动性，速率适中，对于实时性有一定需求，如智能穿戴中对于老年人异常情况的事件上报、电梯故障维护告警等。

3GPP 中的业务应用就对 eMTC 有一段很有趣的描述：因为 eMTC 具备移动性，所以恰恰网络侧可以利用检测到的物联网设备移动情况来判断那些一般处于静态的物品是否已经被盗窃，并可以进行追踪，这是利用移动性作为一些辅助应用的展望。

因此，一直有专家秉持这一观点，即在 eMTC 网络下，应用场景更加丰富，应用与人的关系更加直接，相对来说，其ARPU值，即每用户平均收入值也就更高。

2.5 非授权频谱物联网技术

本节集中介绍其他 5 种目前流行的非授权频谱物联网技术，其通常也不是基于蜂窝网络架构的，都采用非授权公用非独占频谱，运营成本低，但干扰和服务质量通常难以控制和保证。

2.5.1 Sigfox

早在 2012 年，Sigfox 作为一家初创公司，以其超窄带（Utra-Narrow Band，UNB）技术开始了低功耗广域网络的布局，很快成为全球物联网产业中的明星企业。作为通信领域的一条强有影响力的“鲇鱼”，Sigfox 促进了运营商对低功耗广域网络的重视，让很多主流运营商因此踏上部署低功耗广域网之路。

Sigfox 工作在 868MHz 和 902MHz 频段上，在某些国家属于免授权黄金频段，消耗很窄的带宽或功耗。该技术采取窄带 BPSK 调制，提供上行 100bps 的极低速率，上行消息每包为 12B，下行消息每包为 8B，封包大小仅为 26B，如图 2-7 所示。

同时，Sigfox 限制主要用来承载配置信息的下行消息一天最多不超过 4 条，以这样的方式提供海量设备连接和极低功耗。另外，该技术的协议栈相比传统电信级的协议栈要简单很多，不需要参数配置，没有连接请求及信令交互，终端只要在指定频率上使用 SigFox Radio Protocol 发射信号，基站会自行接收信息，省去了信令负荷，降低了总的传输数据量，从而可进一步降低功耗。因此，由于窄带宽和短消息的特点，加之其 MCL=162dB 的链路预算，Sigfox 在远距离传输上的优势也较突出。

这样的协议栈虽然设计简单，节省芯片成本，但是从安全角度来看，对于提供稳定安全的物联网接入是存在安全隐患的。

据统计，截至 2017 年 1 月，Sigfox 网络已覆盖 29 个国家和地区、170 万平方千米、4.7 亿人口，并计划在未来几年内将网络扩展到 60 个国家。

Sigfox 尽管没有 NB-IoT 引人瞩目，但其在生态部署上不容忽视。Sigfox 采用免费专利授权策略，吸引了许多伙伴加入其生态系统。

Sigfox 已有 71 个设备制造商、49 个物联网平台供应商、8 家芯片厂家、15 家模块厂家、30 家软件和设计服务商等。其中，芯片供应商包括德州仪器（TI）、意法半导体（ST）、芯科（Silicon Labs）、安森美（OnSemi）、恩智浦（NXP）、Ethertronics、Microchip 与云创通讯（M2COMM）等。

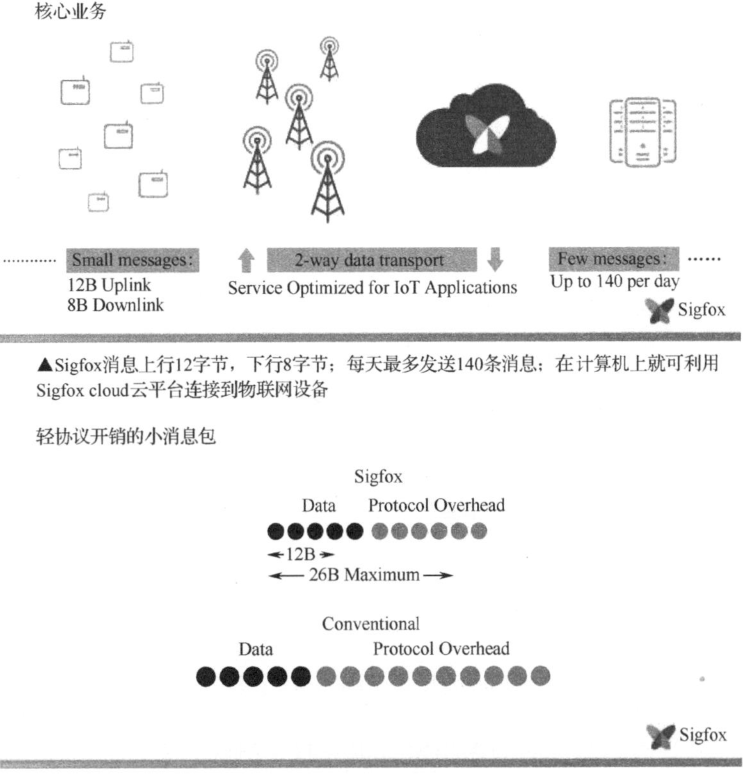

图 2-7 Sigfox 物联网数据传输方式

2.5.2 LoRaWAN

LoRa 的名字源于 Long Range 的缩写，是由美国 Semtech 公司采用和推广的一种基于扩频技术的超远距离无线传输方案。它的梦想就是长距离通信，如果一个网关或基站可覆盖整个城市那就再好不过了。因此，LoRa 成为低功率广域通信网（LPWAN）技术中的关键一员。Semtech 是一家位于美国加州的，以专注提供模拟和混合信号半导体产品及电源解决方案起家的公司，目前却成为倡导低功耗、远距离无线传输 LoRa 技术的引领者。

2015 年 3 月，LoRa 联盟宣布成立，这是一个开放的、非营利性组织，其目的在于将 LoRa 推向全球，实现 LoRa 技术的商用。该联盟由 Semtech 公司牵头，发起成员还有法国 Actility、中国 AUGTEK 和荷兰皇家电信 KPN 等企业，到目前为止，联盟成员数量达 330 多家，其中不乏 IBM、思科、法国 Orange 等重量级厂商。

1. LoRaWAN 组网结构图

在 LoRaWAN 组网中，所有终端会先连接网关，网关之间通过网络互连到服务器，在这种架构下，即使两个终端位于不同区域、连接不同的网关，也能互相传送数据，进一步扩展数据传输的范围。

目前大多数网络采用网状拓扑，然而在这种网络拓扑下，往往通过节点作为中继传输，路由迂回，增加了整体网络的复杂性和耗电量。LoRa 独辟蹊径，采用星状拓扑，让所有节点直接连接网关，网关再连接至网络服务器整合，若需要与其他终端节点沟通，也经由网关传输，如图 2-8 所示。

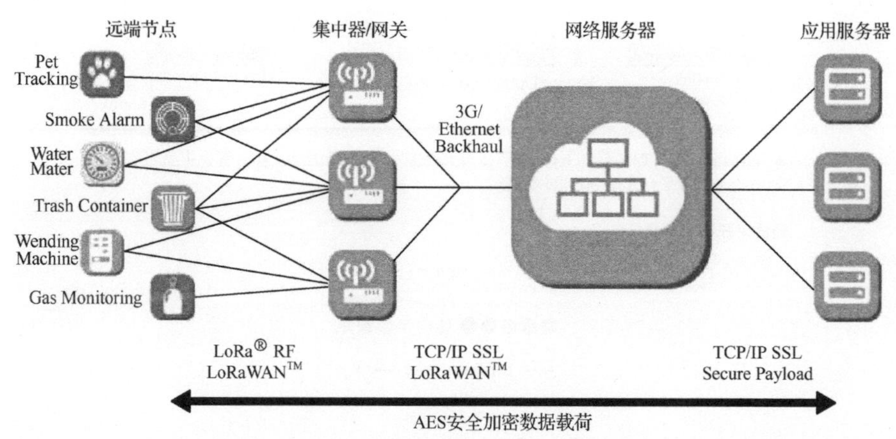

图 2-8　LoRaWAN 网络架构

如此一来，尽管终端节点必须在指定位置安装，但网关安装选点灵活，可以就近有线网络或有电源的地方选点，不必担心网关的耗电问题。进而，终端节点可以将一些耗电较高的工作交给网关来处理，以提高终端的续航能力。

在 LoRaWAN 协议中，对于接入终端有新的命名，即 Mote/Node（节点）。节点一般与传感器连接，负责收集传感数据，然后通过 LoRa MAC 协议传输给 Gateway（网关）。网关通过 Wi-Fi 网络、3G/4G 移动通信网络或以太网作为回传网络，将节点的数据传输给 Server（服务器），完成数据从 LoRa 方式到无线/有线通信网络的转换，其中，Gateway 并不对数据进行处理，只是负责将数据打包封装，然后传输给服务器。LoRaWAN 技术将通信物理层技术与互联网高层协议融合到一起。LoRaWAN 物理层接入采取线性扩频、前向纠错编码技术等，通过扩频增益，提升了链路预算。高层协议栈又颠覆了传统电信网络协议中控制与业务分离的设计思维，采取类似 TCP/IP 协议中控制消息承载在 Pay header，而用户信息承载在 Pay load 这样的方式层层封装传输。这样的好处是避免了移动通信网络中繁复的空口接入信令交互，但前提是节点设备具备独立发起业务传输的能力，并不需要受到网络侧完全的调度控制，这在小数据业务流传输、不需要网络侧统一进行资源调度的大连接物联网应用中，未尝不是一种很新颖的去中心化尝试（并不以网络调度为中心）。

2．LoRaWAN 终端等级

LoRa 支持双向传输，其传输方式分为 3 种不同等级：Class A、Class B 和 Class C，如图 2-9 所示。

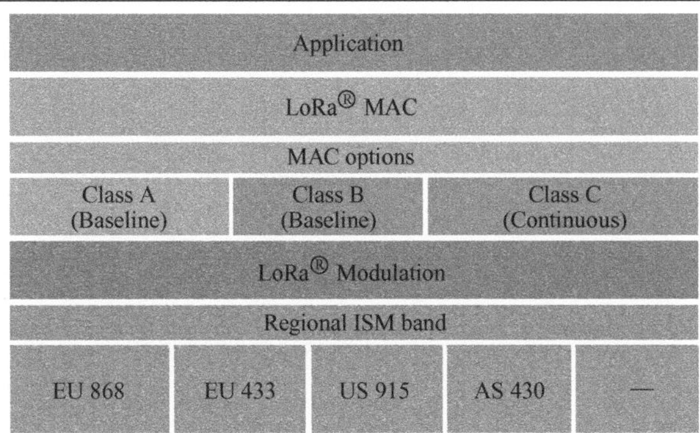

图 2-9　LoRaWAN 终端等级

Class A 最省电，终端设备平常会关闭数据传输功能，在终端上传输数据后，会短暂执行 2 次接收动作，然后再次关闭传输。这种方式虽然能够大幅度省电，但是无法及时从网络服务器上遥控或传输数据，会有较长的延迟。

Class B 耗电量较大，能够在设定的时间定期开启下载功能、接收数据，从而能降低传输延迟。

Class C 则会在上传数据以外的时间持续开启下载功能，虽然能够大幅度降低延迟，但也会进一步耗电。

LoRaWAN 尽管传输距离不如 Sigfox，但也能保证几千米的覆盖，且频带较宽，建设成本和难度不高，尤其适用于在工业区内收集温度、水、气体和生产情况等各种数据。当然，如果与 NB-IoT 或 LTE-M 这样的成熟大网结合，大范围地将分布于各地的工业区连接起来，并且传送到云端进行数据分析，那么其意义将非同凡响。

LoRaWAN 网络数据传输模式如图 2-10 所示。

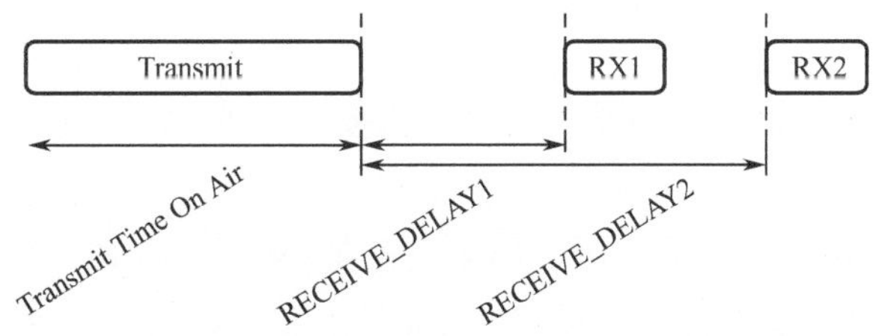

Class C和Class A基本是相同的，只是在Class A休眠期间，Class C打开了接收窗口RX2

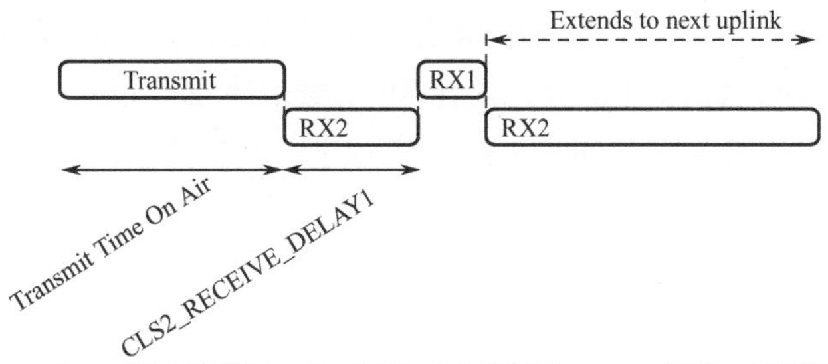

Class B的时隙则复杂一些，它有一个同步时隙Beacon，还有一个固定周期的接收窗口Ping时隙。如这个示例中，Beacon周期为128s，Ping周期为32s

图 2-10　LoRaWAN 网络数据传输模式

由 IBM 和思科领衔的 LoRaWAN 大军同样声势浩大。LoRa 联盟以 17 个赞助会员为主，包括韩国 SK Telecom 和法国 Orange 等运营商。

LoRa 早在 2016 年就表示，已有 17 个国家宣布建网计划，超过 120 个城市已有运行网络。LoRa 联盟会员超过 400 个，产业链完整，被称为是除 NB-IoT 之外，最吸引电信运营商的 LPWAN 技术。

2.5.3 RPMA

RPMA（Random Phase Multiple Access）来得有点特别，其他 LPWAN 多采用 1GHz 以下频段，而由美国 Ingenu 公司主导的 RPMA 采用 2.4GHz 频段，这一技术被一些人称为 LPWAN 界的一匹黑马。图 2-11 所示是 RPMA 网络架构图。

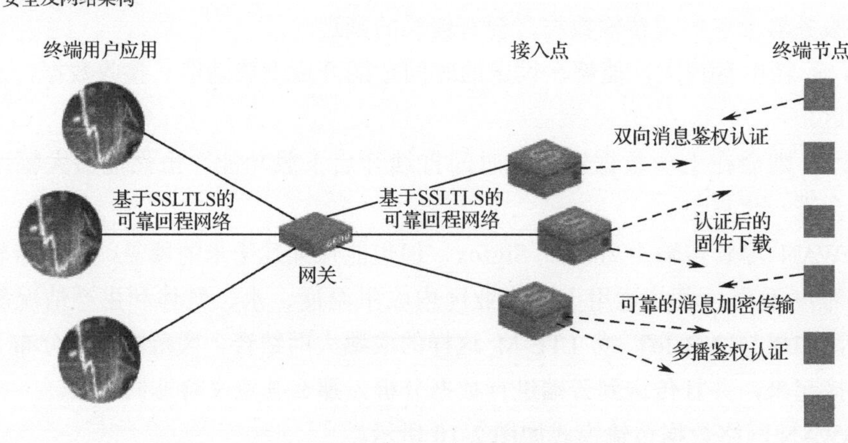

图 2-11 RPMA 网络架构图

RPMA 的覆盖能力强，据说覆盖整个美国仅需要 619 个基站，而 LoRa 覆盖美国需要 10 830 个基站。

RPMA 的容量也够大。以美国为例，如果设备每小时传送 100 字节的信息，采用 RPMA 技术可接入 249 232 个设备，而采用 LoRa 技术和 Sigfox 技术分别只能接入 2673 个设备和 9706 个设备。

为了迅速占领 LPWAN 市场，美国 Ingenu 公司表示已经在全球超过 45 个国家和地区部署了 2.4GHz 的 RPMA，2016 年年底在美国 30 个城市建立了 600 个基站塔。

Ingenu 公司也在积极与芯片、模块和系统供应商建立伙伴关系，扩大生态系统，推进市场应用。

2.5.4 Weightless

Weightless 有下面三个不同的网络通信架构：

- Weightless-N；

- Weightless-P；
- Weightless-W。

Weightless-N 单向通信，是低成本的版本；Weightless-P 是双向通信；如果当地 TV 空白频段可用，可选择 Weightless-W。

Weightless 联盟与欧洲电信标准化协会（European Telecommunications Standards Institute，ETSI）达成合作协议，该技术未来可能会仿效 Wi-Fi，建立统一的标准和认证体系，将技术和产品标准化、产业化。

根据 Weightless SIG 的目标，1 个 Weightless 连接终端成本希望控制在 2 美元以内，1 个 Weightless 基站的材料成本低于 3000 美元。

Weightless-P 使用 GMSK 和 offset-QPSK 调制提供最佳的功率放大器效率。offset-QPSK 调制本身具有干扰免疫和使用扩频技术，可提高网络连接质量。17dBm 的低传送功耗，终端可以用纽扣电池供电。自适应数据速率还允许节点用最小的发送功率建立一个新的信号通道到基站，因此可以延长电池寿命。在待机模式下，Weightless-P 的功耗小于 100μW。

2.5.5 HaLow

Wi-Fi 在室内取得巨大成功，一直想走向室外。物联网来了，是时候再搏一搏了。2016 年 9 月，由 IEEE 主导的 802.11ah 标准 Draft 9.0 版本完成。12 月，完成标准委员会核定程序，2018 年开始商业化，命名为 HaLow，采用非授权的 900MHz 频段，传输距离达 1km，传输速率为 150kbps～347Mbps。

HaLow 具有非常高效的能力，可以在非常低的功率上提供比任何其他传统类型 Wi-Fi 更大的覆盖范围，也能穿透墙壁，满足智能家居、工业控制和智能城市的需求。由于功耗较低，HaLow 可以将传统 Wi-Fi网络功能和应用扩展到更大的规模，包括但不限于小型电池供电的智能穿戴设备、工厂自动化和工业物联网设备。具体来说，使用 HaLow 开发物联网解决方案具有如下特点：

（1）低功耗：与其他低功耗的局域网（LAN）或广域网（WAN）技术相比，HaLow 提高了能源效率。HaLow 技术的关键设计标准之一就是低功耗。HaLow 引入新的 MAC 层功能，即非流量指示映射模式，该模式可以使网络中的终端设备减少功耗的同时减少拥塞，并提高容量和设备密度。通常发射传输无线电信号比接收无线电信号消耗更多的功率，因此设备传输的任何减少都会节省能源消耗，低功耗的关键就是确保无线电设备能够可靠地长时间保持休眠状态，但又不会被 HaLow 接入点（Access Point，AP）丢弃或解除关联。通过允许 Wi-Fi 终端设备拥有更长休眠时间，设备的平均功耗大大降低。处于休眠状态或被动侦听状态的终端设备还可以释放频谱资源供其他活跃客户端设备传输其数据，还能减少网络拥塞。我们知道，在某些无线局域网（WLAN）中，终端设备必须被频繁唤醒，以每秒多次的频率监控和响应接入点（AP）在信标帧中发送的流量指示映射（TIM）。TIM 用于指示哪些终端设备应该接收数据。HaLow 终端设备可以通过在可选的非 TIM 模式下运行来节省功率，因为终端设备不必一直保持唤醒状态即可主动监控信标帧，此功能消除了 Wi-Fi 终端设备需定期检测信标帧消息的要求。将 HaLow 终端从 TIM 模式中解放出来，可以节省功率消耗。当然，非 TIM 模式是一个可选项，取决于终端设备能力支持。同时 HaLow 也支持 TIM 模式，所以 HaLow 网络接入点可以同时支持这两种模式的终端设备的接入。另外，终端设备还可以和 HaLow 网络接入点协商唤醒时间间隔，可以从特别短（微秒）到很长时间（如半年，甚至数年）不等。HaLow 网络接入点会一直保存要发送给终端设备的任何数据，直到达到约定的唤醒时间后再发送给终端设备。

（2）大覆盖：与 2.4GHz 的普通 Wi-Fi 信号相比，HaLow 采用的 900MHz 的低频段信号传播距离更远，能覆盖更大范围。另外，与 2.4GHz 和 5.0GHz 传统 Wi-Fi 相比，HaLow 还提供至少 4dB 的链路预算覆盖优势，最大可以实现超过 1000m 的覆盖范围。

（3）低成本：由于 HaLow 使用的是未经许可的非授权频谱，因此不需要额外的频谱使用费，并且可以向专用和受控物联网提供支持，无线固件升级也能支持并简化基础设施，而无需复杂的网络设计或额外的中继器。

（4）IP 网络能力：由于 HaLow 符合 IEEE 802.11ah 国际标准，因此它支持 IP 网络协议和路由，不需要部署额外的转换网关，以及支持 UDP 和 TCP/IP，同时支持 IPv6。HaLow 最大支持每个 SSID 同时连接 8192 台设备。HaLow 还可以轻松地与传统 Wi-Fi 网络接入点集成及互通。

（5）速率和安全性：根据 Wi-Fi 联盟的数据，测量到的 HaLow 数据的速率范围为 150kbps～86.7Mbps，并且 HaLow 支持其他 Wi-Fi 技术的最新安全标准，如 Wi-Fi认证的 WPA3 和基于机会无线加密（OWE）的增强开放，并且支持 Wi-Fi 的快速简单连接（Easy Connect）。

（6）工作频段：Wi-Fi 联盟积极推动 HaLow 主流频段从 915MHz 到 925MHz，以支持全球部署的产品开发，但是 HaLow 具体使用的 sub-1GHz 内哪些频段因国家和市场而异，取决于各个国家无线电频率监管要求。例如：

- 美国：902MHz 至 928MHz。
- 澳大利亚和新西兰：915MHz 至 928MHz。
- 欧洲：7MHz 频谱带宽分为 800MHz 频段和 900MHz 频段。

IEEE 还计划采用电视空白频段 54～790MHz 的 802.11af 技术，期待能提供更低功耗及更长的传输距离。不过，从 HaLow 的规范看来，传输距离与动辄数十千米的其他 LPWAN 技术相比还有一段差距，虽然可以通过多点中继的方式延伸到数千米，但由于起步时间较晚，产业链势微。

好处是 Wi-Fi 网络建设并不困难，通过设备升级即可完成。目前也只能定位为 NB-IoT 的补充，要真正实现网络广域覆盖，还得靠 NB-IoT 来帮忙。

第 3 章　5G 轻量化物联网技术 RedCap

3.1　5G RedCap 源起与概述

自 3GPP 发布 R8 标准以来，在移动宽带（MBB/eMBB）速率不断增长的同时，3GPP 也引入 LTE Cat-1、Cat-1 bis、eMTC、NB-IoT、EC-GSM 等多种蜂窝物联网技术。这些蜂窝物联网技术通过不同程度的“功能裁剪”来降低终端和模组的复杂度、成本、尺寸和功耗等指标，从而“量体裁衣”适配不同的物联网需求。

有相关咨询公司预测，到 2027 年年底，全球 5G 连接数将接近 70 亿。然而大多数连接都集中于智能手机，大规模 5G 物联网（IoT）尚未实现，5G 在物联网领域应用进展缓慢的原因主要有以下两个方面：

一方面，传统技术在许多场合已经能很好地发挥作用。目前物联网设备有多种连接方式，即 NB-IoT，Wi-Fi、HaLow、LPWAN、蓝牙、LTE Cat-M 和 5G NR。这可能看起来很丰富，并且为制造商和客户提供了丰富的选择，但现实是，一个四分五裂的市场，互操作性差，导致后期增长慢于预期。

另一方面，中端物联网市场得不到“照顾”。5G 定义了 eMBB、uRLLC 和 mMTC 三大应用场景，uRLLC 针对的是“高端”物联网应用场景，而 mMTC 即 NB-IoT 针对的是“低端”物联网应用场景。“中端”物联网市场的空白地带，即三不管地带，谁来负责解决？

为此，3GPP 在 R17 版本中引入的最具代表性的技术便是 5G NR Lite，也称为缩减功能，即 RedCap，英文全称为 Reduced Capability，中文直译“降低能力”，即轻量级的 5G 终端，主要针对的是带宽、功耗、成本等需求都介于 eMBB 和 mMTC 之间的应用，如图 3-1 所示。

5G 轻量级 RedCap 技术的引入填补了 5G 中速物联网技术的空白，为“中端物联网市场”量体裁衣，同低速 NB-IoT 及高速 5G NR 一起形成 5G 物联网全场景解决方案，满足了各行各业差异化的连接需求，为 5G 应用更大规模普及注入强劲动力，加速了 5G 面向垂直行业市场和个人消费市场的规模化应用。在行业市场领域，RedCap 技术对 5G 终端功能进行合理裁剪，有效地平衡了行业客户在降成本和提性能两方面的双向要求。除能够降低 5G 应用面临的成本之外，更重要的是能够将 5G 价值充分融入各个行业当中，这将极大满足业界对低成本 5G 连接的需求，从而拓展了 5G 商业应用的空间，为各行各业赋能，进而将改变物联网产业格局。另外，这些最终将会促成运营商真正完成时代角色的转变——从“运营商的物联网”到“物联网的运营商”的转变。

图 3-2 给出了从 2G 到 5G 移动网络技术特别是蜂窝物联网技术的演进过程，其中，5G RedCap 的出现导致不同成本、带宽、速率和功耗的网络技术几乎全覆盖，更准确地说，5G RedCap 直接对标目前出货量最大的 4G LTE Cat-1～Cat-4 终端模块价格和速率等级。

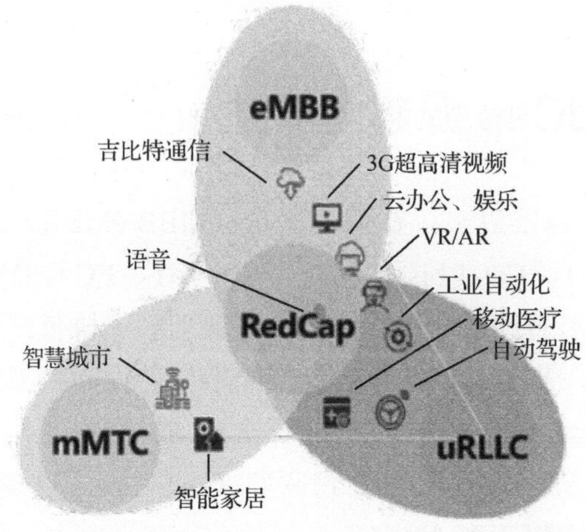

图 3-1　5G RedCap 的应用场景与技术位置

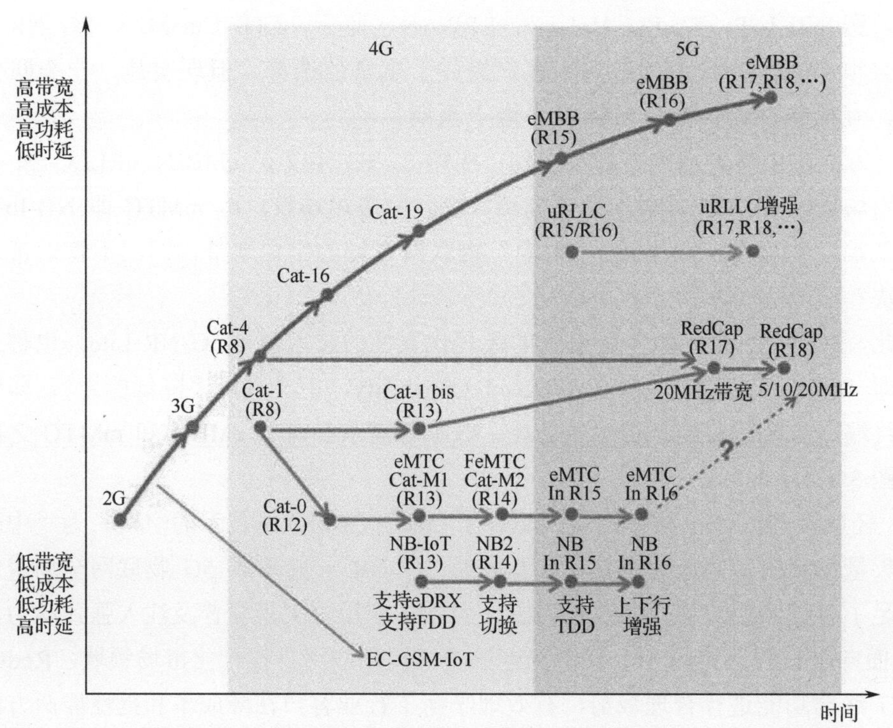

图 3-2　蜂窝物联网技术的演进过程

在 5G RedCap 网络方面，五家主流设备厂商都将在 2024 年具备 RedCap 商用部署条件。另外，从网络部署角度来说，RedCap 适用于 5G SA 独立组网的部署方式，可以基于软件升级平滑引入 RedCap 功能进入 5G 现网，从而可以让 5G RedCap 终端和 5G NR 终端同时接入。我国已经初步建成了全球规模最大的 5G SA 独立组网网络，具备规模升级 RedCap 的先决条件。中国移动、中国电信、中国联通在上海、杭州、宁波、深圳、佛山、宁德、济南、苏州等超过 10 个城市实现了 RedCap 端到端商用部署，覆盖工业、电力、车联等多个行业，并将打造一系列 RedCap 商用标杆。从全球范围来看，2023 年以来，包括美国Verizon、AT&T，韩国SK 电讯，澳大利亚 Optus 及Telstra，马来西亚 DNB 运营的全国统一 5G 大网在内，都在进行 5G RedCap 技术测试，而阿联酋电信、沙特 STC、沙特 Zain、科威特 STC、科威特 Zain、巴林 STC、泰国 AIS 等领先运营商已完成 RedCap 技术验证或商用试点。

在 5G RedCap 芯片、终端和模组方面，相关企业也正在为 RedCap 的商用而努力。高通在 2023 年 2 月份宣布了全球首款 5G NR-Light（RedCap）技术平台——骁龙 X35 5G 调制解调器及射频系统芯片。骁龙 X35 除支持标准的 3GPP R17 功能以外，同时支持低功耗、低时延、高可靠性，以及峰值 220Mbps 带宽的性能。智联公司将会在 2024 年第三季度规模化量产 5G RedCap 高精度低功耗定位芯片；物联网模组厂商移远和美格已经推出基于骁龙 X35 平台的 5G 模组方案，移远在 2023 年初便已经正式对外发布了其 Rx255C 系列 5G 模组，并且面向全球市场设计了 RG255C 和 RM255C 两大版本，利尔达也将瞄准带有数传功能的 RedCap 模组研发，有望于 2024 年年底发布工程样品。此外，美格已推出基于骁龙 X35 的 CPE 方案。在测试方面，高通已联合所有网络厂商进行了 IoDT（互联互通）测试。华为联合利尔达、中微普业、赋信、宏电等生态伙伴共同推出 RedCap 模组、DTU、CPE 等十余款产品，预计 2024 年年底将有超过 50 款行业终端上市，加速 RedCap 应用部署和连接上量。

目前 5G RedCap 端到端生态已基本成熟，预计到 2030 年，5G RedCap 模块将占蜂窝物联网模块总出货量的 18%，5G RedCap 连接数有望突破 10 亿。

3.2　5G RedCap 的标准与特点

2022 年 6 月，在布达佩斯召开的 3GPP RAN 第 96 次会议上，5G R17 标准正式宣布冻结，标志着 5G 第二个演进版本标准正式完成。作为 5G 标准第一阶段的最后一个版本，R17 标准的冻结为 5G 带来了更强的技术性保障。3GPP 在 R17 版本中引入的最具代表性的技术便是轻量级中速物联网技术，即 RedCap，R17 RedCap 技术标准主要涵盖以下内容：降低终端复杂度、驻留与接入控制、移动性简化、终端识别、BWP 配置及功耗等。相较于传统 5G NR 终端，RedCap 通过将 FR1 频段的最大传输带宽缩减至 20MHz，裁剪收发天线数目（最低 1T1R）、降低上下行最大调制阶数（如只支持 64QAM）等手段，使得终端复杂度相较传统 5G NR eMBB 终端降低约 60%。另外，为 RedCap 终端定义了扩展不连续接收（eDRX）机制和简化无线资源管理（RRM）的方式延长电池寿命。

在 3GPP R18 版本中，RedCap 还会进一步演进，主要对标更低速率的 4G Cat-1/Cat-1bis 物联网终端，包括继续降低终端能力和成本及复杂度，如 FR1 频段的带宽将进一步降低到 5MHz，上下行速率也会相应降低。R18 版本 RedCap 标准预计将会在 2024 年第一季度冻结。国内标准 CCSA 也在同步推进 RedCap 技术演进，开展 RedCap 基站、终端、模组等行标征求意见稿讨论。

当然，RedCap 也延续了 5G NR 的各类优秀特性，如大带宽、低时延、高可靠性、业务保障、低功耗、强覆盖等，可针对不同应用场景按需引入，有效满足了不同物联网业务需求。

详细的 5G RedCap 标准进展参见图 3-3。

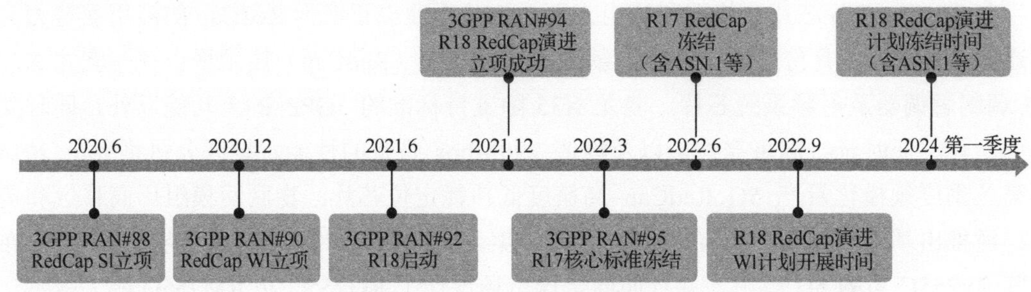

图 3-3　3GPP 5G RedCap 标准演进路线图

与 5G NR eMBB 和 NB-IoT 技术相比，5G RedCap 技术具备以下一些特点：

（1）中低成本。与普通 5G 终端设备相比，5G RedCap 设备使用的天线数量更少，同时 5G RedCap 支持更小带宽。减少天线数量能够降低物料成本，减小带宽可以降低功率放大器的成本，从而使整套设备的成本比普通 5G NR 设备更低。同时 5G RedCap 降低了功耗，这为终端模块在后期电源的选用上提供了更多选择，各个行业可以根据设备的使用时长要求选择合适的电源或电池。

（2）中高速率。RedCap 在智能穿戴设备的应用中，下行传输速率可以达到 150Mbps，上行传输速率可以达到 50Mbps，这大大高于 NB-IoT 及 LTE Cat-M 终端速率，但又远小于 5G NR eMBB 终端速率。

（3）中低功耗。RedCap 在工业无线传感器应用中的电池可以使用几年，而在智能穿戴设备中可以使用一到两周，与 NB-IoT 物联网终端电池寿命接近，又远大于智能手机的电池寿命。

此外，5G RedCap 终端还具备小尺寸、低复杂度的特点。RedCap 设备具有与现有低端 LTE 设备类别（如 Cat-2、Cat-3 或 Cat-4）相似的峰值速率。当需要由低端 LTE 设备的应用案例最终迁移到 NR 时，RedCap 设备成为替代低端 LTE 设备的最佳选择。当设备硬件的带宽、天线数量、支持的调制阶数等要求与低端 LTE 设备相似时，也可以实现同时支持低端 LTE 设备和 RedCap 设备的双模设备类型。

总而言之，RedCap 设备可以与其他 NR 设备高效共存，同时不会对整体网络性能造成不利影响。RedCap 继承了 5G NR 的许多关键优势，如支持宽泛的频段（包括毫米波频段）、原生 5G 核心网络、NR 精益设计带来的高网络能效、低时延等。

为了降低 5G NR 终端的成本和复杂度，R17 RedCap 支持 FR1 频段最大 20MHz 和 FR2 频段最大 100MHz 的带宽，终端接收天线数目减少至 1 或 2 根，调制阶数也由原来的 FR1 频段必须支持的 256QAM 降为 64QAM。与 NB-IoT 一样，RedCap 还支持扩展 DRX 周期（最长周期=10485.76 秒（≈2.91 小时）），减少 PDCCH 盲检次数，这对于降低终端功耗是非常有效的，同时增加了 PDCCH 聚集度个数（新增 AL: 12/24/32），以提高 PDCCH 传输解码的可靠性。RedCap 还降低了终端 RRM 测量要求，如延长 RRM 测量周期、降低邻区测量次数和小区测量数目，这些都能减少终端功耗，延长电池使用时间。5G RedCap 同 5G NR 技术参数对比见表 3-1。

表 3-1　5G RedCap 同 5G NR 技术参数对比

频段	FR1 频段		FR2 频段	
5G 技术	RedCap	NR	RedCap	NR
最大带宽	20 MHz	100MHz	100MHz	N/A
最大数据无线承载（DRB）个数	8	16	8	16
下行调制阶数	64QAM	256QAM	64QAM	256QAM
上行调制阶数	64QAM	256QAM	64QAM	256QAM
PDCP SN 长度	12bit	18bit	12bit	18bit
RLC SN 长度	12bit	18bit	12bit	18bit
双工模式（Duplex）	HD-FDD，TDD	全双工 FDD 和 TDD	HD-FDD，TDD	全双工 FDD 和 TDD
最大不连续接收周期（DRX）	10.24 秒（RRC 连接状态）/10485.76 秒（约 2.91 小时）（RRC 空闲状态）	2.56 秒（RRC 连接状态）/2.56 秒（RRC 连接状态）	10.24 秒（RRC 连接状态）/10485.76 秒（约 2.91 小时）（RRC 空闲状态）	2.56 秒（RRC 连接状态）/2.56 秒（RRC 连接状态）
下行空分复用流数	1 流对应 1 个接收天线； 2 流对应 2 个接收天线	2～8 流	1 流	2 流
载波聚合（CA）	不支持	支持	不支持	支持
多无线接入双连接（MR-DC）	不支持	支持	不支持	支持
DAPS（Dual Active Protocol Stack）	不支持	支持	不支持	支持

1．5G RedCap 终端识别

不同于 4G LTE，5G 还一直没有正式定义 UE 类别（Category），那 5G 基站如何识别 5G NR 终端和 5G RedCap 终端？具体来说，5G 基站可以采用如下方式识别 5G RedCap 终端和非 RedCap 终端：

（1）通过终端在 NR 随机接入过程中发送的 MSG1 里携带的前导码（Preamble ID）来判断该终端是 RedCap 终端还是非 RedCap 终端，前提是 5G 基站先要在 NR SIB1 里告诉终端哪些前导码是专门预留给 RedCap 终端使用的，这样如果是 RedCap 终端就选择对应的前导码来发送 MSG1。

（2）通过检测 UE 发送 MSG3 时使用的 CCCH 逻辑信道 ID（LCID）值来判断该终端是否属于 RedCap 终端。

基站在识别出 RedCap 终端后，会在后续的 NGAP InitialUEMessage 消息里携带 RedCap Indication IE 来告诉 5G 核心网 AMF 该 UE 是否属于 RedCap 终端。

另外，基站在识别出 RedCap 终端后，应该根据 20MHz 带宽给终端分配特定独立的公共 PUCCH 信道资源索引值，以避免 RedCap 终端错误使用给传统（legacy）NR 终端所分配的公共 PUCCH 信道资源，如图 3-4 所示。

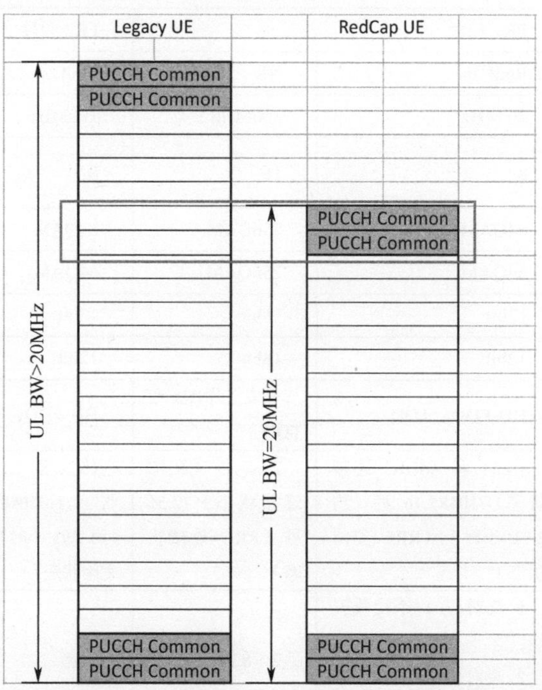

图 3-4　RedCap 终端特定公共 PUCCH 信道资源位置示意图

2．5G RedCap 终端接入控制

3GPP 在 R17 RedCap 标准里引入两个新系统参数——cellBarredRedCap1Rx-r17 和 cellBarredRedCap2Rx-r17，这两个参数会在 NR SIB1 里广播给 RedCap 终端专用，用来指示本小区是否允许或禁止 RedCap 终端接入，其他传统 NR 终端会忽略这两个特定系统参数值。

如果这两个参数在 NR SIB1 里出现，则两种类型的 RedCap 终端会忽略 NR MIB 里广播的小区接入指示参数 cellBarred 的值，即不管 cellBarred 值是“barred”还是

"notBarred"，而只以 NR SIB1 里广播的 cellBarredRedCap1Rx-r17 和 cellBarredRedCap2Rx-r17 参数值为准。

如果这两个参数没有在 NR SIB1 里出现，则 RedCap 终端会以 NR MIB 里广播的小区接入指示参数 cellBarred 值为准。

如果 NR MIB 里 cellBarred 的值为"barred"，同时 NR SIB1 里 cellBarredRedCap1Rx-r17 或 cellBarredRedCap2Rx-r17 的值为"notBarred"，则表明该小区只允许 RedCap 终端独占接入使用。

3GPP RedCap 在 SIB1 里还引入另外两个专门参数 initialDownlinkBWP-RedCap-r17 和 initialUplinkBWP-RedCap-r17 来定义 RedCap 20MHz 的初始独立 BWP 频域起始位置及子载波间隔，同时 3GPP RedCap 也支持配置 1 个或多个 20MHz 的专用独立上行或下行 BWP。

3.3　5G RedCap 的进展与应用

5G 商用四年来，已经开始进入新阶段，如果说上一阶段的重点是加速网络部署和扩大覆盖，那么下一步将在于更好地利用已建成的 5G 网络进行价值变现。作为一种全新类别的 5G 技术，RedCap 通过对 5G NR 的功能"裁剪"，不仅补足了 5G 能力中间空白地带，也为 5G 赋能千行百业开辟了一条新通道。RedCap 规模商用能够更好地发挥 5G 潜能。作为轻量级 5G，RedCap 将在未来公共移动通信体系中占据重要位置，在工业无线传感器、监控摄像头、智能穿戴设备等"中速物联网"应用场景中，都将出现 RedCap 的身影。5G RedCap 技术将在现有物联网产业格局中走出一条特色之路。为此，2023 年 8 月 29 日，工业和信息化部专门发布《关于推进 5G 轻量化（RedCap）技术演进和应用创新发展的通知（征求意见稿）》，旨在推进 5G 轻量化（RedCap）技术演进、产品研发及产业化，大力推动 5G 应用规模化发展，提出到 2025 年，5G RedCap 产业综合能力显著提升，新产品、新模式不断涌现，融合应用规模上量，安全能力同步增强。其中，全国县级以上城市实现 5G RedCap 规模覆盖，5G RedCap 连接数实现千万级增长。

2023 年 9 月 21 日，爱立信、沃达丰和高通联合在西班牙雷阿尔城 5G 测试网络上展示了首个 5G RAN RedCap 数据会话，为众多物联网和其他连接设备更简单、更有效地传输数据铺平了道路。该展示利用爱立信的 RedCap RAN 软件和高通骁龙 X35 平台，骁龙 X35 平台弥合了高速移动宽带设备与低带宽、低功耗设备之间的复杂性差距。

高通欧洲公司技术副总裁 Dino Flore 表示："这次成功的演示对于 OEM、网络运营商和网络用户来说是一个激动人心的时刻，它为新设备和商业用例指明了一条清晰的道路。将商用 5G 网络用于低带宽应用是一个重要的里程碑，尤其是为采用 5G 架构的低功耗设备提供了迁移路径，同时也利用了 5G SA 提供的当前和未来优势。5G Redcap 为企业和消费者领域开辟了新的用例，如用于工业传感器和低成本 5G 路由器视频监控终端及智能穿戴设备等。爱立信采用新的 RedCap 技术来充分实现 5G 价值，此次联合演示表明对 RedCap 的支持正在获得市场动力。”沃达丰 Open RAN 负责人表示：“通过率先测试最新技术，沃达丰能够为客户不断发展和改进网络。很高兴我们独特的多供应商 5G 网络能够与高通和爱立信合作进行并验证这样的创新试验。结果表明，5G RedCap 网络将能够支持更多节能的物联网互联设备，为更简单、更有效地传输数据铺平了道路。”

本节专门总结了不同应用场景下所需的速率范围和采用的具体通信技术，参见表 3-2。

表 3-2　不同应用场景下所需的速率范围和对应的具体通信技术

典 型 应 用	速 率 范 围	所采用的通信技术
4K/8K 高清视频	>100Mbps	5G NR eMBB
普通视频	10～100Mbps	4G LTE Cat4 UE，5G RedCap
语音业务	100kbps～10Mbps	4G LTE Cat-1/Cat-1bis
远程抄表、物流定位	10kbps～100kbps	NB-IoT
无源物联网、仓储管理	<10kbps	TBD

表 3-3 也列出了 5G RedCap 三大典型应用场景所对应的技术指标。

表 3-3　5G RedCap 三大典型应用场景所对应的技术指标

技 术 指 标	智能穿戴设备	工业通信设备	视频监控设备
数据速率	5～20Mbps	2Mbps	2～100Mbps
时延	≤2000ms	≤200ms	≤1000ms
可靠性	无	99.99%	99%
电池寿命	几天或 1～2 周	3 年以上	—
流量模型	无	上行中流量	上行大流量
移动性	有	无	有

下面分别介绍 5G RedCap 三大应用场景，即工业通信设备、视频监控设备和智能穿戴设备。

3.3.1　工业无线通信设备

传统工业覆盖了很多行业，包括高中低端制造业、钢铁、石化、矿山及电力等，各个行业和各类工厂都在进行自动化、数字化、智能化改造，其中，数据采集与传输尤为重要，需要用到各种类型的工业无线传感器，如压力传感器、湿度传感器、温度传感器、运动传感器、高度传感器、角度及方向传感器、速度及加速度传感器等，这类应用要求网络广覆盖，支持小数据包发送，上行速率要求不是很高，满足上行中小速率数据传输要求即可，并且对移动性要求不高，但要求上行数据传输的高可靠性。这类数据采集类应用对接企业平台系统，特点是数量规模大，对终端成本控制要求严。终端设备还包括工业环境中的工业控制类、传感器数采类、物流 AGV、扫码枪、打印机、AI 机器视觉等。数据速率往往小于 2Mbps，电池使用寿命要求至少可持续几年。各类物联网工业无线通信应用对应的性能要求见表 3-4。

表 3-4　各类物联网工业无线通信应用对应的性能要求参照表

应用场景	上行速率	下行速率	最大时延	电池寿命	可靠性	备注
工业控制	1Mbps	5Mbps	20ms	6 个月	99.99%	小数据包
无线传感器	2Mbps	N/A	200ms	3 年	99.99%	大连接，低功耗
物流跟踪	1Mbps	N/A	1000ms	3 年	99.99%	
扫码枪	100kbps	N/A	200ms	1 年	99.99%	
AI 机器视觉	1Mbps	N/A	200ms	1 个月	99.99%	
配电自动化	20kbps	N/A	1000ms	N/A	99.99%	

此外，5G 物联网对电力行业发电、输电、变电、配电、用电等各个环节的数字化转型也至关重要。据南方电网数据，预计 2025 年接入物联网终端的电力终端设备将超过 2 亿台，2030 年终端数有望达到 4 亿台。电力数字化业务可分为智能控制类和智能采集类，智能控制类业务包括智能分布式能源调控、用电负荷需求响应、配电自动化；智能采集类包括高级用电计量、变电站巡检、输电线路巡检、配电房视频监控等。这些场景对速率的要求较低，对时延和可靠性要求较高，是 5G RedCap 的重点应用场景。表 3-5 详细列出了电力行业对 5G RedCap 的性能需求。

表 3-5　电力行业对 5G RedCap 的性能需求

业务类别	业务场景	速率需求	最大时延	电池寿命	可靠性
智能控制类	分布式能源调控	≥2Mbps	≤1s	不需要电池	99.99%
	用电负荷需求响应	10kbps～2Mbps	≤50ms	不需要电池	99.99%
	配电自动化	≥2Mbps	≤15ms	不需要电池	99.99%
智能采集类	高级用电计量	1～2Mbps	≤3s	不需要电池	99.9%
	变电站巡检	4～10Mbps	≤200ms	不需要电池	99.9%
	输电线路巡检	10～25Mbps	≤200ms	不需要电池	99.9%
	配电房视频监控	10～25Mbps	≤200ms	不需要电池	99.9%

3.3.2　视频监控设备

现在各类视频监应用越来越多，包括固定位置视频监控和可移动视频监控应用、图像数据实时无线上传的视频监控和图像数据保存到本地硬盘的非实时视频监控，还包括普通分辨率视频监控和高清视频监控，如安防和电子警察应用，以及包括车载移动视频监控、无人机/无人车视频监控、居家室内及室外周边视频监控、道路铁路河流交通视频监控、工业园区视频监控、校园视频监控和草原森林防火立体巡防监控等。预计未来对中高速率视频监控终端的需求将达到 10 亿级规模以上。

通过将 5G RedCap 终端模组与各类监控摄像机或摄像头集成，可为视频监控提供灵活、低成本的回传手段。其典型业务需求如下：经济型视频监控的参考速率要求为 2～32Mbps，高端型视频监控的速率要求为 32～100Mbps，业务量以上行为主；视频监控业务的时延要求小于 500～1000ms；通信可靠性要求在 99%～99.9%之间。表 3-6 详细列出了不同分辨率下视频监控对 5G RedCap 的性能要求。

表 3-6　不同分辨率下视频监控对 5G RedCap 的性能要求对照表

分辨率	编码方式	典型帧率	上行速率	可靠性	时延
720P	H264/H265	25fps	2～8Mbps	99%	1000ms
1080P	H264/H265	25fps	8～32Mbps	99%	1000ms
1920P	H264/H265	30fps	32～64Mbps	99%	1000ms
4K/8K	H264/H265	30fps	64～100Mbps	99%	1000ms

3.3.3　智能穿戴设备

智能穿戴设备是当前市场热点，尽管目前市场规模相比智能手机而言还不是很高，但市场前景却很好，年增长率高达 20%以上。

智能穿戴设备包括智能手表、智能手环、智能眼镜、智能背心、智能手套等。这类智能穿戴设备的特点是尺寸、体积和质量都不大，大多采用电池供电，对内置的 5G RedCap 模组的尺寸、功耗和覆盖有较高要求，但对通信可靠性、通信时延和通信速率要求不是很高，整体要求跟智能手机差不多。儿童智能手表主要用于安全定位、紧急电话呼叫和自动呼叫应答，以及自动触发报警和上传具体位置信息，定位功能不但要求水平精确定位还要求垂直方向，即楼层定位。很多老年人也开始使用智能手表，老年痴呆症患者佩戴智能手表或手环既能防走失，也能实时监测上报体温和心率等参数。各类智能穿戴设备对 5G RedCap 的性能要求参见表 3-7。

表 3-7　各类智能穿戴设备对 5G RedCap 的性能要求

设备名称	上行速率	可靠性	时延	电池寿命	备注
智能手环	5～10Mbps	95%	1000ms	21 天	支持移动性
智能手表	10～20Mbps	95%	1000ms	3 天	支持移动性
智能眼镜	10～20Mbps	95%	1000ms	7 天	支持移动性
智能背心	10～20Mbps	95%	500ms	5 天	支持移动性

智能穿戴设备崛起的关键，是通信和续航两大能力的显著提升，从而可独立使用，打开了市场的想象空间。如今智能穿戴设备能够承载很多专属的高价值应用，使之脱离智能手机的“附属”，成为一个独立的品类。例如健康管理，随着时代的进步，消费者对自身健康更加关注，智能穿戴产品能够即时监测心率、血压、睡眠等关键健康数据，

居家自检成为健康管理新趋势。在运动监测方面，智能穿戴产品针对多维度运动数据监测，并提出合理的运动建议和管理方法，也渐成“刚需”。

中国智能穿戴市场 2023 年达到 440 亿元规模，同比大增 23%；预计 2024 年继续增长约 19%，突破 500 亿元大关，约达到 530 亿元。与此同时，智能穿戴设备的均价也不断提升，2023 年为 1085 元，预计 2024 年达到 1219 元。

第 4 章　NB-IoT 概述

本章主要介绍 NB-IoT 的一些基本概念，包括 NB-IoT 的特性及典型应用、部署模式、覆盖增强、功耗降低和演进增强等。

4.1　NB-IoT 的特性与典型应用

NB-IoT 接入网物理层设计大部分沿用 FDD-LTE 系统技术，高层协议设计沿用 LTE 协议，主要针对其小数据包，即低数据传输速率、低功耗、深度广覆盖和大连接等特性进行功能增强。此外，NB-IoT 物联网终端对数据传输处理时延容忍，即时延不敏感或具有低时延特性要求。

NB-IoT 核心网部分基于 S1/S11 接口连接，并引入 T6a 接口支持非 IP 数据传输，支持独立部署和升级部署方式。

本节将详细介绍 NB-IoT 的特性，为使读者有一个直观比较，同时还会列出 LTE-M 的一些特性。

4.1.1　超强覆盖

NB-IoT 的设计目标是在 GSM 的基础上覆盖增强 20dB。以 144dB 作为 GSM 的最大耦合路损（Maximum Coupling Loss，MCL），NB-IoT 设计的最大耦合路损为 164dB。其中，下行主要依靠增大各信道的最大重复次数（最大可达 2 048 次）以获得覆盖上的增加。下行基站的发射功率比终端大很多也是下行覆盖保障的一个原因。在上行覆盖增强技术方面，尽管 NB-IoT 终端上行发射功率（23dBm=200mW）较 GSM（33dBm=2W）低 10dB，但 NB-IoT 通过减少上行传输带宽（最小 3.75kHz 单频发送，下行依然是 180kHz 发送）来提高上行功率谱密度，以及同样增加上行发送数据重复次数（上行最大重复次数可达 128 次）使上行同样可以工作在 164dB 的最大路损条件下。

eMTC 的设计目标是在 LTE 最大路损（140dB）基础上增强 15dB 左右，最大耦合路损可达 155dB。该技术的覆盖增强同样主要依靠信道的重复发送，但其覆盖较 NB-IoT 差 9dB 左右。

总体来看，NB-IoT 覆盖半径约为 GSM/LTE 的 4 倍，eMTC 覆盖半径约为 GSM/LTE 的 3 倍，NB-IoT 覆盖半径比 eMTC 覆盖半径大 30%。NB-IoT 及 eMTC 覆盖增强可用于提高物联网终端的深度覆盖能力，也可用于提高网络的覆盖率，或者减小站址密度以降低网络部署运营成本等。

4.1.2　超低功耗

由于地理位置或成本原因，大多数物联网应用存在终端模块不易更新，充电或更换电池也不方便的问题，因此物联网终端在特殊场景中能否商用，功耗起到非常重要的作用。

NB-IoT：3GPP标准中的终端电池寿命设计目标为 10 年。在实际设计中，NB-IoT 引入 eDRX 与 PSM 等节电模式以降低功耗，该技术通过降低峰均比以提升功率放大器的效率，通过减少周期性测量及仅支持单进程等多种方案提升电池效率，以此达到 10 年寿命的设计预期。但在实际应用中，NB-IoT 的电池寿命与具体的业务模型及终端所处覆盖范围密切相关。

eMTC：在较理想的场景下，电池寿命预期也可达 10 年，其终端也引入 PSM 与 eDRX 两种节电模式，但是实际性能还需要在不同场景中进一步评估和验证。

4.1.3　超低成本

NB-IoT：采用更简单的调制解调和编码方式，不支持 MIMO，以降低存储器及处理器要求，采用半双工方式（无需双工器）和降低带外辐射及提升阻塞指标等一系列方法来降低终端模组成本。

在目前市场规模下，NB-IoT 终端模组成本可降至 5 美元以下，在今后市场规模扩大的情况下，规模效应有可能使其模组成本进一步下降。具体金额及时间进度，需根据物联网产业发展的速度而定。

eMTC：在 LTE 的基础上，针对物联网应用需求对成本进行了一定程度的优化。在市场初期的规模下，其模组成本可低于 10 美元。

4.1.4　超大容量

大连接数是物联网能够进行大规模应用的关键因素。

NB-IoT：在设计之初所定目标为 5 万连接数/小区，根据初期计算评估，目前版本可基本达到要求，但是否可达到该设计目标取决于小区内各 NB-IoT 终端业务模型等因素，需要后续进一步测试评估。

eMTC：连接数并未针对物联网应用进行专门优化，目前预期其连接数将小于 NB-IoT 技术，具体性能需要后续进一步测试评估。

4.1.5　典型应用

NB-IoT 在覆盖、功耗、成本、连接数等方面性能占优，比较适合低速率、移动性要求相对较低的 LPWAN 应用。

NB-IoT 物联网应用场景包括智慧城市、智能家居、智能门锁、智能城市路灯、智能电表、智能水表、智能气表、下水道水位探测、智能交通、环境监控、物流资产追踪、智能畜牧业等。

远距离无线通信可避免铺设有线管道，低功耗可保证几年不用更换电池，省事省成本，这对于规模浩大的智慧城市建设简直是不二选择。下面详细介绍几个典型的基于 NB-IoT 的物联网应用。

（1）NB-IoT 在智能水表中的应用。

水电气表和我们每个人的日常生活息息相关，每家每户都会使用。过去是人工上门抄表统计数据，但是人工抄表有很多弊端：

- 效率低；
- 人工成本高；
- 记录数据易出错；
- 维护管理困难等。

GPRS 远程抄表应用应运而生，它解决了人工抄表的一系列问题，比人工抄表技术先进、效率更高、更安全，但随之会产生新的问题。GPRS 远程抄表有如下缺点导致无法被大面积推广：

- 通信基站用户容量小；
- 功耗高；
- 信号差。

采用 NB-IoT 物联网技术的远程抄表解决了上述问题。NB-IoT 远程抄表应用如图 4-1 所示。

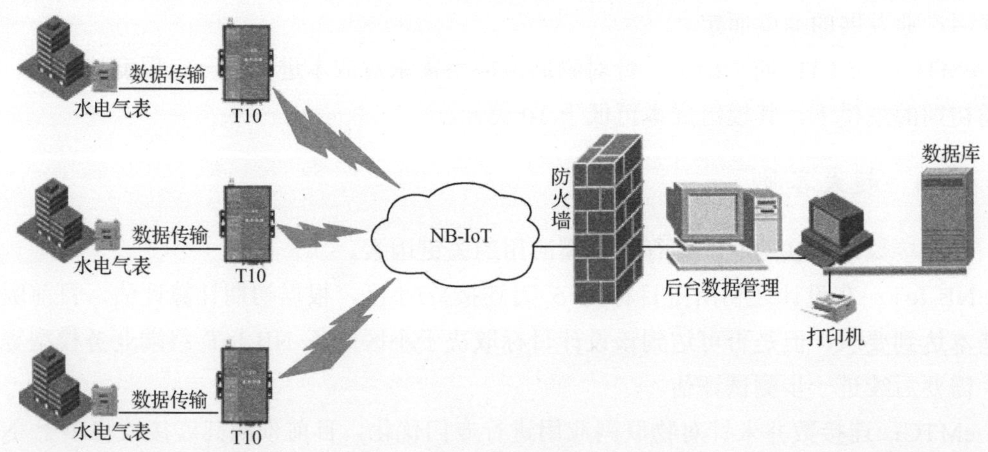

图 4-1　NB-IoT 远程抄表应用

NB-IoT 远程抄表的优点如下：

- NB-IoT 远程抄表在继承了 GPRS 远程抄表功能的同时还拥有海量容量。相同基站通信用户容量是 GPRS 远程抄表的 10 倍。
- 更低功耗。在相同的使用环境条件下，NB-IoT 终端模块的待机时间可长达十年以上。
- 新技术信号覆盖更强（可覆盖到室内与地下室）。

- 更低的模块成本。预期的单个连接模块成本不超过 1 美元，以后还会更低。

（2）NB-IoT 在智能家居中的应用（智能锁）。

随着近几年智能家居行业的火爆，智能锁在生活中出现的频率也越来越高，目前主流技术有感应卡、指纹识别、密码识别、面部识别等，极大地提高了门禁的安全性，但是以上安全性的前提是处于通电状态，如果处于断电状态，智能锁则形同虚设。

为了提升安全性，需要安装基于 NB-IoT 网络的智能锁。NB-IoT 智能锁应用如图 4-2 所示。

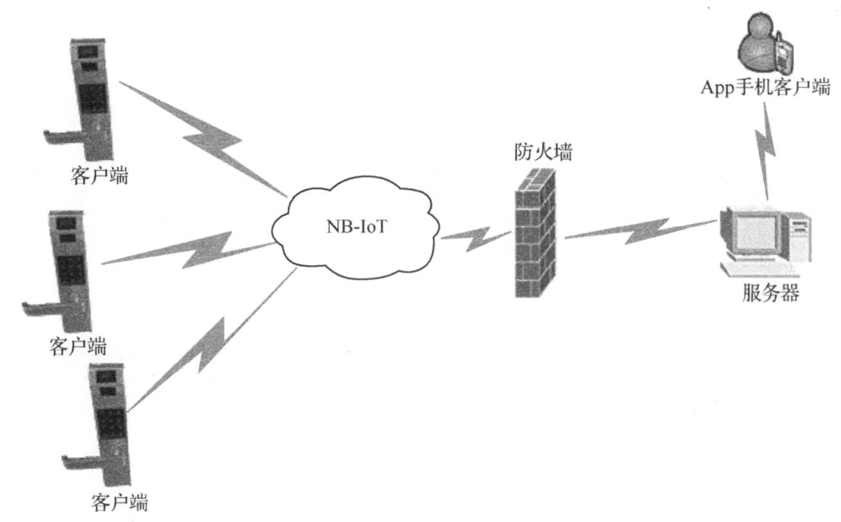

图 4-2　NB-IoT 智能锁应用

该智能锁拥有内置电池，能够采集各项基本数据，并且将数据传输到服务器。当采集到异常数据时，自动向用户发出警报，如检测到有人企图非法开锁、非法入侵等。

同时，基于 NB-IoT 网络的新型智能锁还必须具备以下特性：

- 由于智能锁安装后不易拆卸，所以要求智能锁电池的使用寿命长；
- 门的位置处于封闭的楼道中，需要更强的信号覆盖以确保网络数据实时传输；
- 智能家居终端数量多，必须保证足够的连接数量；
- 最重要的是在加入以上功能后，还能保证设备成本控制在可接受的范围内。

这些特性正好都是 NB-IoT 物联网技术所具备的。

（3）NB-IoT 在畜牧业中的应用。

畜牧业养殖方式主要分为圈养和放养，中国的北部和西部边疆为主要放牧区，放养的优势在于牲畜肉质品质高、降低饲料成本等，但是随之而来的是在牲畜管理上的诸多不便。人工放牧是最原始和最直接的办法，但会有如下一些弊端：

- 人工放养需要专人放养，浪费人力；
- 人工放养有安全隐患，有被野生动物袭击的危险；
- 人工放养不利于系统性管理。

随着科技的进步，科学养殖必定会成为未来发展的趋势，利用 GPS+GPRS 畜牧定位系统可以解决这种问题，但是牛群、羊群个体规模庞大，会有 GPRS 通信基站容量不足的情况，电池续航也会存在问题。此外，农场都比较偏远，信号覆盖强度也会受到影响，可能导致数据无法传输。NB-IoT 技术的诞生完美地解决了这些困扰，NB-IoT 智能畜牧业应用如图 4-3 所示。

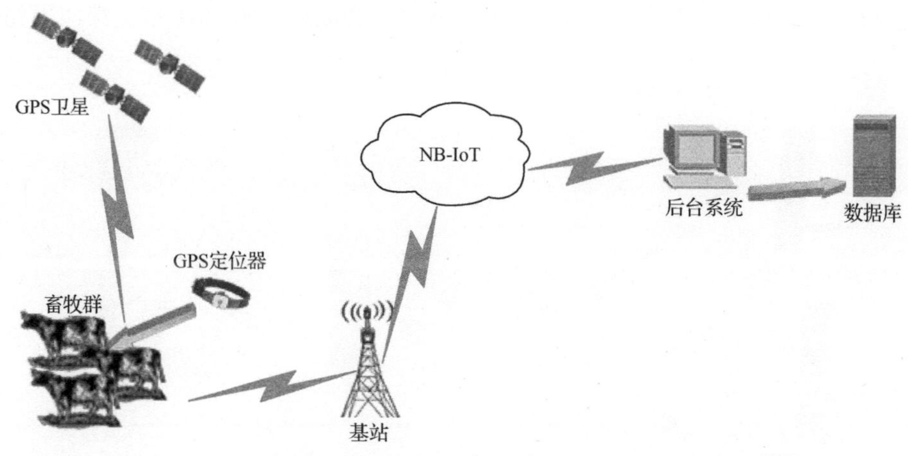

图 4-3　NB-IoT 智能畜牧业应用

NB-IoT 智能畜牧业的优势如下：

- NB-IoT 能容纳通信基站的用户数量是 GPRS 的 10 倍。
- NB-IoT 拥有超低功耗，正常通信和待机电流是毫安和微安级别，模块待机时间可长达十年，从牲畜出生到宰割都无需更换电池，减少了工人的工作量。
- NB-IoT 拥有更强、更广的信号覆盖，真正实现了偏远地区数据的正常传输。
- NB-IoT 技术突破了 GPRS 技术的瓶颈，真正实现了畜牧养殖者所想，在庞大的畜牧业中必定能够大放异彩。

4.2　NB-IoT 模式

网络部署的难易程度和网络组建成本是运营商在决策过程中最需要考虑的问题。本节分别介绍 NB-IoT 的网络架构、部署模式和双工模式。

4.2.1　网络架构

图 4-4 所示为 NB-IoT 网络架构图，从图中可以看出 NB-IoT 网络架构基本沿用或基于 LTE 网络架构，也可以分为无线接入网（RAN）和核心网两大部分。

不过基于物联网的数据传输特性，NB-IoT 网络也有如下更新部分。

（1）增加了 S11-U 接口（采用 GTP-U 协议），用来支持控制面功能优化（Control Plane CIoT EPS Optimization）的 IP 数据传输。

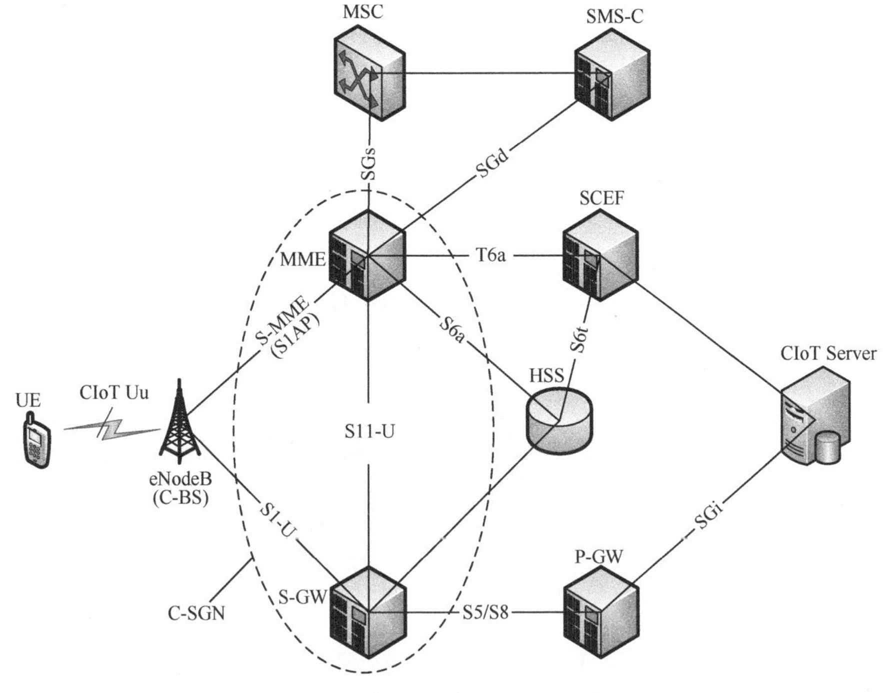

图 4-4　NB-IoT 网络架构图

（2）增加了 T6a 接口（采用 DIAMETER 协议），用来支持控制面功能优化的 Non-IP 数据传输。

（3）增加了 S6t 接口（采用 DIAMETER 协议），主要由 SCEF 来对 Non-IP 数据的传输进行授权验证。

（4）增加了 SGd 接口，用来直接支持基于 SMS 的小数据包传输，此 SGd 接口主要是为了那些不支持联合附着（Combined EPS/IMSI）的 NB-IoT 终端，如果是支持联合附着的终端则继续采用 SGs 接口收发 SMS 小数据包。

（5）增加了 SCEF 网元，用来支持 Non-IP 数据传输。

（6）核心网 MME 和 S-GW 两个网元也可以合并部署于一个物理节点上，统称 C-SGN（Cellular Serving Gateway Node），这样可以减少 NB-IoT 网络部署节点数目和部署成本，提高数据传输效率。

4.2.2　部署模式

NB-IoT：对于未部署 LTE FDD 的运营商，NB-IoT 的部署更接近于全新网络的部署，将涉及无线接入网及核心网的新建或改造，以及传输结构的调整。同时，若无现成空闲频谱，则需要对现网频谱（通常为 GSM）进行调整。因此，实施代价相对较高。而对于已部署 LTE FDD 的运营商，NB-IoT 的部署可很大程度上利用现有设备与频谱通过软件升级完成，其部署相对简单。但无论是依托哪种制式进行建设，都需要独立部署核心网或升级现网设备。

eMTC：若现网已部署 4G 网络，在该基础上再部署 eMTC 网络，则在无线网方面，可基于现有 4G 网络进行软件升级，在核心网方面，同样可通过软件升级实现。

NB-IoT：可以直接部署 GSM、UMTS 或 LTE 网络，既可以与现有网络基站通过软件升级部署，以降低部署成本，实现平滑升级，也可以使用单独的 180kHz 频段，不占用现有网络的语音和数据带宽，保证传统业务和未来物联网业务同时稳定、可靠地进行。

NB-IoT 占用 180kHz 带宽，这与在 LTE 帧结构中一个资源块的带宽是一样的。NB-IoT 有以下三大部署模式（Operation Modes），如图 4-5 所示。

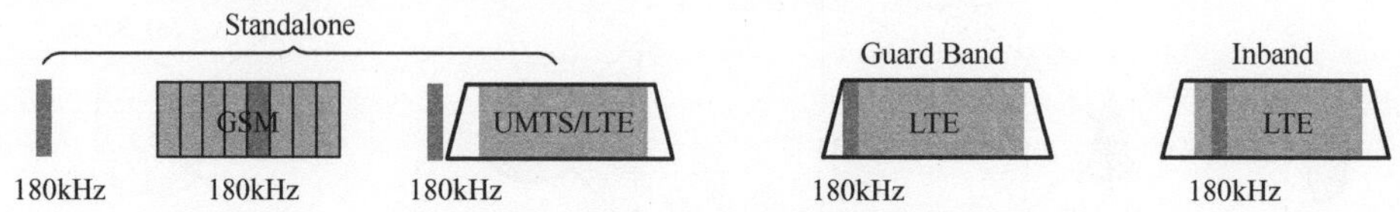

图 4-5 NB-IoT 网络三大部署模式

1．独立部署（Standalone Operation）

独立部署适合用于重耕 GSM 频段，GSM 的信道带宽为 200kHz，这刚好为 NB-IoT 180kHz 带宽辟出空间，且两边还有 10kHz 的保护间隔。本模式频谱独占，不存在与现有系统共存问题，适合运营商快速部署试商用 NB-IoT 网络，并且多个连续的 180kHz 带宽还可以捆绑使用组成更大的部署带宽，以提高容量和数据传输速率，类似于 LTE 的载波聚合技术（Carrier Aggregation，CA）。NB-IoT 网络独立部署模式如图 4-6 所示。

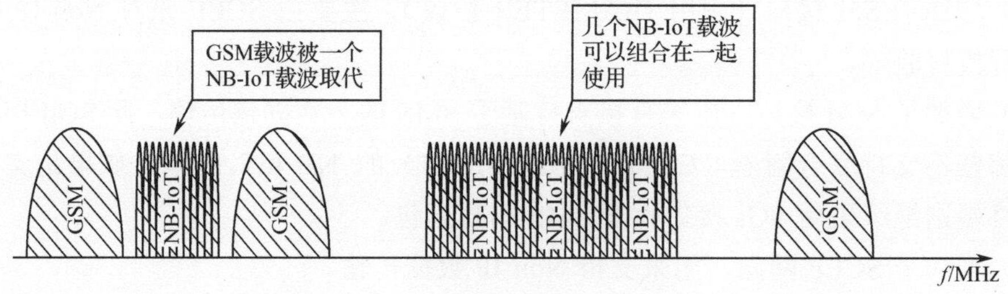

图 4-6 NB-IoT 网络独立部署模式

NB-IoT 网络部署最好分阶段实施：先采用独立部署方式来满足覆盖；等 NB-IoT 业务上量后，新增带内（Inband）载波，即多载波方案提升容量。

2．保护带部署（Guard Band Operation）

这种模式利用 LTE 边缘保护频带中未使用的 180kHz 带宽资源，适合运营商利用现网 LTE 网络频段外的带宽，最大化频谱资源利用率，但需解决与 LTE 系统干扰规避、射频指标共存等问题。

实际上，1 个或多个 NB-IoT 载波（具体个数取决于 LTE 小区带宽）可以部署在 LTE 载波两侧的保护带内。NB-IoT 网络保护带部署模式如图 4-7 所示。

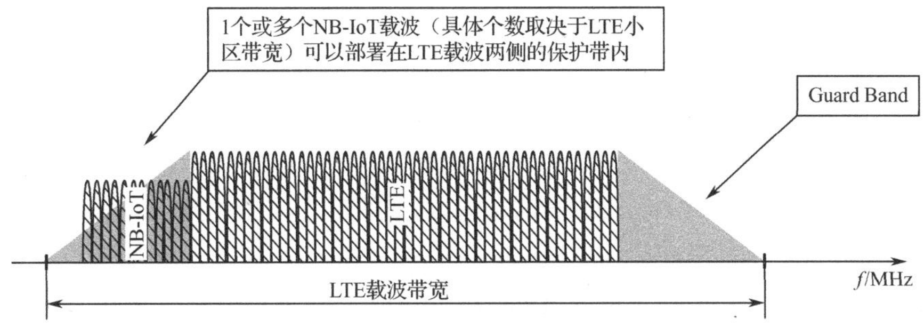

图 4-7 NB-IoT 网络保护带部署模式

3. 带内部署（Inband Operation）

这种模式利用 LTE 载波中间的任何资源块。若运营商优先考虑利用现网 LTE 网络频段中的 PRB（物理资源块），则可考虑利用带内方式部署 NB-IoT，但同样面临与现有 LTE 系统共存的问题，如图 4-8 所示。

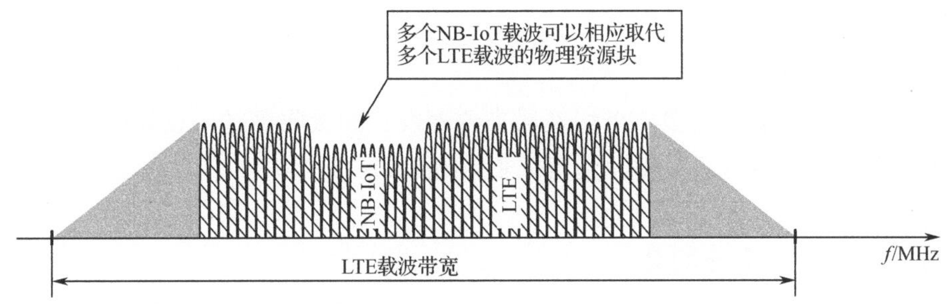

图 4-8 NB-IoT 网络带内部署模式

实际上，带内部署模式又可以细分为两种：

- 一种是 NB-IoT 小区 PCI 跟 LTE 主小区 PCI 相同，这样 NB-IoT 终端还可以借用 LTE CRS 信号辅助进行下行信号强度测量和下行相干解调；
- 另一种是 NB-IoT 小区 PCI 跟 LTE 主小区 PCI 不相同。

4.2.3 双工模式

NB-IoT 双工模式类型如图 4-9 所示。相对于 LTE 全双工模式，在 R13 中，定义了半双工模式，UE 不会同时处理接收和发送。

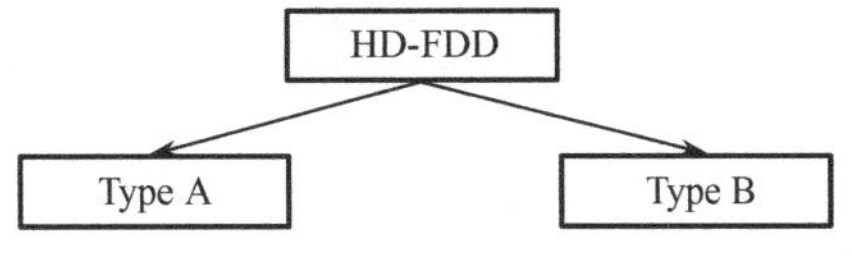

图 4-9 NB-IoT 双工模式类型

半双工模式分为 Type A 和 Type B 两种类型。

- Type A：UE 在发送上行信号时，其前面一个子帧不接收下行信号中的最后一个符号（Symbol），用来作为保护时隙（Guard Period，GP）。
- Type B：UE 在发送上行信号时，其前面的子帧和后面的子帧都不接收下行信号，使得保护时隙加长，这对设备的要求降低了，并且提高了信号的可靠性。Type B 为 Cat-NB1 所用。

R13 NB-IoT 仅支持 FDD 半双工 Type B 模式，如图 4-10 所示。FDD 意味着上行和下行在频率上分开，UE 不会同时处理接收和发送。

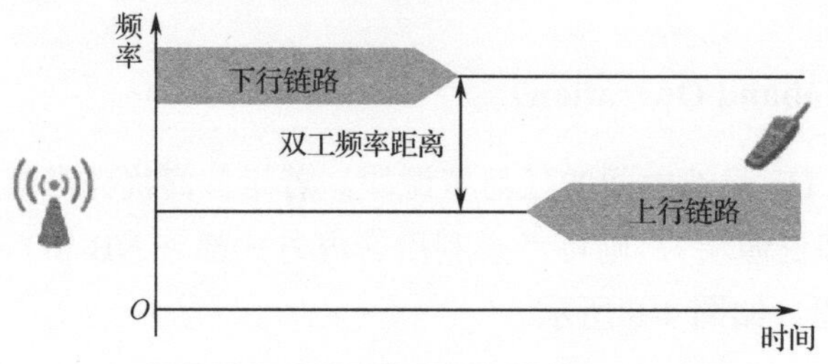

图 4-10　NB-IoT 网络 FDD 半双工 Type B 模式

半双工设计意味着只需多一个切换器去改变发送和接收模式，设计简化，比起全双工设计所需的元件，成本更低廉，且可降低终端功耗。

4.3　NB-IoT 频段

NB-IoT 沿用 LTE 定义的频段号，R13 为 NB-IoT 指定了 14 个 FDD 频段，参见表 4-1。目前 R13 定义的 NB-IoT 还不支持 TDD 模式，也许从 R14 开始会支持某些 TDD 频段。

表 4-1　NB-IoT FDD 频段分布

频段编号	上行频率范围/MHz	下行频率范围/MHz	主要应用地区或国家
1	1920～1980	2110～2170	欧洲，亚洲
2	1850～1910	1930～1990	美洲
3	1710～1785	1805～1880	欧洲，亚洲
5	824～849	869～894	美洲
8	880～915	925～960	欧洲，亚洲
12	698～716	728～746	美国
13	777～787	746～756	美国
17	704～716	734～746	美国
18	815～830	860～875	日本
19	830～845	875～890	日本

续表

频段编号	上行频率范围/MHz	下行频率范围/MHz	主要应用地区或国家
20	832～862	791～821	欧洲
26	814～849	859～894	—
28	703～748	758～803	—
66	1710～1780	2110～2180	—

4.4　NB-IoT 信道

本节开始简要介绍 NB-IoT 上下行物理信道及其映射关系。

4.4.1　下行信道

对于下行链路，NB-IoT 定义了三种物理信道：

- NPBCH，窄带物理广播信道。
- NPDCCH，窄带物理下行控制信道。
- NPDSCH，窄带物理下行共享信道。

除此之外，还定义了两种物理信号：

- NRS，窄带参考信号。
- NPSS 和 NSSS，主同步信号和辅同步信号。

相比 LTE，NB-IoT 的下行物理信道较少，去掉了 PMCH（Physical Multicast Channel，物理多播信道），其原因是 NB-IoT 不提供多媒体广播/组播服务，并且还去掉了 PHICH 和 PCFICH 信道。详细的下行物理信道和物理信号在第 5 章介绍。

图 4-11 所示为 NB-IoT 下行传输信道和物理信道之间的映射关系。

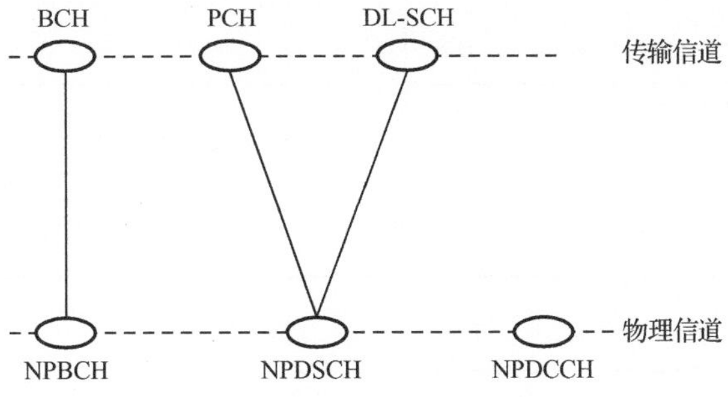

图 4-11　NB-IoT 下行传输信道和物理信道之间的映射关系

MIB 消息在 NPBCH 中传输，其余信令消息和数据在 NPDSCH 中传输，NPDCCH 负责控制调度 UE 和 eNB 间的数据传输。

NB-IoT 下行调制方式为 QPSK。NB-IoT 下行最多支持两个天线端口（Antenna

Port），即 AP0 和 AP1。

和 LTE 一样，NB-IoT 也有 PCI（Physical Cell ID，物理小区标识），称为 NCellID（Narrowband Physical Cell ID），一共定义了 504 个 NCellID。

下行帧和时隙结构：NB-IoT 下行物理信道采用的循环前缀（Normal CP）与物理资源块（PRB）同 LTE 一样。NB-IoT 物理资源块（PRB）如图 4-12 所示。

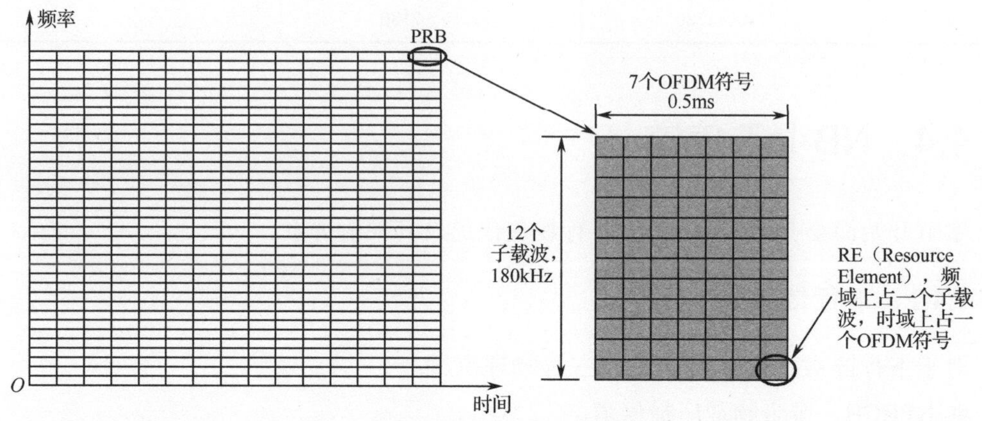

图 4-12　NB-IoT 物理资源块（PRB）

- 在频域上由 12 个子载波（每个子载波间隔 15kHz，共 180kHz）组成。
- 在时域上由 7 个 OFDM 符号组成 0.5ms 的时隙。

以上两点保证了 NB-IoT 的物理资源和 LTE 的物理资源的兼容性，尤其对于带内部署方式至关重要。

NB-IoT 的每个时隙为 0.5ms，1 个时隙包含 7 个 OFDM 符号（Symbol），2 个时隙组成一个子帧（SF），10 个子帧组成一个无线帧（Radio Frame，RF）。NB-IoT 帧与时隙结构如图 4-13 所示。

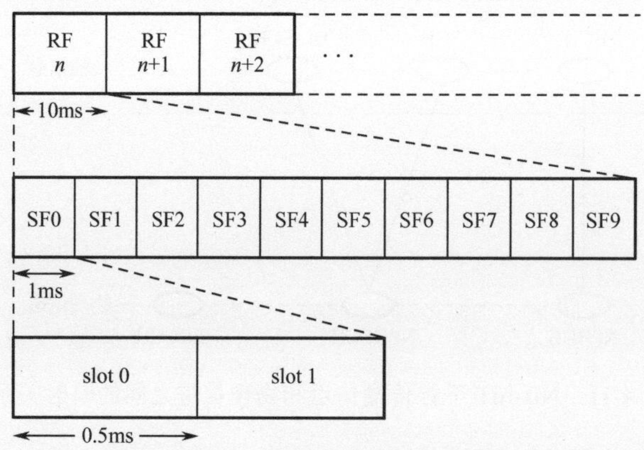

图 4-13　NB-IoT 帧与时隙结构

4.4.2　上行信道

对于上行链路，NB-IoT 定义了两种物理信道。

- NPUSCH，窄带物理上行共享信道。
- NPRACH，窄带物理随机接入信道。

NB-IoT 还定义了一种上行解调参考信号：DMRS。

同样，为了节省终端功耗和降低设计与实现的复杂性，NB-IoT 取消了物理上行控制信道（PUCCH）和信道探测参考信号（SRS），所有用户数据和信令消息（包括物理层控制信令）都通过 NPUSCH 传输。

另外，终端也不要求上报 CQI 和 RI/PMI 等控制与测量信息。当然，取消了 SRS 会影响基站对上行信道强度和质量的测量精度，特别是影响在上行空闲状态下的信道估计，因为基站只能通过测量 DMRS 来获取上行信道状况。

NB-IoT 上行传输信道和物理信道之间的映射关系如图 4-14 所示，详细的上行物理信道和物理信号将在第 5 章介绍。

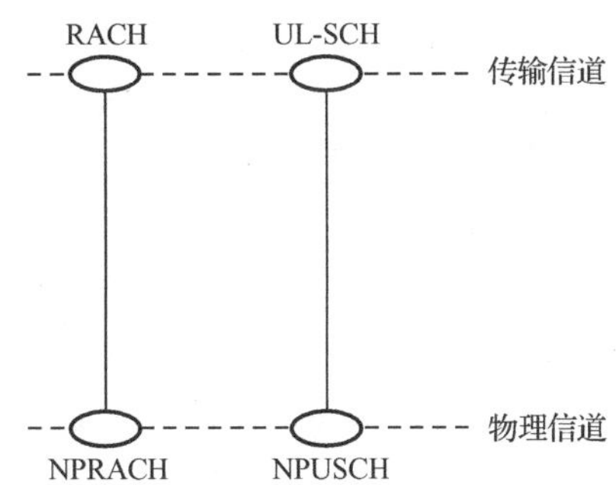

图 4-14　NB-IoT 上行传输信道和物理信道之间的映射关系

上行帧和时隙结构：同 LTE 一样，NB-IoT 上行使用 SC-FDMA，考虑到 NB-IoT 终端的低成本需求，在上行要支持单频传输，除了原有的 15kHz 子载波间隔，还新制定了 3.75kHz 的子载波间隔。

- 当采用 15kHz 子载波间隔时，时隙结构和 LTE 一样，每个时隙为 0.5ms，1 个时隙包含 7 个 OFDM 符号，2 个时隙组成一个子帧（SF），10 个子帧组成一个无线帧。
- 当采用 3.75kHz 的子载波间隔时，频域带宽仍然为 180kHz，包含 48 个子载波。15kHz 为 3.75kHz 的整数倍，所以对 LTE 系统干扰较小。由于下行的帧结构与 LTE 相同，为了使上行与下行相容，在子载波间隔为 3.75kHz 的帧结构中，由于 NB-IoT 系统中的采样频率（Sampling Rate）为 1.92MHz，1 个 OFDM 符号的采样持续时间长度（Sampling Duration）为 $512T_s$，加上循环前缀（Cyclic Prefix，CP）长 $16T_s$，共 $528T_s$。因此，1 个时隙仍然包含 7 个符号（Symbol），再加上保护间隔（Guard Period），共 3 840*Ts*，即 2ms 时长，刚好是 LTE 时隙长度的 4 倍。NB-IoT 上行 3.75kHz 资源块图如图 4-15 所示。

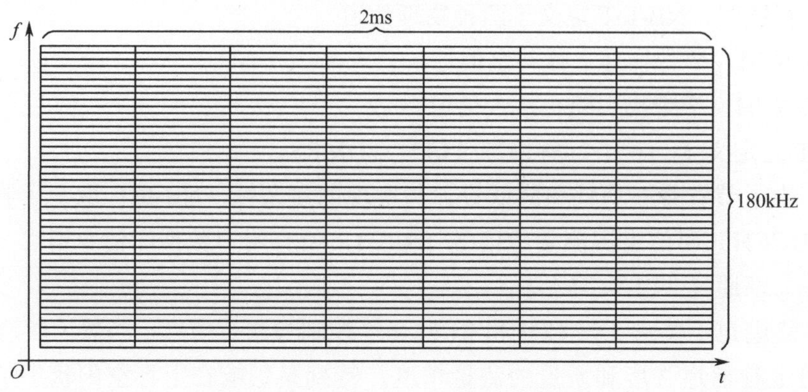

图 4-15　NB-IoT 上行 3.75kHz 资源块图

4.5　NB-IoT 覆盖

深度覆盖或超强覆盖是物联网的一个重要特点和要求。本节集中介绍 NB-IoT 是如何增强信号覆盖的。

4.5.1　覆盖增强手段

NB-IoT 采用下面一些手段和机制来增强覆盖，最大耦合路径损耗 MCL=164dB。

（1）时域重复（Repetition）发送。

① NPRACH：{1，2，4，8，16，32，64，128}。

② NPUSCH：{1，2，4，8，16，32，64，128}。

③ NPDCCH：{1，2，4，8，16，32，64，128，256，512，1024，2048}。

④ NPDSCH：{1，2，4，8，16，32，64，128，256，512，1024，2048}。

请注意重复和重传（Re-transmission）的区别：

重复是发送方主动把一个信息包在时域上重复发送一定次数，以提高接收方解码成功率；

重传是当接收到接收方反馈解码失败后，即收到否定应答（NACK）后，发送方再次重新发送原数据包。

（2）采用低阶调制技术（BPSK/QPSK）来增强覆盖和降低终端功耗。

（3）采用窄带（200kHz），甚至单频（Single-Tone）、低频（3.75kHz）发送技术提高功率谱密度来增强深度覆盖。NB-IoT 上行功率谱密度如图 4-16 所示。

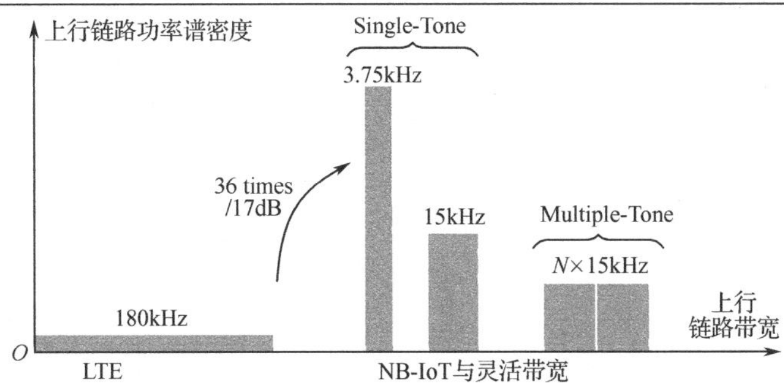

图 4-16 NB-IoT 上行功率谱密度

4.5.2 覆盖增强等级

CE Level（Coverage Enhancement Level，覆盖增强等级）共三个等级，即 0～2 级，分别对应可对抗 MCL=144dB、154dB、164dB 的信号衰减。

基站与 NB-IoT 终端之间会根据其所在的覆盖增强等级来选择相对应的信息重复发送次数，来提高解码成功率，从而增强覆盖，确保终端随机接入成功率。

基站会根据其终端当前所在的 CE Level 来选择单频（Single-Tone）或多频（Multi-tone，1、3、6、12 个子载波）来增强覆盖和提高容量，确保终端随机接入成功率。

另外，基站还会根据 CE Level 来选择 3.75kHz 或 15kHz 子载波来发送 NPUSCH，从而进一步增强上行覆盖或提高容量，确保终端随机接入成功率。

具体的随机覆盖增强接入等级定义参见 6.4.1 节内容。

当然，信息重复次数和单频多频（1/3/6/12）根据终端信号强度的变化是可以动态调整的，这就是所谓的链路自适应（Link Adaptation，LA）。7.5.4 节还会专门介绍 LA。

4.6 NB-IoT 功耗

低功耗是广域覆盖物联网终端设备的另外一个重要特点和要求。本节集中介绍 NB-IoT 是如何降低终端设备功耗的。

4.6.1 降低功耗机制

总体来说，NB-IoT 物联网采用下面一些技术或方法来降低终端功耗。

（1）终端设备消耗的能量与数据包的大小或速率有关，单位时间内发出数据包的大小决定了功耗的大小，NB-IoT 只支持低速数据传输，因此可以降低终端功耗。

（2）NB-IoT 允许数据传输时延约为 6s，在最大耦合耗损环境中甚至可以容忍更大的时延，如 10s 左右，这也同样可以降低终端功耗。

（3）NB-IoT R13 仅支持空闲模式下的小区重选，不支持连接状态下的移动性管理，包括不要求终端在 RRC 连接状态下进行相关测量、测量报告、切换等，这些也都可以降低终端功耗。

（4）NB-IoT 只采用低阶调制技术（BPSK/QPSK）也可以降低终端功耗。

（5）NB-IoT 在传统 LTE 基础上引入控制面传输数据包方式（DoNAS）和对用户平面进行优化，尽量减少不必要的信令开销，这也同样可以降低终端功耗。

（6）超长周期 TAU，尽量减少终端发送位置更新的次数，这种方法也同样可以降低终端功耗。

（7）更重要的是，NB-IoT 在 LTE 基础上引入 PSM 和 eDRX 来进一步降低终端功耗，延长电池寿命。本节重点介绍这两种技术。

4.6.2 PSM 降低功耗

其实，3GPP 在 R12 版本阶段已经引入功率节省模式（Power Saving Mode，PSM），PSM 在数据连接终止或周期性 TAU 完成后启动，如图 4-17 所示。

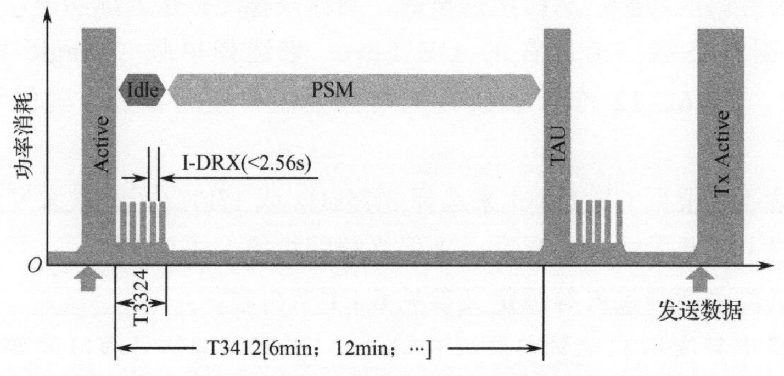

图 4-17　功率节省模式（PSM）

1. PSM 启动步骤

下面列出 PSM 启动步骤和过程，如图 4-18 所示。

- 当数据传输完成且不活跃定时器（Inactivity Timer）超时后，基站首先释放 RRC 连接，终端随即进入空闲模式，并进入不连续接收（DRX）状态，同时启动定时器 T3324 和 T3412。
- 当 DRX 定时器 T3324 超时后，终端进入 PSM 激活模式。
- 当周期性位置更新定时器 T3412 超时后，终端发起 RRC 连接建立过程来发起周期性 TAU 更新过程，TAU 完成后如果没有上下行数据待发送，则基站会释放 RRC 连接，终端重新进入下一轮 PSM 激活模式。

定时器 T3324 和 T3412 值由 Attach Accept 或 TAU Accept 消息发送给终端。

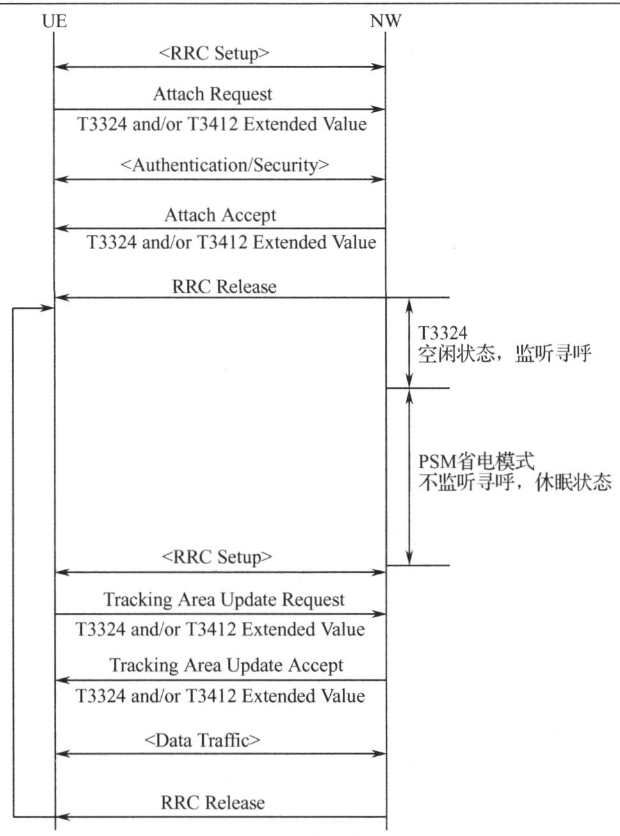

图 4-18　PSM 启动过程图

2. PSM 下的终端特性

在 PSM 激活模式下，终端处于休眠模式状态，近似于关机状态，可大幅度省电。

在 PSM 激活期间，终端不再监听寻呼（Paging），但终端还是在网络中注册，IP 地址和 S1 接口上下文还保持有效。因此，当终端需要再次发送数据时，不需要重新建立 PDN 连接。

4.6.3　eDRX 降低功耗

3GPP 在 R13 版本中还引入 eDRX（增强型非连续接收），延长了原来 DRX 的时间，降低了终端的 DRX 次数和频率，从而达到省电的目的。以前 LTE 空闲状态下 DRX 的最长时间间隔为 2.56s，这对于间隔很长一段时间才发送数据的物联网设备来说，还是太频繁了。

eDRX 模式原理图如图 4-19 所示。

eDRX 可工作于空闲模式和连接模式：

- 在连接模式下，eDRX 把接收间隔扩展至 10.24s；
- 在空闲模式下，LTE 的 eDRX 将寻呼监测和 TAU 更新间隔扩展至超过 40 分钟（2 621.44s）。

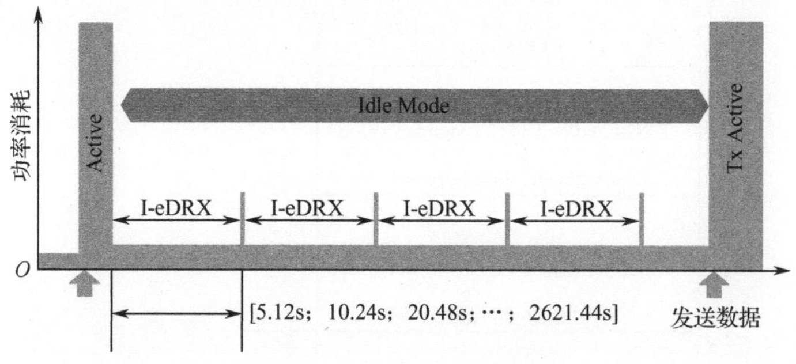

图 4-19　eDRX 模式原理图

对于 NB-IoT 网络终端，eDRX 间隔周期甚至可以最大扩展至 10 485.76s（大于 2.91h）。

PSM 和 eDRX 之间的不同之处在于，终端从休眠模式进入连接模式的时间间隔长短不同：在 PSM 下，终端需要首先从休眠模式进入激活模式，然后进入空闲模式，最后才能进入连接模式；在 eDRX 下，终端本身就处于空闲模式，可以更快速地进入连接模式，无需额外信令，时间也更短些。

4.7　NB-IoT 演进增强

在 3GPP R14 NB-IoT 演进标准里增加定位、多播、增强型非锚定 PRB、移动性和服务连续性、新的功率等级，降低功耗与时延，增加语音业务支持等，让 NB-IoT 技术更具竞争优势。

4.7.1　定位增强

在 NB-IoT 技术的 R13 版本中，为降低终端功耗，在系统设计时，并未设计 PRS 及 SRS。因此，目前 NB-IoT 仅能通过基站侧 E-CID 方式定位，精度较低。未来的 NB-IoT 标准升级中将进一步考虑增强定位精度的特性与设计。

当然，现阶段可以考虑 NB-IoT 终端加装 GPS 定位芯片来帮助提高定位精度，但是这样会增加终端模块的成本和功耗。

4.7.2　多播功能

在物联网业务中，基站有可能需要对大量终端同时发出同样的数据包。在 NB-IoT 的 R13 版本中，无相应多播业务，在进行该类业务时需要逐个向每个终端下发相应数据，浪费了大量系统资源，延长了整体信息传送时间。在 R14 版本中，有可能对多播特性进行考虑，以改善相关性能。

4.7.3　移动性增强

在 R13 版本中，NB-IoT 主要针对静止/低速用户设计优化，在 RRC 连接模式下无法进行小区切换，仅能在空闲模式下进行小区重选。不支持连接模式下的邻区测量上报，因此无法进行连接模式小区切换。

R14 版本阶段会增强 UE 测量上报功能，支持 RRC 连接模式小区切换，以及支持 RRC 重定向小区重选。因为有的物联网终端，如共享单车或共享汽车等，在连接模式下需要进行小区切换。

4.7.4　语音支持

大家知道，对于标清与高清的VoIP语音业务，其语音速率分别为 12.2kbps 与 23.85kbps，即全网至少需要提供 10.6kbps 与 17.7kbps 的应用层速率，方可支持标清与高清的 VoIP 语音。

NB-IoT 的峰值上下行吞吐率仅为 67kbps 与 30kbps，并且数据传输时延过大，在组网环境下，无法对语音功能进行支持，特别是无法支持 VoLTE。

eMTC 可以支持 VoLTE 语音业务。其在FDD模式上下行速率基本可满足语音的需求，但从产业角度来看，目前支持情况有限，对于 eMTC TDD 模式，由于上行资源数受到限制，其语音支持能力较 eMTC FDD 模式弱。

第 5 章　NB-IoT 物理层

本章详细介绍 NB-IoT 物理层的基本原理，包括物理信号和物理信道等。

5.1　物理层概述

表 5-1 列出了 NB-IoT 物理层技术参数值或特性。

表 5-1　NB-IoT 物理层技术参数值或特性

物理层技术	下　行	上　行
多址技术	OFDMA	SC-FDMA
子载波间隔（带宽）	15kHz	3.75kHz/15kHz
子载波个数（Tone）	12	1，3，6，12
发射功率	43dBm	23dBm
子帧长度	1ms	1ms
TTI 长度	1ms	1ms/8ms
调制技术	QPSK	BPSK/QPSK
物理信道	NPBCH/NPDCCH/NPDSCH	NPRACH/NPUSCH
物理信号	NRS/NPSS/NSSS	DM-RS
最大重复次数	2 048	128

NB-IoT 公共物理信道所占用资源统计如表 5-2 所示。

表 5-2　NB-IoT 公共物理信道所占用资源统计

资 源 名 称	出现位置或频率	资源占用比
NRS	忽略不计	0%
NPSS	每 1 个无线帧中的子帧 5	10%
NSSS	每 2 个无线帧中的子帧 9	5%
NPBCH（MIB-NB）	每 1 个无线帧中的子帧 0	10%
SIB1-NB	每 256 个无线帧中的 32 个子帧 （按最小重复次数 4 计算）	1.25%/2.5%/5%
SIB*x*-NB	每 64 个无线帧中的 8 个子帧 （按最大资源占比计算： si-WindowLength-r13 ms160 si-Periodicity-r13 rf64 si-RepetitionPattern-r13 every4thRF）	1.25%
寻呼（Paging）	暂不支持	0%
总计	—	27.5%/28.75%/31.25%

由此可见，总的公共下行资源占比还是挺高的，达到甚至超过 30%，从而分配给用户的传送业务的资源（NPDCCH/NPDSCH）大概只有 70%。

下面详细介绍这些物理信号和物理信道，同时说明与传统 LTE 物理层的相同和不同之处。

5.2　物理信号

5.2.1　NPSS

窄带主同步信号（Narrow-band Primary Synchronization Signal，NPSS）为 NB-IoT UE 的时间和频率同步提供参考信号。与 LTE 不同的是，NPSS 中不携带任何小区信息，NPSS 序列是一个固定内容的 ZC 序列，其中不包含 Cell ID 信息，因此 NPSS 仅用于时间和频率同步。

NPSS 的周期是 10ms，为了保持与带内部署的兼容性和一致性，在 3 种部署模式下，NPSS 都统一映射在每个无线帧子帧 5 的最后 11 个符号上，每个符号上映射最低 11 个子载波。

NB-IoT UE 在小区搜索时，会先检测 NPSS，因此 NPSS 的设计为短的 ZC（Zadoff-Chu）序列，从而降低了初步信号检测和同步的复杂性。

NPSS 时频资源位置如图 5-1 所示。NPSS 在时频资源位置上会避开传统 LTE 的控制区域（PDCCH 占用的 3 个符号所对应的资源）和 LTE 小区专用参考信号（CRS）所占用的资源位置（图 5-1 中深颜色标识的资源块），NPSS 实际占用的时频资源个数为 11×11−16=105 个。

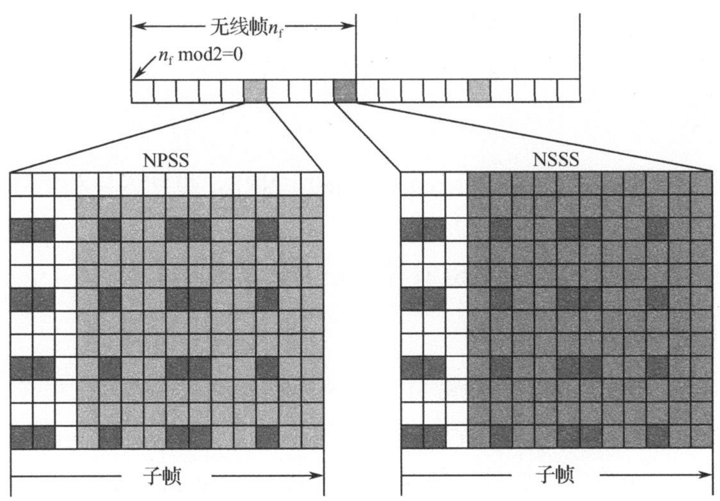

图 5-1　NPSS 及 NSSS 时频资源位置

5.2.2　NSSS

窄带辅同步信号（Narrow-band Secondary Synchronization Signal，NSSS）的周期是 20ms，NSSS 映射在每个偶数无线帧子帧 9 的最后 11 个符号上，但每个符号上映射 12 个子载波，因此总的序列长度是 11×12=132，NSSS 携带 PCI 信息。与传统 LTE 网络中 PCI 需要通过 PSS 和 SSS 联合确定不同，窄带物联网的物理层小区 ID 仅需要通过 NSSS 确定（依然是 504 个唯一标识），这意味着 NSSS 的编码序列有 504 组。

NSSS 在资源位置上同样需要避开 LTE 的控制区域（PDCCH 占用的 3 个符号所对应的资源）和 LTE 小区专用参考信号所占用的资源位置，NSSS 实际占用的时频资源个数为 11×12−16=116 个。

NSSS 时频资源位置如图 5-2 所示。

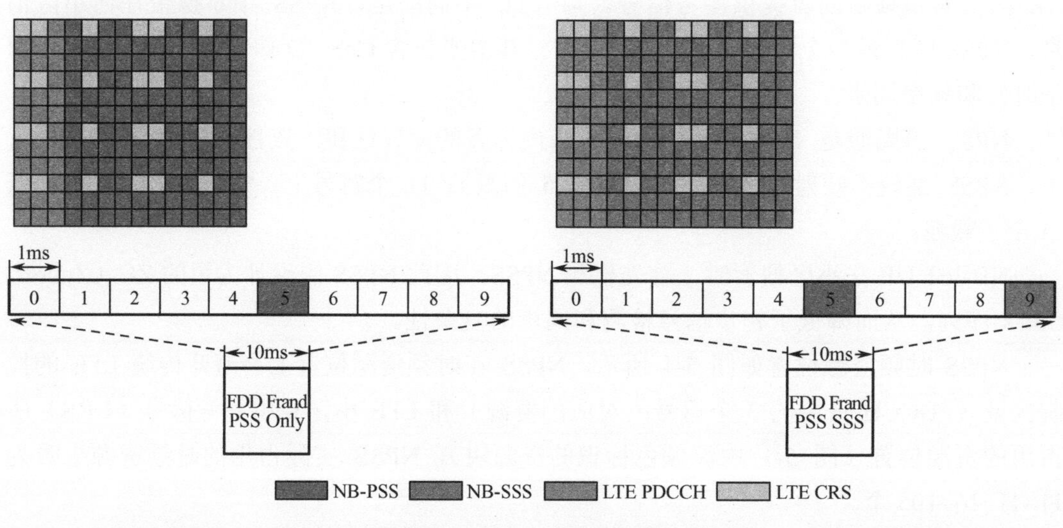

图 5-2　NSSS 时频资源位置

5.2.3　NRS

窄带参考信号（Narrow-band Reference Signal，NRS，也称为导频信号）的作用为：

- 下行信道质量测量估计；
- 下行 NPBCH/NPDCCH/NPDSCH 信道相干检测和解调。

1．NRS 时频资源位置

NB-IoT 下行最多支持两个天线端口，NRS 只能在一个天线端口或两个天线端口上传输，资源位置在时间上与 LTE 的 CRS（Cell-Specific Reference Signal，小区特定参考信号）错开，在频率上则与之相同，这样在带内部署（Inband Operation）时，若检测到 CRS，可与 NRS 共同使用来进行信道估测。NRS 时频资源图如图 5-3 所示。

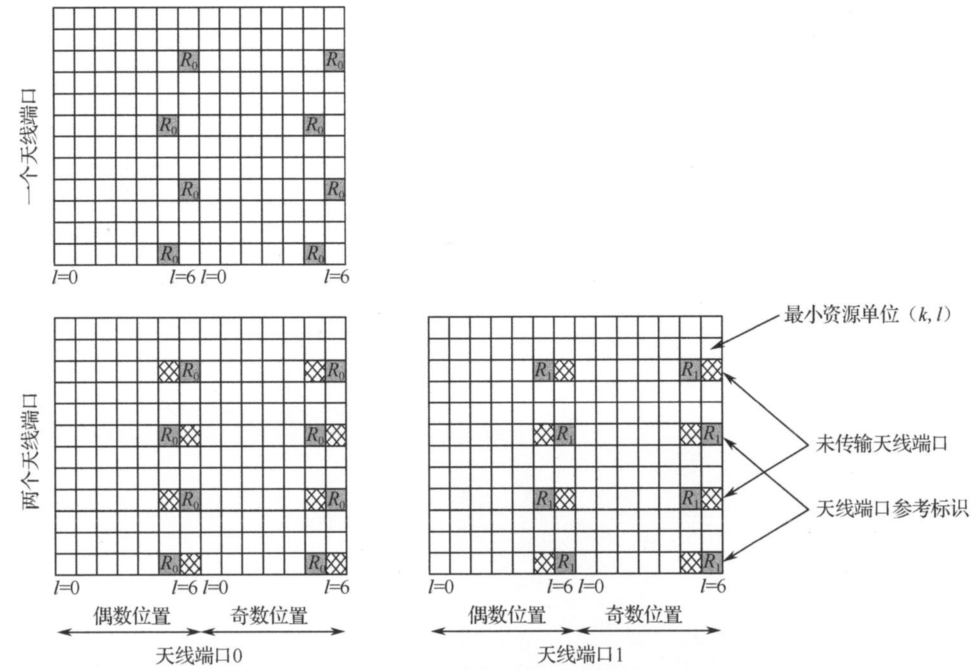

图 5-3　NRS 时频资源图

由图可见，一个下行子帧内，NRS 共占用 8+8=16 个最小资源单位（RE）。

2．NRS 发送子帧

除发送 NPSS 和 NSSS 的子帧不发送 NRS 外，其他所有下行子帧都要发送 NRS，包括发送广播信道（NPBCH）、下行控制信道（NPDCCH）和共享信道（NPDSCH）的子帧，无论该子帧有无数据传送，都要发送 NRS，便于 UE 进行下行数据相干解调和接收功率测量，以及终端在空闲态下发起随机接入请求时判定选择合适的接入覆盖等级。

5.3　NPBCH

窄带物理广播信道（Narrow-band Physical Broadcast Channel，NPBCH）的 TTI 为 640ms，承载 MIB-NB，其余系统信息如 SIB1-NB 等承载于 NPDSCH 中。

MIB-NB 和 SIB1-NB 周期性出现，其余系统信息广播则由 SIB1-NB 中所携带的时域调度信息决定。

和 LTE 一样，NPBCH 的端口数通过 CRC mask 识别，区别是 NB-IoT 最多只支持两个端口。NB-IoT 在解调 MIB-NB 信息过程中确定小区天线端口数。

在独立部署模式下，NPBCH 本来是可以使用前 3 个 OFDM 符号的，但是为了确保可靠性、一致性和兼容性，在 3 种部署模式下，NPBCH 均不使用前 3 个 OFDM 符号。

在带内部署模式下（In-band Mode），NPBCH 假定存在 4 个 LTE CRS 端口，两个

NRS 端口进行速率匹配。

MIB-NB 传输块大小为 34bit，TTI 等于 640ms，占用 64 个 radio frame 的子帧 0，每 80ms 为一个 Block。NPBCH 时频资源图如图 5-4 所示。

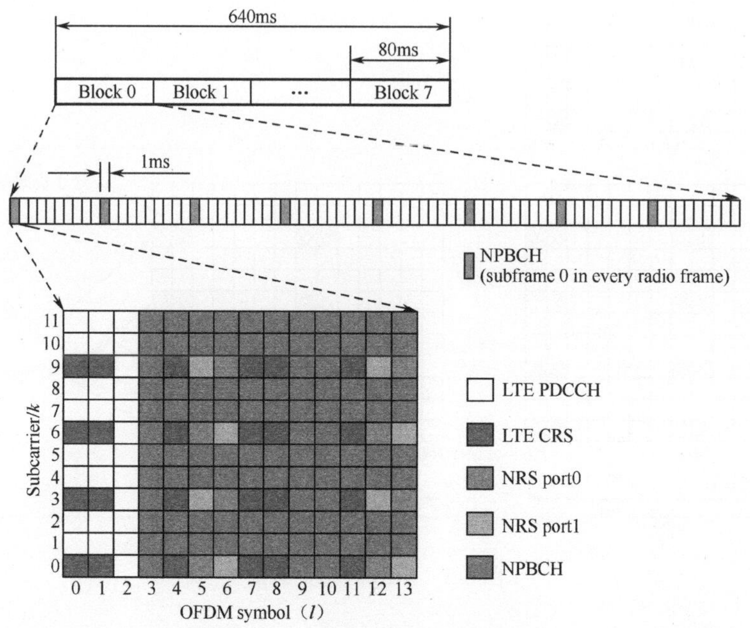

图 5-4　NPBCH 时频资源图

另外，NPBCH 固定使用 QPSK 调制，图 5-5 所示为 NPBCH 时域资源映射示意图。

NPBCH resource mapping								
SFN	0	1	2	3	4	5	6	7
TTI	0	0	0	0	0	0	0	0
	1st part of NPBCH	repetition	repetition	repetition	repetition	repetition	repetition	repetition
SFN	8	9	10	11	12	13	14	15
TTI	0	0	0	0	0	0	0	0
	2nd part of NPBCH	repetition	repetition	repetition	repetition	repetition	repetition	repetition
SFN	16	17	18	19	20	21	22	23
TTI	0	0	0	0	0	0	0	0
	3rd part of NPBCH	repetition	repetition	repetition	repetition	repetition	repetition	repetition
SFN	24	25	26	27	28	29	30	31
TTI	0	0	0	0	0	0	0	0
	4th part of NPBCH	repetition	repetition	repetition	repetition	repetition	repetition	repetition
SFN	32	33	34	35	36	37	38	39
TTI	0	0	0	0	0	0	0	0
	5th part of NPBCH	repetition	repetition	repetition	repetition	repetition	repetition	repetition
SFN	40	41	42	43	44	45	46	47
TTI	0	0	0	0	0	0	0	0
	6th part of NPBCH	repetition	repetition	repetition	repetition	repetition	repetition	repetition
SFN	48	49	50	51	52	53	54	55
TTI	0	0	0	0	0	0	0	0
	7th part of NPBCH	repetition	repetition	repetition	repetition	repetition	repetition	repetition
SFN	56	57	58	59	60	61	62	63
TTI	0	0	0	0	0	0	0	0
	8th part of NPBCH	repetition	repetition	repetition	repetition	repetition	repetition	repetition

图 5-5　NPBCH 时域资源映射示意图

NPSS、NSSS、NRS 和 NPBCH 时频资源分布图如图 5-6 所示。

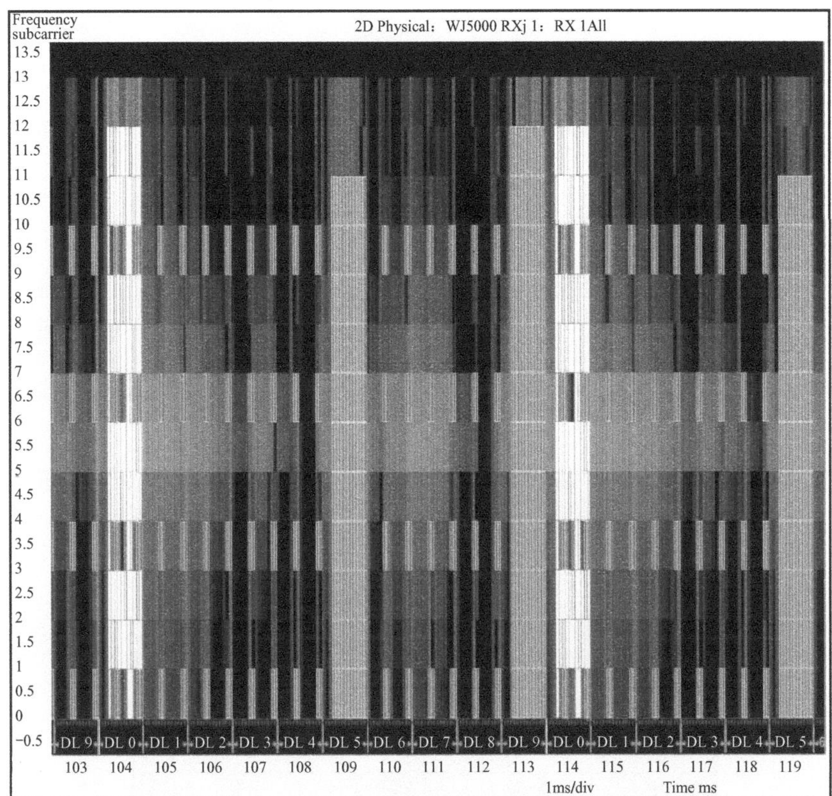

图 5-6　NPSS、NSSS、NRS 和 NPBCH 时频资源分布图

5.4　NPDCCH

窄带物理下行控制信道（Narrow-band Physical Downlink Control Channel，NPDCCH）中承载的是下行控制信息（Downlink Control Information，DCI），包含一个或多个 UE 资源分配和其他控制信息。

UE 首先需要解调 NPDCCH 获取 DCI，然后才能够在相应的资源位置上解调属于 UE 自己的 NPDSCH（包括寻呼、下行用户数据等），但解调广播消息不需要事先解调 NPDCCH，这一点与 LTE 不一样。

NPDCCH 还会包含上行授权信息（UL Grant），以指示 UE 上行数据传输时 NPUSCH 所使用的资源，包括所分配的子载波个数与位置及重复次数等，详细的上行数据调度步骤与过程参见 7.5.2 节。

独立部署模式 NPDCCH 和带内部署模式 NPDCCH 时频资源图分别如图 5-7 和图 5-8 所示。

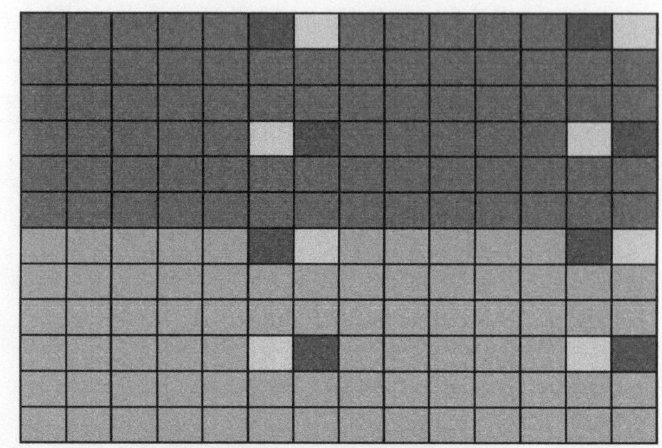

图 5-7　独立部署模式 NPDCCH 时频资源图

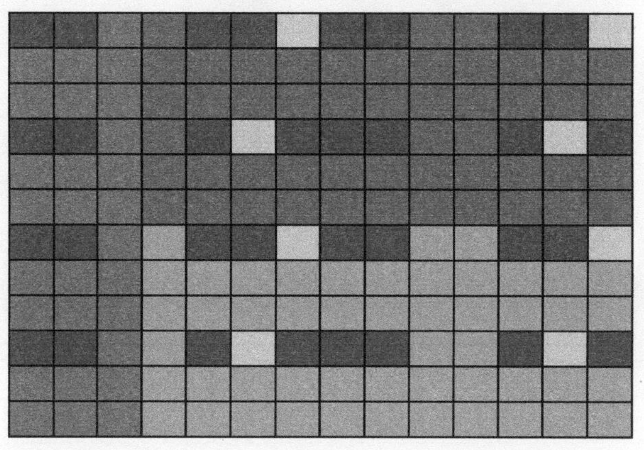

图 5-8　带内部署模式 NPDCCH 时频资源图

NPDCCH 符号起始位置：NPDCCH 不占用 NPBCH、NPSS、NSSS 所在子帧和 NRS 对应的时频资源，也不会与传统 LTE PBCH、PSS、SSS、CRS 的资源重叠。因此在发送 NPDCCH 子帧内要扣除 LTE CRS 和 NRS 资源。

- 对于独立部署模式和保护带部署模式，起始位置统一为 0，实际可用的 NPDCCH 资源个数为 12×14−16（NRS）−16（LTE CRS）=136（RE），如图 5-7 所示。
- 对于带内部署模式（In-band mode），如果是 SIB 子帧，则起始位置为 3，如果是非 SIB 子帧，则起始位置包含在 SIB2-NB 中。因此对于带内部署模式，实际可用的 NPDCCH 资源个数为 12×14−16（NRS）−16（LTE CRS）−3×12（LTE PDCCH）=100（RE），如图 5-8 所示。

5.4.1　NPDCCH 搜索空间

NPDCCH 有别于 LTE 系统中的 PDCCH，并非每个子帧都有 NPDCCH，NPDCCH

只在 NB-IoT 的下行子帧发送，如果当前子帧不是 NB-IoT 子帧，那么推迟到下一个可用 NB-IoT 子帧再发 NPDCCH，因此 NPDCCH 是周期性出现的，系统通过 R_{max} 和 G 两个参数来定义 NPDCCH 可以出现的周期，称为 NPDCCH 周期（nPDCCH Period，PP），也就是下面所说的 NPDCCH 搜索空间（Search Space）大小，即 T 值大小

$$PP=T=G \cdot R_{max}$$

其中，G 的取值范围为{1.5，2，4，8，16，32，48，64}；R_{max} 的取值范围为{1，2，4，8，16，32，64，128，256，512，1024，2048}；$T \geqslant 4$。

每个搜索空间的起点，也就是无线帧号值（SFN）由下式决定。

$$(10 \times SFN) \bmod T=0$$

另外，RRC 层也可配置一个偏移（Offset），以调整搜索空间的开始时间（无线帧编号），如图 5-9 所示。Offset 的取值范围为{0，1/8，2/8，3/8}，但通常该偏移值都配置为 0。

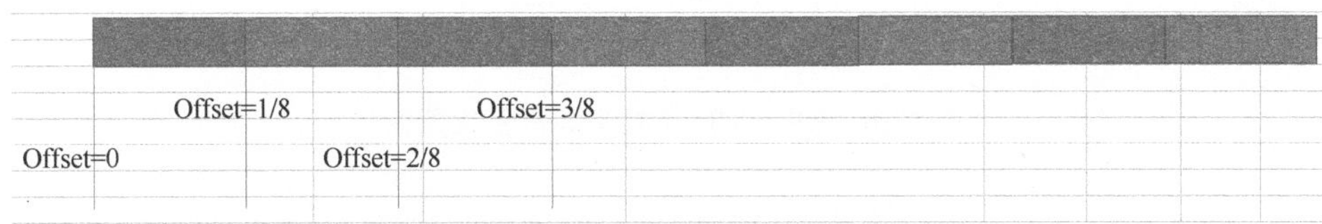

图 5-9　NPDCCH 搜索空间偏移值的配置

由此可以知道，NB-IoT 所说的搜索空间是从时域上定义的，这和传统 LTE 所定义的基于频域 CCE 个数的搜索空间是不同的。

NPDCCH 定义了三种搜索空间（Search Space）类型，分别是：

- USS-UE 专用搜索空间（UE Specific Search Space），用于 UE 进行上下行用户数据传输；
- CSS-Type1 公用搜索空间（Common Search Space Type1），用于 UE 解调接收寻呼（Paging）信息；
- CSS-Type2 公用搜索空间（Common Search Space Type2），用于 UE 解调随机接入响应消息（Random Access Response，RAR），也就是通常所说的 MSG2 和 MSG4。

对于 USS-UE 专用搜索空间，R_{max} 和 G 值由 RRC 信令发送给 UE，每个 UE 可能配置不同的值。

对于 CSS-Type1 和 CSS-Type2 公用搜索空间，R_{max} 和 G 值由 SIB2-NB 广播给 UE，同一个小区内所有 UE 都是一样的。

UE 在某一时刻只会监听即盲检其中一种 NPDCCH 搜索空间，而不会同时监听两种或两种以上的搜索空间。

UE 需要在 L3 信令制定的非锚定载波上监听 USS 搜索空间，但 UE 只会在锚定载

波上监听 Type1 和 Type2，即公用搜索空间。

另外，每种 NPDCCH 搜索空间起点即起始系统帧号（SFN）由（10×SFN）mod（$R_{max}\cdot G$）=0 决定。在每一个 NPDCCH 周期内的最后 4 个子帧是不能用来发送 DCI 的。

实际发送 DCI 的 NPDCCH 子帧的重复次数 R 由 DCI subframe repetition number 参数决定，如图 5-10 所示。

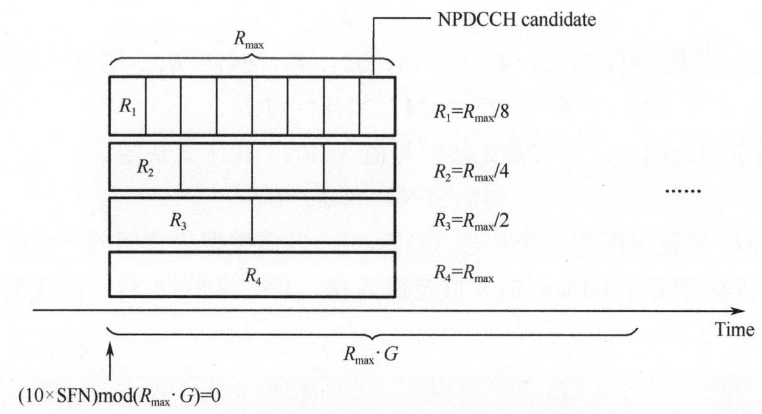

图 5-10　NPDCCH 子帧实际重复次数图

USS 和 CSS-Type2 NPDCCH 实际重复次数 R 由 DCI format N0/N1 中的 DCI subframe repetition number 参数来决定，如表 5-3 所示。

表 5-3　USS 和 CSS-Type2 DCI 子帧实际重复次数 R 值的配置

R_{max}	R	DCI subframe repetition number
1	1	00
2	1	00
	2	01
4	1	00
	2	01
	4	10
≥8	$R_{max}/8$	00
	$R_{max}/4$	01
	$R_{max}/2$	10
	R_{max}	11

CSS-Type1 NPDCCH 实际重复次数 R 也由 DCI subframe repetition number 参数来决定，如表 5-4 所示。

表 5-4　CSS-Type1 DCI 子帧实际重复次数 R 值的配置

R_{max}	R							
1	1	—	—	—	—	—	—	—
2	1	2	—	—	—	—	—	—
4	1	2	4	—	—	—	—	—
8	1	2	4	8	—	—	—	—
16	1	2	4	8	16	—	—	—
32	1	2	4	8	16	32	—	—
64	1	2	4	8	16	32	64	—
128	1	2	4	8	16	32	64	128
256	1	4	8	16	32	64	128	256
512	1	4	16	32	64	128	256	512
1024	1	8	32	64	128	256	512	1 024
2048	1	8	64	128	256	512	1024	2048
DCI subframe repetition number	000	001	010	011	100	101	110	111

5.4.2　NPDCCH 盲检次数

UE 专用搜索空间和 CSS-Type2 公用搜索空间中，DCI subframe repetition number 参数只占用 2bit，因此不管搜索空间中 R_{max} 配置为多大，实际 DCI 子帧重复次数 R 最多只有 4 种不同取值，因而 R 不是从 0 到 R_{max} 内可以任意取值的，这也是为了减少 NPDCCH 盲检次数、节省解调时间和功耗。

比如当 $R_{max}≥8$ 时，因为刚开始 UE 不知道 DCI subframe repetition number 值是多少，所以 UE 必须把 4 种可能取值都考虑进去：

（1）当 DCI subframe repetition number=11 时，实际 DCI 子帧重复次数 $R=R_{max}$，只有 1 种 NPDCCH 子帧起始位置，并且该 NPDCCH 子帧连续重复 R 次，也就是对应 1 次盲检次数；

（2）当 DCI subframe repetition number=10 时，实际 DCI 子帧重复次数 $R=R_{max}/2$，有 2 种 NPDCCH 子帧起始位置，每种位置都需要持续连续的 R 个子帧，也就是对应 2 次盲检次数；

（3）当 DCI subframe repetition number=01 时，实际 DCI 子帧重复次数 $R=R_{max}/4$，有 4 种 NPDCCH 子帧起始位置，每种位置都需要持续连续的 R 个子帧，也就是对应 4 次盲检次数；

（4）当 DCI subframe repetition number=00 时，实际 DCI 子帧重复次数 $R=R_{max}/8$，有 8 种 NPDCCH 子帧起始位置，每种位置都需要持续连续的 R 个子帧，也就是对应 8 次盲检次数。

当然，上面所说的 DCI 持续连续的 R 个子帧，还需要错开或跳过专门保留用来发送 NPBCH 的子帧 0。

因此，最终总的盲检次数为 1+2+4+8=15，具体不同 R_{max} 配置值下，即专用搜索空间下 NPDCCH 盲检次数见表 5-5。

表 5-5　专用搜索空间下 NPDCCH 盲检次数表

R_{max}	NPDCCH 盲检次数（聚集度 2）	NPDCCH 盲检次数（聚集度 1）
1	1	2
2	3	6
4	7	14
≥8	15	30

从上面盲检过程也可以看到，参数 DCI subframe repetition number 实际上没有多大意义，因为在完整解调出 NPDCCH 之前，UE 根本无法提前知道这个参数配置值，必须依次尝试 4 种可能取值去盲检 NPDCCH，等到解调出来 NPDCCH 之后再知道就来不及了，只是可以事后再次确认 NPDCCH 是否解调正确。

Type1 公用搜索空间中参数 DCI subframe repetition number 只占用 3bit，其实际 DCI 子帧重复次数最大可以有 8 种不同取值，也就是对应最大 1+2+4+8+16+32+256+2048=2367 次 NPDCCH 盲检次数，不同 R_{max} 配置值下，即公用搜索空间下 NPDCCH 盲检次数如表 5-6 所示。

表 5-6　公用搜索空间下 NPDCCH 盲检次数表

R_{max}	NPDCCH 盲检次数（聚集度 2）	NPDCCH 盲检次数（聚集度 1）
1	1	2
2	3	6
4	7	14
8	15	30
16	31	62
32	63	126
64	127	254
128	255	510
256	—	—
512	—	—
1024	—	—
2048	2367	4734

由上表参数可以看出，在极差的覆盖情形下，不管是控制信道还是业务信道信令或数据传输，重复次数高达 2048 次，从而导致盲检次数可能高达 4734 次，这样 NB-IoT 终端接入网络所需时间会变得很长，高达十几秒以上。

5.4.3　NPDCCH 格式（DCI）

NPDCCH 支持 3 种 DCI 格式。

- DCI Format N0：用于一个上行 NPUSCH 的调度，大小为 23bit，对应聚集度 1（Aggregation Level 1）（1 NCCE=6 Subcarriers）。
- DCI Format N1：用于调度下行 NPDSCH 上的一个码字（Codeword，CW），对应聚集度 2（Aggregation Level 2）（2 NCCEs=12 Subcarriers），或者用于调度由一个 NPDCCH order 初始化的 RA 过程，大小（Size）为 23bit。
- DCI Format N2：用于寻呼和重定向指示（Direct Indication）。

一个 DCI 中会带有该 DCI 子帧的实际重复次数，以及 DCI 传送结束后至其所调度的 NPDSCH 或 NPUSCH 所需的延迟时间，NB-IoT UE 即可使用此 DCI 所在的搜索空间（Search Space）的开始时间，来推算 DCI 的结束时间及调度的数据的开始时间，以进行数据的传送或接收。

在大部分的搜索空间配置中，根据聚集度不同，其所占用的频域资源大小可以为 1 个 PRB，即 2 个 NCCE 大小，也可以配置为占用 6 个子载波（Subcarrier），即 1 个 NCCE 大小。NPDCCH 聚集度如表 5-7 所示。

表 5-7　NPDCCH 聚集度

NPDCCH Format	Number of NCCE（Aggregation Level）
N0	1
N1	2

具体来说，DCI N0 的聚集度是 1，这样在一个子帧里面可以包含两个 NCCE，NCCE 0 占用 Subcarrier 0～5，NCCE 1 占用 Subcarrier 6～11，这意味着上行 1 个子帧可以同时调度 2 个 UE。

表 5-8 和表 5-9 分别列出了 DCI Format N0 和 DCI Format N1 中各参数的含义及其参数大小。

表 5-8　DCI Format N0 中各参数的含义及其所占比特数

参 数 名 称	参 数 含 义	参数大小/bit
Format Flag	DCI 格式标志	1
Subcarrier Indication	Isc	6
Resource Assignment	Iru	3
Scheduling Delay	Idelay	2
MCS	—	4
Redundancy Version	冗余版本	1
Repetition Number	Irep	3
NDI	新数据指示	1
DCI Subframe Repetition Number	DCI 子帧实际重复次数指示	2

表 5-9　DCI Format N1 中各参数的含义及其所占比特数

参 数 名 称	参 数 含 义	参数大小/bit
Format Flag	DCI 格式标志	1
NPDCCH Order Indication	—	1
Resource Assignment	Isf	3
Scheduling Delay	Idelay	3
MCS	调制编码策略	4
HARQ-ACK Resource	ACK 资源指示	4
Repetition Number	Irep	4
NDI	新数据指示	1
DCI Subframe Repetition Number	DCI 子帧实际重复次数指示	2

另外，NPDCCH 重复次数的取值范围：{n1，n2，n4，n8，…，n1024，n2048}，NPDCCH 固定使用 QPSK 调制方式。

5.4.4　NPDCCH 配置

表 5-10 给出了详细的 NPDCCH 信道各配置参数的取值范围和含义。

表 5-10　NPDCCH 信道各配置参数的取值范围和含义

参 数 名 称	参 数 含 义	取 值 范 围	推 荐 值
NPDCCH-NumRepetitions-RA-r13	CSS-Type2 公用搜索空间对应的 NPDCCH 最大重复次数 R_{max}	{n1，n2，n4，n8，n16，n32，n64，n128，n256，n512，n1024，n2048}	n4
NPDCCH-StartSF-CSS-RA-r13	CSS-Type2 公用搜索空间对应的 NPDCCH G 值	{v1.5，v2，v4，v8，v16，v32，v48，v64}	v2
NPDCCH-Offset-RA-r13	CSS-Type2 公用搜索空间对应的 NPDCCH 偏移值	{0，1/8，2/8，3/8}	0
NPDCCH-NumRepetitionPaging-r13	CSS-Type1 公用搜索空间对应的 NPDCCH 最大重复次数 R_{max}	{n1，n2，n4，n8，n16，n32，n64，n128，n256，n512，n1024，n2048}	n4
NPDCCH-NumRepetitions-r13	USS-UE 专用搜索空间对应的 NPDCCH 最大重复次数 R_{max}	{n1，n2，n4，n8，n16，n32，n64，n128，n256，n512，n1024，n2048}	n8
NPDCCH-StartSF-USS-r13	USS-UE 专用搜索空间对应的 NPDCCH G 值	{v1.5，v2，v4，v8，v16，v32，v48，v64}	v2
NPDCCH-Offset-USS-r13	USS-UE 专用搜索空间对应的 NPDCCH 偏移值	{0，1/8，2/8，3/8}	0

5.5 NPDSCH

窄带物理下行共享信道（Narrow-band Physical Downlink Shared Channel，NPDSCH）的子帧结构和 NPDCCH 一样，也分为 Standalone 模式和 In-band 模式。

NPDSCH 是用来传送下行用户数据及系统信息的。NPDSCH 所占用的带宽是一个 PRB 大小。一个传输块（Transport Block，TB）依据所使用的调制与编码策略（MCS），可能需要使用多于一个子帧来传输，因此在 NPDCCH 中接收到的下行调度（Downlink Assignment）中会包含一个传输块对应的子帧数目 N_{SF} 及重复次数 N_{Rep} 指示。

5.5.1 NPDSCH 时频资源

NPDSCH 所占用的带宽是一个 PRB 大小，其频域资源映射规则如下：

- 跳过 NPBCH/NPSS/NSSS 所在子帧；
- 跳过 NRS 资源位置；
- 在带内部署模式下，跳过 LTE 小区专用参考信号（CRS）资源位置，以及头 3 个 LTE PDCCH 符号。

NPDSCH 在子帧 k 的第一个 slot 的起始 OFDM 符号（Symbol）位置，即 $l_{DataStart}$ 按照如下方式确定。

- 如果子帧 k 用来接收 SIB1-NB：
  - 如果高层参数 OperationModeInfo 被设置为“00”或“01”（In-band），则 $l_{DataStart}=3$；
  - 否则 $l_{DataStart}=0$。
- 否则：
  - 如果高层参数 OperationModeInfo 被设置为“00”或“01”，则 $l_{DataStart}$ 由高层参数 EutraControlRegionSize 决定；
  - 否则 $l_{DataStart}=0$。

5.5.2 NPDSCH 时域重复

NPDSCH 子帧发送重复次数 N_{Rep} 的取值范围为{n1，n2，n4，…，n1024，n2048}，具体值在 DCI Format N1 中携带。另外，如果 NPDSCH 携带的是 SIB1-NB，则重复次数 N_{Rep} 的取值范围为{4，8，16}，具体值在 MIB-NB 中携带。

承载非系统消息数据的 NPDSCH 的直观时域重复示意图如图 5-11 所示，具体重复步骤如下：

① 承载非系统消息数据的 NPDSCH 信道以每个子帧为单位重复发送 $N_{Rep}/2$ 次；

② 先发送第 1 个子帧并重复 $N_{Rep}/2$ 次，接着发送第 2 个子帧也重复 $N_{Rep}/2$ 次，直到发送完所有 N_{SF} 个子帧为止；

③ 然后又从头开始发送第 1 个子帧并重复 $N_{Rep}/2$ 次，再发送第 2 个子帧重复 $N_{Rep}/2$ 次，直到发送完所有 N_{SF} 个子帧为止；

④ 直到 $N=N_{Rep}\cdot N_{SF}$ 个子帧全部重复发送完毕。

基于这样的重复策略，终端至少要解调完 $N/2$ 个子帧后才有可能获取完整的用户数据信息，以提高可靠性。

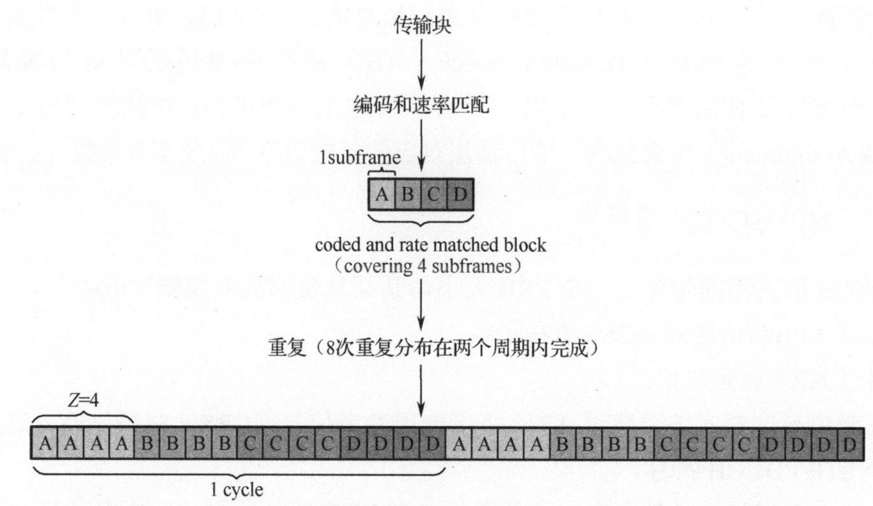

图 5-11 承载非系统消息数据的 NPDSCH 的直观时域重复示意图

而承载系统信息块 SIB1-NB 的 NPDSCH 先以 N_{SF}（=8）个子帧为整体传输完第 1 次，再循环重复发送 $N_{Rep}-1$ 次 N_{SF} 个子帧，同样直到总的发送子帧数 $N=N_{Rep}\cdot N_{SF}$ 个子帧都传输完毕。这里要注意的是，这 N_{SF} 个子帧并不是连续出现在某个无线帧内，而是在每偶数个无线帧的子帧 4 上发送的，如图 5-11 所示。这样的重复策略的一个好处是，UE 有可能只需要解调完第 1 次重复的 N_{SF} 个子帧就可以读取到完整的系统信息，而不必非要等待解调完全部 N_{SF} 个子帧，从而提高了终端对系统信息的响应速度。

详细的下行 NPDSCH 信道数据调度步骤及参数配置参见 7.5.1 节的内容。

5.6 NPRACH

窄带物理随机接入信道（Narrow-band Physical Random Access Channel，NPRACH）上承载的是 UE 发送的 MSG1，即随机接入前导（Random Access Preamble）。NB-IoT 的上行随机接入前导采用单频（Single Tone）发送，使用 3.75kHz 子载波，且使用的符号（Symbol）个数为一定值。一次上行随机接入前导包含 4 个符号组（Symbol Group），1 个符号组由 5 个符号加上 1 个循环冗余前缀（CP）构成，如图 5-12 所示。

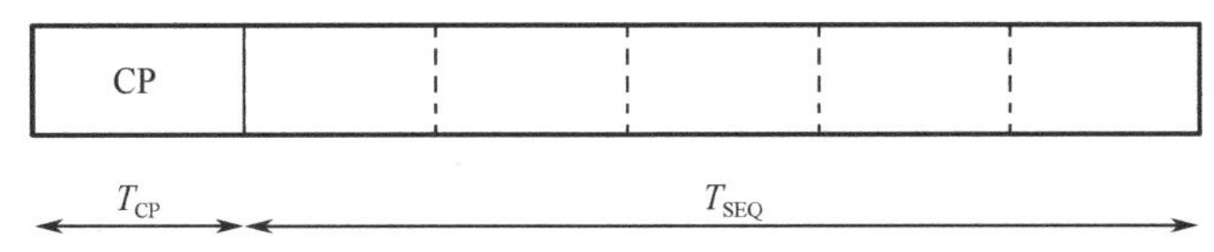

图 5-12　NPRACH 信道结构图

5.6.1　NPRACH 跳频

UE 选择发送的随机接入前导（Random Access Preamble）就是选择起始子载波，RA Preamble ID 以第一个符号组（Symbol Group）对应的子载波编号为准。

为了提高抗干扰能力，UE 在 NPRACH 上发送前导时，会在每个符号组选择不同的子载波，即会有符号组间跳频，但是有一个限制条件，就是只能在起始位置（NPRACH-SubcarrierOffset-r13 in SIB2-NB）以上的 12 个子载波内进行跳频，而不管 NPRACH 配置的子载波个数（NPRACH-NumSubcarriers-r13）是多少，其具体跳频规则如表 5-11 所示。

表 5-11　NPRACH 符号间跳频规则

子载波索引	Symbol Group1	Symbol Group2	Symbol Group3	Symbol Group4
11	NPRACH11	NPRACH10	NPRACH4	NPRACH5
10	NPRACH10	NPRACH11	NPRACH5	NPRACH4
9	NPRACH9	NPRACH8	NPRACH2	NPRACH3
8	NPRACH8	NPRACH9	NPRACH3	NPRACH2
7	NPRACH7	NPRACH6	NPRACH0	NPRACH1
6	NPRACH6	NPRACH7	NPRACH1	NPRACH0
5	NPRACH5	NPRACH4	NPRACH10	NPRACH11
4	NPRACH4	NPRACH5	NPRACH11	NPRACH10
3	NPRACH3	NPRACH2	NPRACH8	NPRACH9
2	NPRACH2	NPRACH3	NPRACH9	NPRACH8
1	NPRACH1	NPRACH0	NPRACH6	NPRACH7
0	NPRACH0	NPRACH1	NPRACH7	NPRACH6

由上表可以看出，相比传统 LTE 系统采用 ZC 序列作为前导（Preamble），NB-IoT 的 NPRACH 前导个数，即子载波个数是有限的，同时只能支持最多 48 个用户同时发起随机接入请求，如果超过此数量，则肯定有随机接入冲突发生。

5.6.2　NPRACH 格式

根据循环冗余前缀（CP）长度的不同，NPRACH 有长 CP（266.7μs）和短 CP（66.7μs）两种 NPRACH 前导格式（Preamble Format），如表 5-12 所示。

表 5-12　NPRACH 前导格式

Preamble Format	T_{CP}	T_{SEQ}
0	$2048T_S$	$5.8192T_S$
1	$8192T_S$	$5.8192T_S$

Preamble Format#1，每个符号组（Symbol Group）长度为 $6\times8\ 192T_s = 6\times8\ 192/(15\times2\ 048) = 1.6$ms，所以一次的随机接入前导（Random Access Preamble）持续时间为 4×1.6ms=6.4ms，用于配置支持覆盖半径更大的小区。

Preamble Format#0，一次的随机接入前导（Random Access Preamble）持续时间为 4×1.4ms=5.6ms，用于配置支持覆盖半径较小的小区。

图 5-13 所示为 NPRACH 信道详细配置参数图。

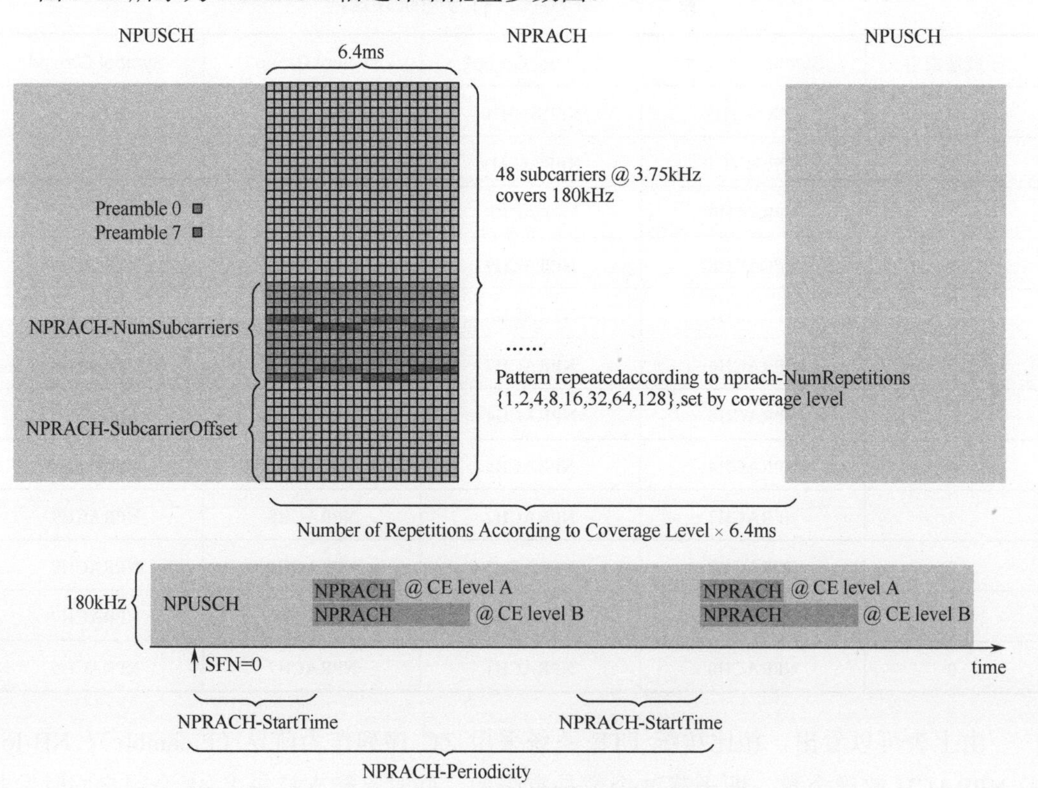

图 5-13　NPRACH 信道详细配置参数图

图 5-14 所示为 NPRACH 信道在时域上的具体配置实例。

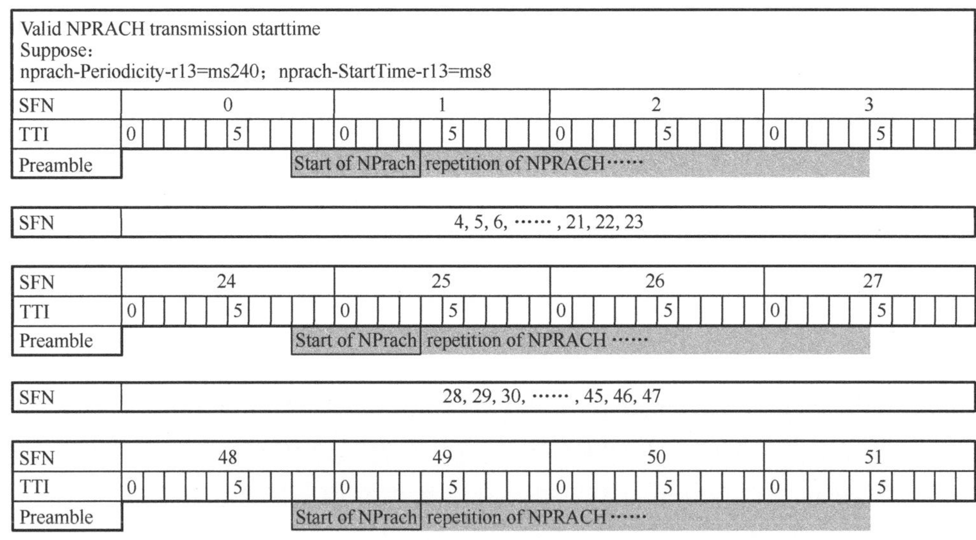

图 5-14　NPRACH 信道在时域上的具体配置实例

5.6.3　NPRACH 配置

1．多个 NPRACH 配置

为了提高随机接入的成功率，NB-IoT 定义了 3 个不同的覆盖增强接入等级（CE Level），基站侧可以配置 1 个覆盖增强接入等级，也支持 2 个或 3 个等级配置。

在发送随机接入前导（Random Access Preamble）之前，NB-IoT 终端会通过 DL measurement（如 RSRP）来决定 CE Level，并使用该 CE Level 指定的 NPRACH 资源，当然基站会事先根据各个 CE Level 去配置相应的 NPRACH 资源，最多可以配置 3 个不同的 NPRACH 资源，终端会相应地根据测量决定的 CE Level 对发送的接入前导（RA Preamble）进行不同次数的重复{n1，n2，n4，n8，n16，n32，n64，n128}。如果是多 NPRACH 配置，则必须至少有 1 个前导发送重复次数小于 32 次，即不能是{n32，n64，n128}。

NPRACH 配置参数值都会通过 SIB2-NB 广播给终端接收保存。

2．多小区 NPRACH 配置

对于最坏的情况，所有的小区都要支持 3 个覆盖增强接入等级（3 CE level），RA Preamble 需要配置最大 32 次重复（Repetition）。对于 NPRACH 资源，CE Level2 对应的 RA Preamble 发送所需时间为 32×6.4=204.8ms。为了避免时间重复，各个小区需要配置不同的起始时间，各小区的 NPRACH-StartTime 参数的取值范围只能是{8ms，256ms，512ms，1024ms}，共 4 个不同起始时间，这样最多同时可以配置 4 个小区，每个小区都支持 3 个 NPRACH 配置，每个小区配置的 Nprach 周期只能是 1 280ms 或 2 560ms，如图 5-15 所示。

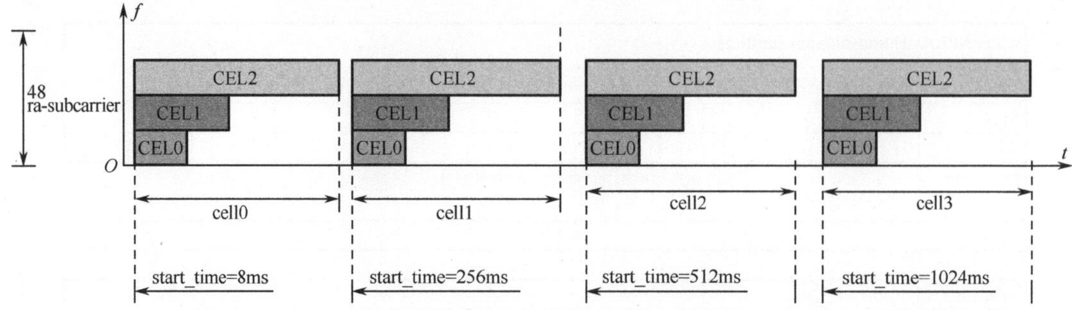

图 5-15　多小区 NPRACH 配置实例

表 5-13 给出了详细的 NPRACH 配置参数值，包括每个参数的含义、取值范围和推荐值等。如果是支持 2 个或 3 个 NPRACH 配置，则表 5-13 中对应的参数会出现 2 次或 3 次，某些参数可能取相同值，但不能全部参数都取相同值，否则就无法区分多个 NPRACH 的不同配置了。

表 5-13　NPRACH 配置参数值

参数名称	参数含义	取值范围	推荐值
NPRACH-CP-Length-r13	NPRACH 的前缀长度，决定着 NPRACH Format	{us66dot7，us266dot7}	us266dot7
NPRACH -Periodicity-r13	NPRACH 可以出现的时域周期大小，即满足 SFN MOD NPRACH-Periodicity=0	{ms40，ms80，ms160，ms240，ms320，ms640，ms1280，ms2560}	ms160
NPRACH -StartTime-r13	NPRACH 开始时间，满足（NPRACH-StartTime+前导发送持续时间）小于 NPRACH-Periodicity	{ms8，ms16，ms32，ms64，ms128，ms256，ms512，ms1024}	ms8
NPRACH -SubcarrierOffset-r13	NPRACH 子载波频域起始位置偏移值<48	{n0，n12，n24，n36，n2，n18，n34，spare1}	n12
NPRACH -NumSubcarriers-r13	NPRACH 子载波个数	{n12，n24，n36，n48}	n12
NPRACH -SubcarrierMSG3-RangeStart-r13	发送 MSG3 的 Multi-tone 和 Single-tone 分界点	{zero, one Third, two Third, one}	One Third
MaxNumPreambleAttemptCE-r13	每次随机接入前导发送最大尝试次数	{n3，n4，n5，n6，n7，n8，n10，spare1}	n10
NumRepetitionsPerPreamble Attempt-r13	发送前导的重复次数，如果是多 NPRACH 配置，则必须至少有 1 个前导发送重复次数不能是{n32，n64，n128}	{n1，n2，n4，n8，n16，n32，n64，n128}	n2
NPRACH -NumRepetitions-RA-r13	CSS-Type1 NPDCCH 公用搜索空间的最大重复次数 R_{max} 值，只对 MSG2（RAR）和 MSG4 有效	{n1，n2，n4，n8，n16，n32，n64，n128，n256，n512，n1024，n2048}	n8
NPRACH -StartSF-CSS-RA-r13	CSS-Type1 NPDCCH 公用搜索空间的 *G* 值	{v1dot5，v2，v4，v8，v16，v32，v48，v64}	v2

续表

参 数 名 称	参 数 含 义	取 值 范 围	推 荐 值
NPRACH -Offset-RA-r13	CSS-Type1 NPDCCH 公用搜索空间的起始位置偏移值	{zero，one Eighth，one Fourth，three Eighth}	0
Ra-ResponseWindowSize-r13	UE 检测解调随机接入响应消息（RAR）的窗口大小	—	—
MAC-ContentionResolutionTimer-r13	随机接入冲突解决定时器值	—	—
PowerRampingStep	前导发送功率增加步长	{0，3，6dB}	3dB
PreambleInitialReceivedTargetPower	基站侧接收到的前导目标功率值	(-140dBm～-40dBm)	-110dBm
RSRP-ThresholdsPrachInfoList-r13	2 个或 3 个 NPRACH 配置所对应的信号强度指示，如果本参数列表没有出现，则表示基站只有 1 个 NPRACH 配置	RSRP-Range1 31 RSRP-Range2 21	—

5.6.4　MSG3 调度

MSG3 支持多频调度（Multi-tone：3/6/12 个子载波）甚至单频调度（Single-tone：1 个子载波），可以增加上行容量，即增加上行接入用户数。当然，这个多频调度只针对 15kHz 子载波间隔，如果基站决定选择 3.75kHz 子载波调度 MSG3，那么就支持单频调度了。

基站到底是选择 Single-tone 还是 Multi-tone 来调度接收 MSG3 的呢？或者说，基站是如何通知 UE 网络侧是否支持采用 Multi-tone，即多子载波来调度 MSG3 的？

这个主要由参数 NPRACH-SubcarrierMSG3-RangeStart-r13 配置值来决定。

首先，分配给 NPRACH 的子载波个数（由参数 NPRACH-NumSubcarriers-r13 指定）被分割成前、后两组（参见下式），参数 NPRACH-SubcarrierMSG3-RangeStart-r13 的具体取值决定分割点的位置，其取值范围为{0，1/3，2/3，1}。

$$\{0,1,\cdots,N_{\mathrm{sc}}^{\mathrm{NPRACH}} N_{\mathrm{MSG3}}^{\mathrm{NPRACH}} - 1\}\ \{N_{\mathrm{sc}}^{\mathrm{NPRACH}} N_{\mathrm{MSG3}}^{\mathrm{NPRACH}},\cdots,N_{\mathrm{sc}}^{\mathrm{NPRACH}} - 1\}$$

其中，第 1 组，即前面一组子载波为支持 Single-tone，第 2 组，即后面一组子载波为支持 Multi-tone。

- 如果第 2 组内子载波个数不为 0，则表明基站支持 Multi-tone MSG3 的调度。
- 如果第 2 组内子载波个数为 0，则表明基站只配置支持 Single-tone MSG3 的调度。
- 如果采用 Mulit-tone 调度 MSG3，则在 NPUSCH 上发送 MSG3 时不支持 r32、r64 和 r128 三种重复次数。
- UE 可以根据自己的能力和当前信号覆盖等级来选择第 1 组或第 2 组中的某个子载波来发送 MSG1，即随机接入前导（RA Preamble）。

因此，UE 可以根据自己的能力和当前信号覆盖强度值，通过选择在 NPRACH 上发送 MSG1-Preamble 的子载波索引位置来期望基站采用 Multi-tone 还是 Single-tone 调度 MSG3。

基站也可以完全忽略 UE 的选择，根据当前网络资源使用情况来自主决定到底是采用哪种方式调度MSG3，当然也要考虑UE的能力是否支持Multi-tone方式发送MSG3。

另外，MSG3的调度时延至少大于13ms。

表5-14以NPRACH配置的子载波个数12（NPRACH-NumSubcarriers-r13=n12，NPRACH-SubcarrierOffset-r13=n0）为例，列出了不同NPRACH-SubcarrierMSG3-RangeStart-r13取值时，Single-tone和Multi-tone对应的子载波范围。

表5-14　MSG3调度子载波配置范围

NPRACH-SubcarrierMSG3-RangeStart-r13 取值	Single-tone 对应的子载波范围	Multi-tone 对应的子载波范围
0	None（基站不支持Single-tone调度MSG3）	{0，1，2，3，4，5，6，7，8，9，10，11}
1/3	{0，1，2，3}	{4，5，6，7，8，9，10，11}
2/3	{0，1，2，3，4，5，6，7}	{8，9，10，11}
1	{0，1，2，3，4，5，6，7，8，9，10，11}	None（基站不支持Multi-tone调度MSG3）

5.7 NPUSCH

窄带物理上行共享信道（Narrow-band Physical Uplink Shared Channel，NPUSCH）用来传送上行数据及上行控制信息。NPUSCH可使用单频（Single-tone）或多频（Multi-tone）传输，支持3.75kHz和15kHz两种子载波间隔。NPUSCH目前只支持单天线端口发送。NPUSCH多频多载波类型传输如图5-16所示。

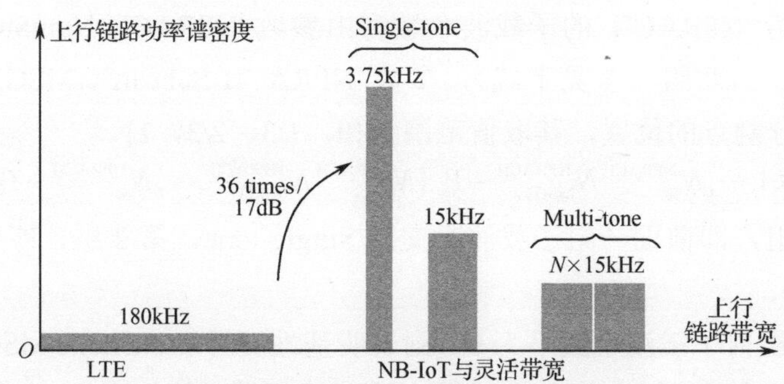

图5-16　NPUSCH多频多载波类型传输

5.7.1 NPUSCH子载波

我们知道，对于通过OFDM调制的信道，如果在同样的带宽下，子载波间隔越小，相干带宽越大，那么数据传输抗多径干扰的效果越好，所需功率就越小，数据传输的效率更高。当然，如果考虑通过IFFT的计算效率，子载波也不能设置得无限小。同时，也要考虑与传统LTE网络所采用的15kHz子载波间隔的兼容性。

基于以上考虑，NB-IoT上行NPUSCH最终决定采用下面两种子载波间隔。

（1）15kHz NB-IoT。

① 带宽（Band Width）：180kHz。

② 子载波间隔（Subcarrier Space）：15kHz。

③ 子载波个数：12。

④ 时隙/符号：1Slot=7Symbol=0.5ms。

（2）3.75kHz NB-IoT。

① 带宽（Band Width）：180kHz。

② 子载波间隔（Subcarrier Space）：3.75kHz。

③ 子载波个数：48。

④ 时隙/符号：1Slot=7Symbol=2ms。

另外，相比 LTE 中以 PRB 为基本资源调度单位，NB-IoT 的上行共享物理信道 NPUSCH 的资源单位是以灵活的时频资源组合进行调度的，调度的基本单位称作资源单位（Resource Unit，RU）。NPUSCH 有两种传输格式（Format），两种传输格式对应的资源单位的大小也不同，传输的内容也不一样。

在随机接入过程中，基站会测量 UE 在 NPRACH 上发送的前导信号强度，根据测量结果决定选择哪种类型的子载波（3.75kHz 或 15kHz），并通过 MSG2 即随机接入响应消息（RAR）告诉 UE 后续发送 NPUSCH 所选择的子载波间隔和子载波索引。

- 当子载波间隔为 3.75 kHz 时，只支持单频传输，1 个 RU 在频域上包含 1 个子载波，在时域上包含 16 个时隙，每个时隙仍然包含 7 个符号，占用 2ms，所以一个 RU 的长度为 32ms，如表 5-15 所示。
- 当子载波间隔为 15kHz 时，支持单频传输和多频传输。当 1 个 RU 包含 1 个子载波时，持续时间为 16 个时隙，每个时隙仍然包含 7 个符号，占用 0.5ms，长度为 8ms；当 1 个 RU 包含 12 个子载波时，则有 2 个时隙长度，即 1ms，此资源单位刚好是 LTE 系统中的一个子帧。资源单位长度设计为 2 的幂次方，是为了更有效地运用资源，避免产生资源空隙而造成浪费。

由于上行可以采用单载波技术，功率谱密度比下行高，因此 NPUSCH 重复次数比 NPDSCH 要少很多，其取值范围为{n1，n2，n4，n8，n16，n32，n64，n128}。不过，当 NPUSCH 用来发送 Multi-Tone MSG3 时，其重复次数必须小于 32，即此时不支持 n32、n64 和 n128 三种重复次数。

表 5-15　NPUSCH 资源单位（RU）配置

NPUSCH 格式（Format）	子载波间隔	频域子载波个数（N_{sc}）	时隙个数（N_{slot}）	时隙长度/ms	每个 OFDM 符号个数（N_{symbol}）	RU 持续时间/ms
1	3.75kHz	1	16	2	7	32
	15kHz	1	16	0.5	7	8
		3	8	0.5	7	4
		6	4	0.5	7	2

续表

NPUSCH 格式（Format）	子载波间隔	频域子载波个数（N_{sc}）	时隙个数（N_{slot}）	时隙长度/ms	每个 OFDM 符号个数（N_{symbol}）	RU 持续时间/ms
1	15kHz	12	2	0.5	7	1
2	3.75kHz	1	4	2	7	8
	15kHz	1	4	0.5	7	2

5.7.2　NPUSCH 格式

NB-IoT 在 NPUSCH 上定义了两种格式：Format 1 和 Format 2。

NPUSCH Format 1 为 UL-SCH 上的上行用户数据而设计，其资源块不大于 1 000bit。

NPUSCH Format1 在采用 15kHz 子载波时，支持 Multi-Tone（1/3/6/12）配置，可以增加上行容量，即增加上行调度用户数。如果采用 3.75kHz 子载波，则只支持单频（Single-Tone）配置。

NPUSCH Format 2 传送上行控制信息（Uplink Control Information，UCI），只支持单频（Single-Tone）传输，以及支持两种子载波间隔（3.75kHz 和 15kHz）。

有别于 LTE 系统中资源分配的基本单位为子帧，NB-IoT 根据子载波间隔个数和时隙数目来作为资源分配的基本单位，也称为资源单元（Resource Unit，RU），其由 NPUSCH 格式和子载波间隔决定，如表 5-15 和图 5-17 所示。

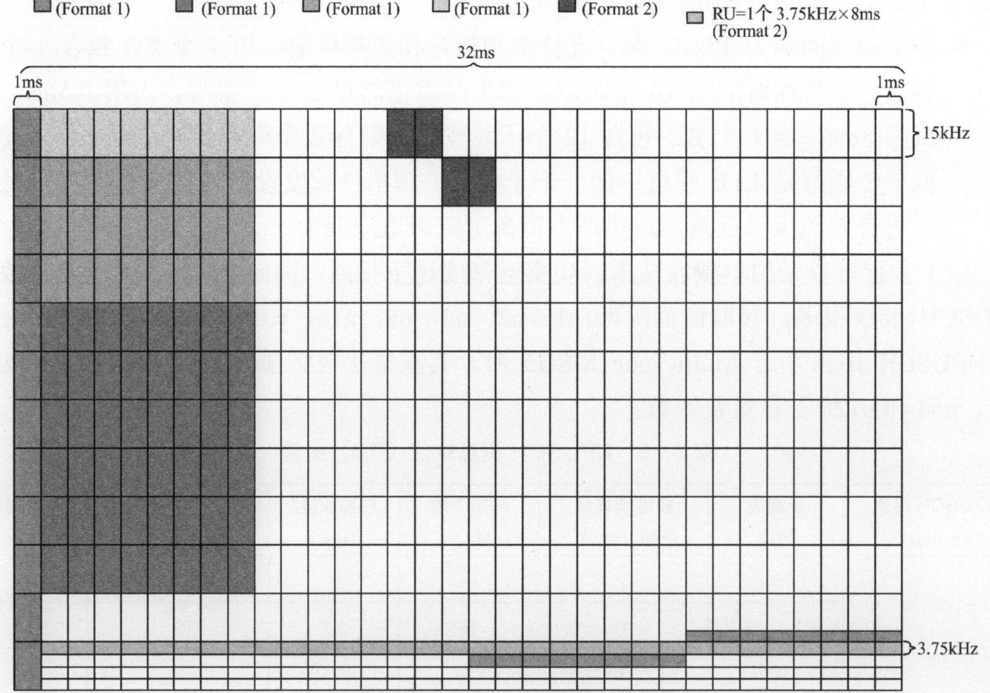

图 5-17　NPUSCH 资源单元（RU）

- 对于 3.75kHz 子载波，一个时隙长度为 4×0.5=2ms。
- 对于 15kHz 子载波，一个时隙长度为 0.5ms。

对于 NPUSCH Format 1，调制方式分为以下两种情况：

- 包含一个子载波的 RU，采用 BPSK 和 QPSK。
- 在其他情况下，采用 QPSK。

NPUSCH 调制策略如表 5-16 所示。

表 5-16　NPUSCH 调制策略

NPUSCH Format	N_{sc}^{RU}	调 制 方 式
1	1	BPSK，QPSK
	>1	QPSK
2	1	BPSK

由于一个 TB 可能需要使用多个资源单位（RU）来传输，因此在 NPDCCH 中接收到的上行授权（Uplink Grant）中（DCI Format N0）除了指示上行数据传输所使用的资源单位的子载波的索引（Index），也会包含一个 TB 对应的资源单位数目 N_{RU}，以及重复次数 N_{Rep} 指示。

另外，NPUSCH Format 1 还会用来发送周期性 BSR 和填充 BSR。

NPUSCH Format 2 是 NB-IoT 终端用来传送指示 NPDSCH 有无成功接收的 HARQ-ACK/NACK，所使用的子载波索引（Index）由对应的 NPDSCH 的下行分配（Downlink Assignment）中指示，重复次数则由 RRC 参数配置。

NPUSCH Format 2 的资源单元总是由 1 个子载波和 4 个时隙组成。当子载波间隔为 3.75 kHz 时，一个 RU 时长为 4×2ms=8ms；当子载波间隔为 15kHz 时，一个 RU 时长为 4×0.5ms=2ms。

NPUSCH Format 2 的调制方式为 BPSK。

当 NPUSCH 资源与 NPRACH 有冲突时，NPUSCH 推迟发送。

如果 NPUSCH 发送时间超过 256ms，则每 256ms 之后需要暂停 40ms 再发送。

详细的上行 NPUSCH 数据调度步骤及参数配置参见 7.5.2 节的内容。

5.7.3　NPUSCH 配置

表 5-17 给出了详细的 NPUSCH 配置参数值，从中可见其取值范围和具体含义的描述。

表 5-17　NPUSCH 配置参数值

参 数 名 称	参 数 含 义	取 值 范 围	推 荐 值
Ack-NACK-NumRepetitions-Msg4-r13	UE 在 NPUSCH Format 2 上发送的针对 MSG4 的 ACK/NACK 的重复次数	{n1，n2，n4，n8，n16，n32，n64，n128}	n2
SRS-SubframeConfig-r13	SRS 子帧配置参数		当前不支持 SRS

续表

参数名称	参数含义	取值范围	推荐值
ThreeTone-CyclicShift-r13	采用 3 Tone 的 NPUSCH 上伴随的 DM-RS 信号序列循环移位值	{0，1，2}	0
ThreeTone-BaseSequence-r13	采用 3 Tone 的 NPUSCH 上伴随的 DM-RS 信号序列索引	{0，1，2，3，4，5，6，7，8，9，10，11，12}	0
SixTone-CyclicShift-r13	采用 6 Tone 的 NPUSCH 上伴随的 DM-RS 信号序列循环移位值	{0，1，2，3}	2
SixTone-BaseSequence-r13	采用 6 Tone 的 NPUSCH 上伴随的 DM-RS 信号序列索引	（0～14）	0
TwelveTone-BaseSequence-r13	采用 12 Tone 的 NPUSCH 上伴随的 DM-RS 信号序列偏移值	（0～30）	0
GroupHoppingEnabled-r13	LTE SRS 序列组间跳频指示	{True，False}	False，当前配置为独立部署模式
GroupAssignmentNPUSCH-r13	LTE SRS 序列组索引	（0～29）	0
Ack-NACK-NumRepetitions-r13	UE 在 NPUSCH Format 2 上发送 ACK/NACK 的重复次数（MSG4 除外）	{n1，n2，n4，n8，n16，n32，n64，n128}	n2
NPUSCH-AllSymbols-r13	指示上行所有符号是否都用来发送 NPUSCH，值为 false 则表示打孔发送 LTE SRS	{True，False}	True，当前配置为独立部署模式
GroupHoppingDisabled-r13	LTE SRS 序列组间跳频指示	{True，False}	True，当前配置为独立部署模式
p0-NominalNPUSCH-r13	上行小区公共的 NPUSCH 基站侧接收目标功率值	（-140dBm～-40dBm）	-103dBm
p0-UE-NPUSCH-r13	上行 NPUSCH 发送功率 UE 特定的偏移值	{0dB，3dB，6dB}	0

在带内部署模式下，NPUSCH 的上行信道配置中还同时考虑了与 LTE 上行探测参考信号 SRS 的兼容问题，通过 SIB2-NB 里面的 NPUSCH-ConfigCommon-NB 信息块中的 NPUSCH-AllSymbols 和 SRS-SubframeConfig 参数共同控制。

- 如果 NPUSCH-AllSymbols 设置为 false，那么 SRS 对应的位置记作 NPUSCH 的符号映射，但是并不传输，对于需要兼容 LTE SRS 进行匹配的 NPUSCH，意味着一定程度上的信息损失，会影响上行数据传输速率。
- 如果 NPUSCH-AllSymbols 设置为 True，那么所有的 NPUSCH 符号都被传输。

5.7.4　DM-RS

根据 NPUSCH 格式和子载波间隔的不同，解调参考信号（DM-RS）每时隙传输 1

个或 3 个 SC-FDMA 符号，用于基站相干解调 NPUSCH。DM-RS 映射到物理资源的原则是确保每个 RU 内每个时隙的每个子载波至少有一个符号的解调参考信号，从而保证每个时隙上的子载波能够被正确解调，同时又不会过多地分配 DM-RS 导致资源消耗过多，物理层设计时也进行了相应的权衡。当然，在物理资源映射分配上，NPUSCH 格式 1 与 NPUSCH 格式 2 的 DM-RS 映射还是有些差异的：

- NPUSCH 格式 1 在每个时隙每个子载波上只分配 1 个 DMRS 参考信号；
- NPUSCH 格式 2 在每个时隙每个子载波上分配 3 个 DMRS 参考信号，这样能更好地确保关键的 ACK/NACK 控制信息被基站正确解调、接收到。

具体的 NPUSCH 上 DM-RS 时频资源配置如图 5-18 所示。

DM-RS 的发送功率与所在的 NPUSCH 的功率保持一致。

DM-RS 解调参考信号可以通过序列组跳变（Group Hopping）的方式避免不同小区间上行符号的干扰。序列组跳变并不改变 DM-RS 参考信号在不同子帧中的符号位置，而是通过编码方式的变化改变 DM-RS 参考信号本身。具体地说，对于 Multi-tone 中如何生成 DM-RS 参考信号，有下面两种方法：

- 通过解读系统消息 SIB2-NB 中 NPUSCH-ConfigCommon-NB 信息块中的参数 dmrs-Config-r13 获取；
- 根据小区 PCI 通过既定公式（PCI Mode 14/12/30）计算获取（参见 TS36.211 R13 36.211）。

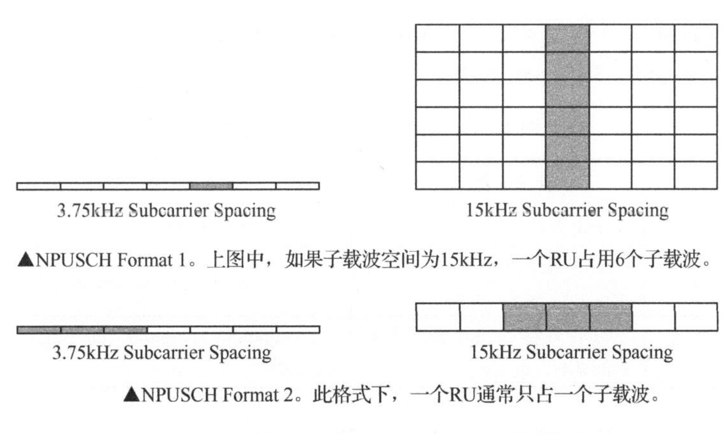

图 5-18　具体的 NPUSCH 上 DM-RS 时频资源配置

5.8　发送 GAP

为了增强覆盖，NB-IoT 在 NPDCCH/NPDSCH/NPUSCH/NPRACH 上主动引入发送重复，上行最大重复次数可达 128 次，下行最大重复次数可达 2 048 次，这样 NPDCCH/NPDSCH/NPUSCH 将可能被一个 UE 长时间占用，极端覆盖情况下可达 20s，导致其他 UE 没有机会得到调度来发送和接收数据。为了避免这个问题，3GPP 在 R13 引入发送间隔（GAP）机制，某个终端激活的 GAP 时间内可以调度其他终端，特别是可以调度那些覆盖较好、发送重复次数少的终端接收下行数据，保证效率和公平性。

另外，发送 GAP 只对 RRC 连接状态下生效。

5.8.1 DL 发送 GAP

下面分别是下行 NPDCCH 和 NPDSCH 发送间隔（GAP）激活条件和步骤：

（1）当 NPDSCH Repetition number <32 时，GAP 不生效；

（2）当 NPDSCH Repetition number ≥dl-GapThreshold-r13 时，如 128/2 048，GAP 生效，并且每隔 GapPeriod 个子帧，出现一个 GAP，每个 GAP 持续时间为 GapPeriodicity×GapDurationCoeff；

（3）当 NPDCCH Repetition number < 32 时，GAP 不生效；

（4）当 NPDCCH Repetition number ≥ dl-GapThreshold-r13 时，GAP 生效，并且每隔 GapPeriod 个子帧，出现一个 GAP，每个 GAP 持续时间为 GapPeriodicity × GapDurationCoeff。

RRC Connection Setup 消息或 RRC Connection Reconfiguration 消息中的 DL-GapConfig-NB-r13 IE 用来配置 GAP 相关参数：

（1）GAP 激活门限（dl-GapThreshold）；

（2）GAP 激活周期（dl-GapPeriodicity）；

（3）GAP 激活持续时间系数（dl-GapDurationCoeff）。

这三个 GAP 参数的具体介绍如表 5-18 所示。

表 5-18 GAP 参数的具体介绍

参数名称	参数含义	取值范围	推荐值
DL-GapThreshold-r13	GAP 激活门限值	{n32，n64，n128，n256}	n32
DL-GapPeriodicity-r13	GAP 激活周期，以子帧为单位，即 ms	{sf64，sf128，sf256，sf512}	sf64
DL-GapDurationCoeff-r13	每个 GAP 实际的激活持续时间系数，以 ms 为单位	{oneeighth，onefourth，threeeighth，onehalf}	oneeighth

图 5-19 以 DL-GapPeriodicity=sf256 和 DL-GapDurationCoeff=1/4 为例画出了 DL GAP 配置实例图，其中，每次实际激活的 DL GAP 持续时间为 1/4 个 DL GAP= 256×1/4=64ms。

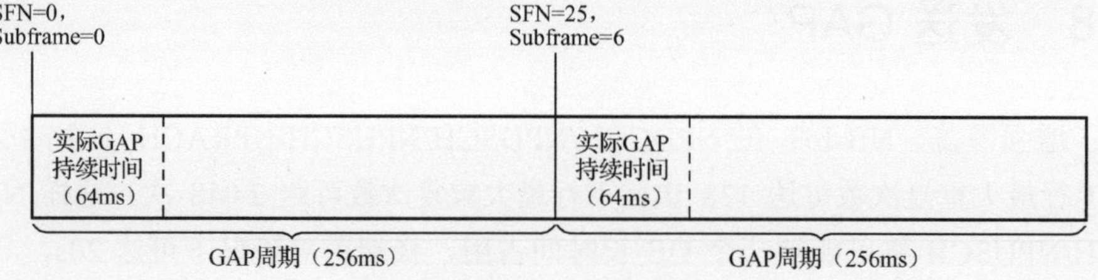

图 5-19 DL GAP 配置实例图

当然，发送 GAP 机制的配置也为 R14 版本中引入的在 RRC 连接状态下实现切换功能提供了测量能力支持。

5.8.2　UL 发送 GAP

NB-IoT 规范规定，如果上行信道持续发送超过一定时间，则必须暂停发送一段时间，这就是所谓的上行发送 GAP，这样做有许多好处，例如：

（1）释放上行资源来调度其他 UE 发送数据，避免某个 UE 过长时间占用上行资源；

（2）让终端有时间可以去校准上行时钟频率，避免频率漂移，从而避免上行同步丢失导致的数据重传；

（3）让终端有时间休息，避免长时间发射导致功耗增加、发热过度；

（4）间断发送上行信道也能在一定程度上降低上行方向信号干扰。

下面是具体的 UL GAP 配置激活条件和过程。

- 如果 NPUSCH 发送时间超过 256ms，则每 256ms 之后需要暂停 40ms 发送，剩余没有发送的上行数据延后继续发送。
- 如果 NPRACH 发送重复次数达到 64 次，则每 64 次之后，也需要暂停 40ms 发送，剩余没有发送完的前导延后继续发送。

第 6 章　NB-IoT 基本过程

本章主要介绍一些关键的 NB-IoT 基本过程，如移动性管理过程、随机接入过程和附着（Attach）过程等。

6.1　NB-IoT 移动性管理过程

6.1.1　小区重选简化

NB-IoT 的小区选择过程与准则基本上与传统 LTE 小区选择过程相同，但也进行了适度简化，以降低终端成本和功耗。

（1）不再支持基于优先级的小区重选。

（2）只支持系统内小区重选。

（3）不支持系统间小区重选，即 Inter-RAT 小区重选。

（4）由于 NB-IoT 终端不支持紧急拨号功能，所以在终端重选时无法找到 Suitable Cell 的情况下，终端不会暂时驻扎（Camp）在 Acceptable Cell，而是持续搜寻，直到找到 Suitable Cell 为止。根据 3GPP TS 36.304 的定义，所谓 Suitable Cell 为可以提供正常服务的小区，而 Acceptable Cell 为仅能提供紧急服务的小区。

Release13（R13） NB-IoT 不支持 RRC_CONNECTED 中的切换过程。如果需要改变服务小区，NB-IoT 终端会进行 RRC 连接释放，进入 RRC_IDLE 状态后，再重选至其他小区。

在 RRC_IDLE 状态，小区重选定义了系统内同频（Intra frequency）和系统内异频（Inter frequency）两类相邻小区，Inter frequency 指的是 Inband operation 下两个 180kHz 载波之间的重选。

不过 R13 NB-IoT UE 应该能支持基于 RRC 重定向的快速小区重选过程（RRC Redirection）。

下面详细介绍 NB-IoT 小区选择、测量和重选准则。

6.1.2　小区选择准则

NB-IoT 终端选择初始驻留小区必须同时满足下面两个条件：

$$S_{\mathrm{qual}} = Q_{\mathrm{qualmeas}} - \text{q-QualMin-r13} > 0$$

$$S_{\mathrm{rxlev}} = Q_{\mathrm{rxlevmeas}} - \text{q-RxLevMin-r13} > 0$$

其中，q-QualMin-r13 和 q-RxLevMin-r13 在 SIB1-NB 中广播给终端，默认值分别是

−34dB 和−70×2=−140dBm。

当然，该候选驻留小区应该没有被 Barred in SIB1-NB。

6.1.3 小区测量准则

NB-IoT 小区测量准则同 LTE 一样，也是基于当前服务小区的信号强度变化而定的。

- 如果当前服务小区信号强度大于指定门限，即 $S_{ServingCell}>S_{Intrasearch}$，那么 UE 将不会启动测量过程。
- 如果当前服务小区信号强度小于或等于指定门限，即 $S_{ServingCell}\leqslant S_{Intrasearch}$，或者 $S_{Intrasearch}$ 没有广播给 UE，那么 UE 就会启动测量过程。
- 如果当前服务小区信号强度大于指定门限，即 $S_{ServingCell}>S_{Nonintrasearch}$，那么 UE 将不会启动测量过程。
- 如果当前服务小区信号强度小于或等于指定门限，即 $S_{ServingCell}\leqslant S_{Nonintrasearch}$，或者 $S_{Nonintrasearch}$ 没有广播给 UE，那么 UE 就会启动测量过程。

其中，$S_{ServingCell}=S_{Rxlev}=Q_{Rxlevmeas}$(dBm)−q-RxLevMin-r13

$S_{Intrasearch}$ = s-IntraSearchP-r13

$S_{Nonintrasearch}$ = s-NonIntraSearch-r13

q-RxLevMin-r13、s-IntraSearchP-r13、s-NonIntraSearch-r13 都在 SIB3-NB 中广播给终端，默认值分别是−70×2=−140dBm、0、0。

s-IntraSearchP-r13 和 s-NonIntraSearch-r13 取相同值时，如 0，终端会同时启动同频和异频相邻小区的测量，即表明同频和异频相邻小区具备相同的重选优先级。

6.1.4 小区重选准则

首先，测量到的同频（Intra-freq）或异频（Inter-freq）小区会根据小区选择准则，即是否满足下面条件进行初始排除。

$$S_{Non\text{-}rxlev} = Q_{Rxlevmeas} - \text{q-RxLevMin-r13} > 0$$

其中，同频小区选择准则中用到的 q-RxLevMin-r13 在 SIB3-NB 中广播，异频小区选择准则中用到的 q-RxLevMin-r13 在 SIB5-NB 中广播，q-RxLevMin-r13 的默认值通常同 SIB1-NB 中广播的一样，都是−70×2=−140dBm。

其次，终端会把经过上面步骤排除过后的同频和异频小区根据信号强度进行排序，选择其中一个信号最强的小区作为重选目标小区。

最后，这个目标小区的信号强度必须在指定时间内持续大于当前服务小区的信号强度，即满足下面条件，终端才会最终重选驻留到该候选小区。

$$Rn > Rs \text{ during t-Reselection-r13}$$

其中，$Rs = Q_{Rxlevmeas}$(dBm)−q-RxLevMin-r13 + q-Hyst-r13

$Rn = Q_{Rxlevmeas}$(dBm)−q-RxLevMin-r13

t-Reselection-r13、q-RxLevMin-r13、q-Hyst-r13 都在 SIB3-NB 中广播给终端，默认

值分别是 s6（6s），-70×2=-140dBm、0dB(0)。

另外，系统内同频和异频相邻小区信息分别通过 SIB4-NB 和 SIB5-NB 广播给终端。

6.2 RRC 连接管理过程

6.2.1 NB-IoT 协议栈

NB-IoT 协议栈基于 LTE 设计，但是根据物联网的需求，去掉了一些不必要的功能，减少了协议栈处理流程的开销，同时也可以降低终端功耗和成本。因此，从协议栈的角度看，NB-IoT 是新的空口协议。

以无线承载（RB）为例，在 LTE 系统中，会建立 3 个信令无线承载（Signalling Radio Bearers，SRB），且会部分复用。

- SRB0 只用来传输 RRC 消息，在逻辑信道 CCCH 上传输。
- SRB1 既用来传输 RRC 消息，也会包含 NAS 信令消息，其在逻辑信道 DCCH 上传输。
- SRB2 只用来传输 NAS 信令消息，且在接入层安全模式激活以后才会建立 SRB2，也在逻辑信道 DCCH 上传输。

此外，NB-IoT 对空口协议栈功能还进行了如下简化。

（1）LTE 中定义了 SRB2，但 NB-IoT 中没有定义 SRB2。

（2）NB-IoT 中定义了一种新的信令无线承载 SRB1bis，除了没有 PDCP 层，SRB1bis 和 SRB1 的配置基本一致，这也意味着在 EPS 控制面功能优化（Control Plane CIoT EPS Optimization）下采用 SRB1bis 传输用户数据（Data over NAS/RRC/SRB1bis）时不需要 PDCP 层，也不支持接入层数据加密，数据加密由 NAS 层完成，如图 6-1 所示，SRB0 和 SRB1bis 隐式建立。

（3）如果支持用户面优化模式，那么 NB-IoT 网络每个终端最多可以建立 2 个 DRB，而传统 LTE 网络每个终端最多可以建立 8 个 DRB。

（4）NB-IoT 的 RLC 层不再支持 UM 模式。

（5）NB-IoT 的 MAC 层同时只支持一个 HARQ 进程，这样可以降低终端并行处理要求和缓冲区的大小。

（6）NB-IoT 的下行数据是跨子帧调度（Cross-Subframe Scheduling），但不支持跨载波调度（Cross-Carrier Scheduling）。

（7）NB-IoT 物理层（Physical Layer，PHY）支持新的同步信号（NPSS&NSSS）和参考信号（NRS）格式。

NB-IoT 用户平面协议栈同 LTE 一样，如图 6-2 所示。

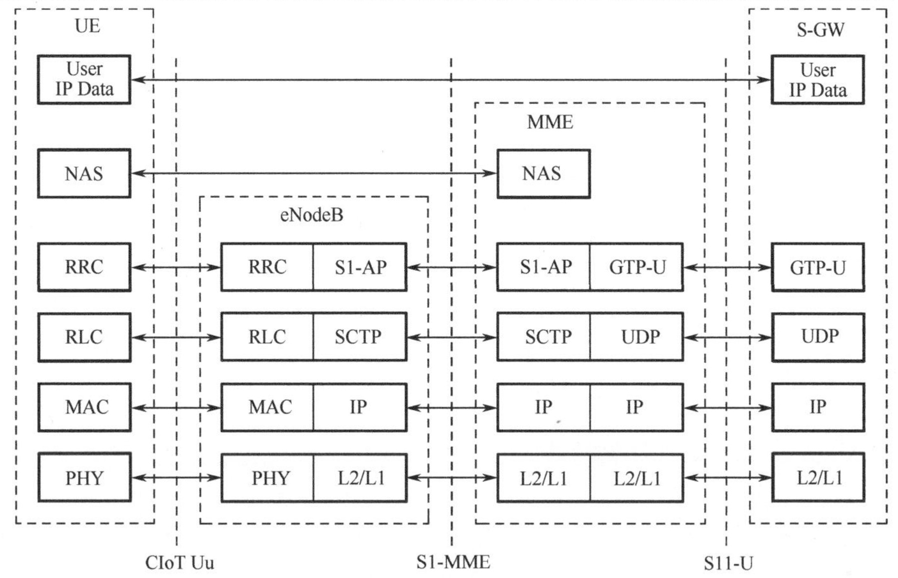

图 6-1　NB-IoT 控制面优化模式协议栈

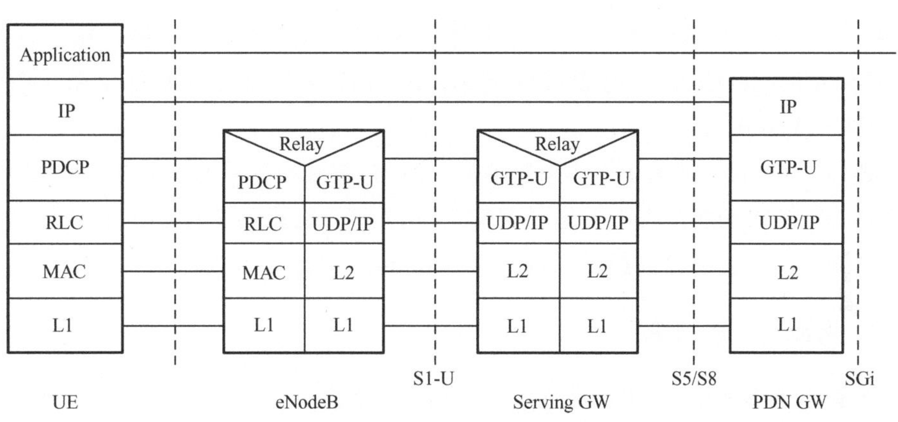

图 6-2　NB-IoT 用户面协议栈

6.2.2 RRC 状态变化

从接入网来看，NB-IoT 终端的工作状态与 LTE 基本一样，但由于 NB-IoT 主要为非频发小数据包流量而设计，所以 RRC 状态管理更简单。

当只支持控制面优化数据传输模式时，UE 侧和 eNodeB 侧仅有连接（RRC_CONNECTED）和空闲（RRC_IDLE）两种状态的转换，如图 6-3 所示。

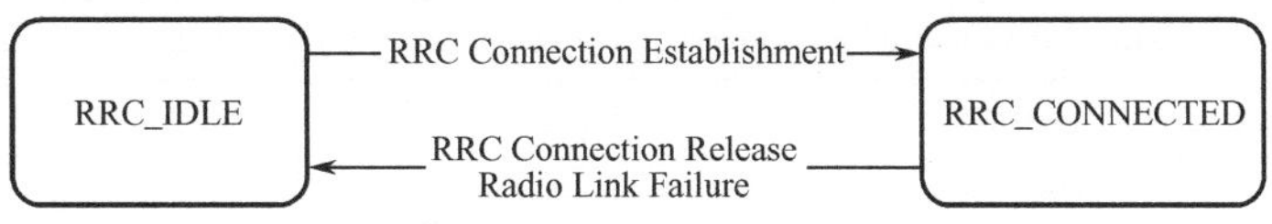

图 6-3　控制面优化模式下 RRC 状态变化示意图

当支持用户面优化数据传输模式时，UE 侧和 MME 侧分别定义了 3 种状态，分别是：

- 连接态（Connected）；
- 暂停态（Suspended）；
- 空闲态（Idle）。

用户面优化模式下 RRC/ECM 状态变化示意图如图 6-4 所示。

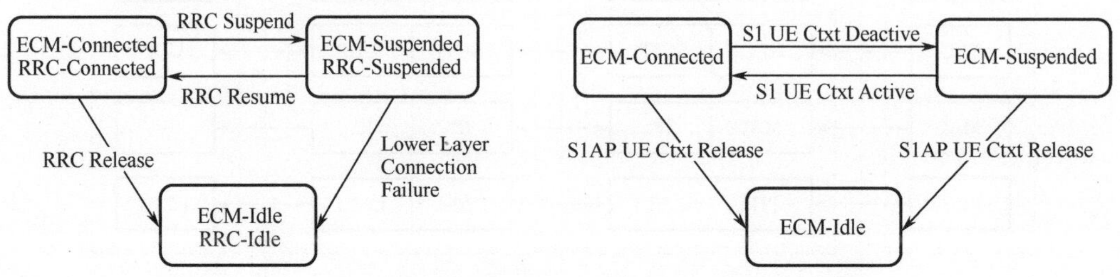

图 6-4　用户面优化模式下 RRC/ECM 状态变化示意图

同传统 LTE 相比，NB-IoT 有如下一些简化。

- NB-IoT 没有互操作的属性，意味着 NB-IoT 的终端无法切换、重定向、CCO（Cell Change Order）到 2G/3G 网络，NB-IoT 终端只具备 E-UTRA 状态（只有一种工作模式）。
- NB-IoT 终端在连接态下不读系统消息，而 4G 终端在连接态下可以获取系统消息。
- NB-IoT 终端在连接态不发送任何信道反馈 CQI 信息（没有 QoS 管控）。
- NB-IoT 终端也不提供测量报告（Measurement Reporting）。

6.2.3　RRC 消息列表

表 6-1 列出了 NB-IoT 空口所用到的详细 RRC 消息。

表 6-1　NB-IoT 空口所用到的详细 RRC 消息

消 息 名 称	消 息 方 向	消 息 作 用
DLInformationTransfer-NB	下行（DL：eNB→UE）	透明传输下行 NAS 层信令或用户数据
MasterInformationBlock-NB	下行（DL：eNB→UE）	—
Paging-NB	下行（DL：eNB→UE）	—
RRCConnectionReconfiguration-NB	下行（DL：eNB→UE）	修改 RRC 连接相关参数，建立 DRB，只在支持用户面优化方案中使用
RRCConnectionReconfigurationComplete-NB	上行（UL：UE→eNB）	只在支持用户面优化方案中使用
RRCConnectionReestablishment-NB	下行（DL：eNB→UE）	只在支持用户面优化方案中使用
RRCConnectionReestablishmentComplete-NB	上行（UL：UE→eNB）	只在支持用户面优化方案中使用
RRCConnectionReestablishmentReject-NB	下行（DL：eNB→UE）	只在支持用户面优化方案中使用

续表

消 息 名 称	消 息 方 向	消 息 作 用
RRCConnectionReestablishmentRequest-NB	上行（UL：UE→eNB）	只在支持用户面优化方案中使用
RRCConnectionReject-NB	下行（DL：eNB→UE）	RRC 连接拒绝
RRCConnectionRelease-NB	下行（DL：eNB→UE）	RRC 连接释放
RRCConnectionRequest-NB	上行（UL：UE→eNB）	—
RRCConnectionResume-NB	下行（DL：eNB→UE）	只在支持用户面优化方案中使用
RRCConnectionResumeComplete-NB	上行（UL：UE→eNB）	只在支持用户面优化方案中使用
RRCConnectionResumeRequest-NB	上行（UL：UE→eNB）	只在支持用户面优化方案中使用
RRCConnectionSetup-NB	下行（DL：eNB→UE）	—
RRCConnectionSetupComplete-NB	上行（UL：UE→eNB）	—
SecurityModeCommand	下行（DL：eNB→UE）	协商加密和完整性保护算法及开始时刻
SecurityModeComplete	上行（UL：UE→eNB）	—
SystemInformation-NB	下行（DL：eNB→UE）	系统信息广播
SystemInformationBlockType1-NB	下行（DL：eNB→UE）	—
UECapabilityEnquiry-NB	下行（DL：eNB→UE）	终端详细能力查询请求消息
UECapabilityInformation-NB	上行（UL：UE→eNB）	—
UEInformationRequest	下行（DL：eNB→UE）	基站向终端请求相关信息
UEInformationResponse	上行（UL：UE→eNB）	—
ULInformationTransfer-NB	上行（UL：UE→eNB）	透明传输上行 NAS 层信令或用户数据

6.2.4　RRC 连接建立过程

引起 RRC 建立的原因很多，但是在 NB-IoT 中，RRCConnectionRequest 中的 Establishment Cause 里没有 delayTolerantAccess 选项，因为 NB-IoT 被预先假设为容忍延迟。

另外，在 Establishment Cause 里，UE 将说明支持单频或多频的能力。在 RRC ConnectionSetupComplete 消息里，UE 会报告它是否支持 EPS 用户面优化功能，图 6-5 给出了初始 RRC 连接建立过程。

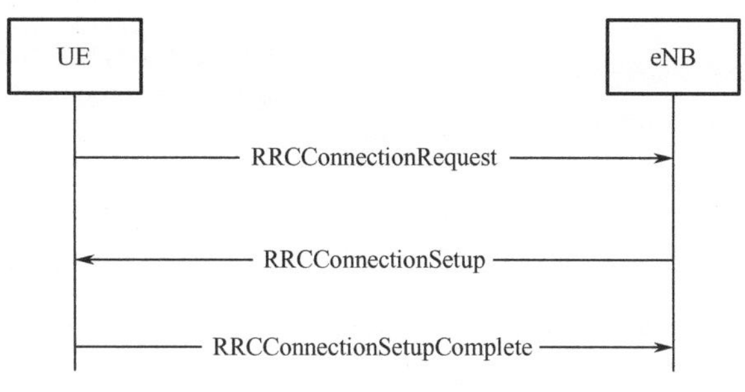

图 6-5　初始 RRC 连接建立过程

UE 和网络侧都支持用户面优化数据传输过程，图 6-6 画出了完整的 RRC 初始连接建立过程，包括随机接入步骤和 RRC 连接重配置过程。

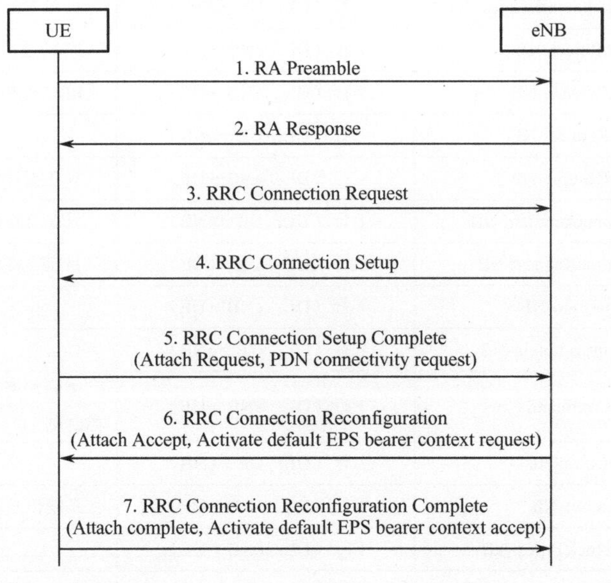

图 6-6　用户面优化模式下完整的 RRC 初始连接建立过程

表 6-2 列出了 RRC 连接建立、无线链路失败，以及重建过程中所用到的相关定时器的含义及启动、停止、超时后的行为。

表 6-2　RRC 连接建立、无线链路失败，以及重建过程中所用到的相关定时器的含义及启动、停止、超时后的行为

定时器名称	启　动	停　止	超　时
T300	UE 层 3 发送完 RRCConnectionRequest 消息后，启动该定时器，等待接收 RRCConnectionSetup 消息	UE 层 3 接收 RRCConnectionSetup 或 RRCConnectionReject 消息	UE 层 3 通知应用连接建立失败
T301	UE 层 3 发送完 RRCConnectionReestablishmentRequest 消息后，启动该定时器，等待接收 RRCConnectionReestablishment 消息	UE 层 3 接收 RRCConnectionReestablishment 或 RRCConnectionReestablishmentReject 消息	UE 回到 RRC_IDLE 状态
T310	UE 层 3 接收到来自物理层 N310 个连续不同步指示后，启动该定时器	UE 层 3 接收到来自物理层 N311 个连续同步指示后，启动该定时器	如果安全模式没有被激活，则报告无线链路失败（RL failure），然后回到 RRC_ IDLE 状态，否则初始化连接重建过程
T311	初始化 RRC 连接重建过程	—	进入 RRC_IDLE 状态

上述各个定时器和常量值会通过 SIB2-NB 广播给 UE，表 6-3 列出了 RRC 连接过程相关定时器推荐值。

表 6-3　RRC 连接过程相关定时器推荐值

UE-Timers and Constants-r13	推　荐　值	取 值 范 围
T300	ms40000	ms100～ms160000
T301	ms10000	ms100～ms160000
T310	ms8000	ms100～ms160000
N310	n20	n1～n30
T311	ms5000	ms100～ms160000
N311	n1	n1～n30

6.2.5　RRC 连接暂停过程

在 RRCConnectionSetupComplete 消息里，UE 会报告它是否支持 EPS 用户面优化数据传输模式，即是否支持 RRC 连接暂停（RRC Connection Suspend）和 RRC 连接恢复功能（RRC Connection Resume），这里 RRC 连接暂停在有的书里也称为 RRC 连接挂起，在本书中统一称之为 RRC 连接暂停。

如果终端支持 EPS 用户面优化数据传输模式（up-CIoT-EPS-Optimization-r13：true），同时网络侧也支持，并且网络侧和终端都没有数据需要发送，那么基站就会触发 RRC 连接暂停过程。RRC 连接暂停过程仅仅针对已建立的用户面数据无线承载（DRB），所以至少一个 DRB 成功建立之后，暂停过程才能够执行。传统 EPC 中的 DRB 和 S1 Bearer 是一对一关系，但是在 NB-IoT 中，二者同时建立、同时释放的概念不再适用。

下面是 RRC 连接暂停过程的步骤。

① 当 UE 不活跃定时器（Inactivity Timer）超时后，eNodeB（eNB）不再发起 S1-AP UE Context Release Request 流程，而是发起 S1-AP UE Context Deactivate 或 S1-AP UE Context Suspend Request。

② MME 要求 S-GW 释放 S1-U，即释放 S1 Bearer。

③ MME 接收到 S1 Bearer 释放响应消息后，保留 UE Context 信息和 S1 Bearer 信息，然后向 eNodeB 发送 S1-AP UE Context Deactivate Ack 消息或 S1-AP UE Context Suspend Response 消息，随后 MME 进入 ECM-Suspended 状态。

④ eNodeB 保留 UE Access Context 信息和 S1 Bearer 信息，然后向 UE 发送 RRC Connection Suspend 消息，该消息携带 ResumeID。

⑤ eNodeB 保留 UE Access Context 信息和 S1-AP 信息，或者向 UE 发送 RRC Connection Release 消息，该消息携带 ResumeID，releaseCause 会设置成“rrc Suspend”。

⑥ 如果 UE 接收到 RRC Connection Suspend 消息，则会保留 ResumeID、UE Access Context、S1 Bearer 等相关信息，并进入 RRC-Suspended 状态。RRC Connection

Suspend 消息触发的 RRC 连接暂停过程如图 6-7 所示。

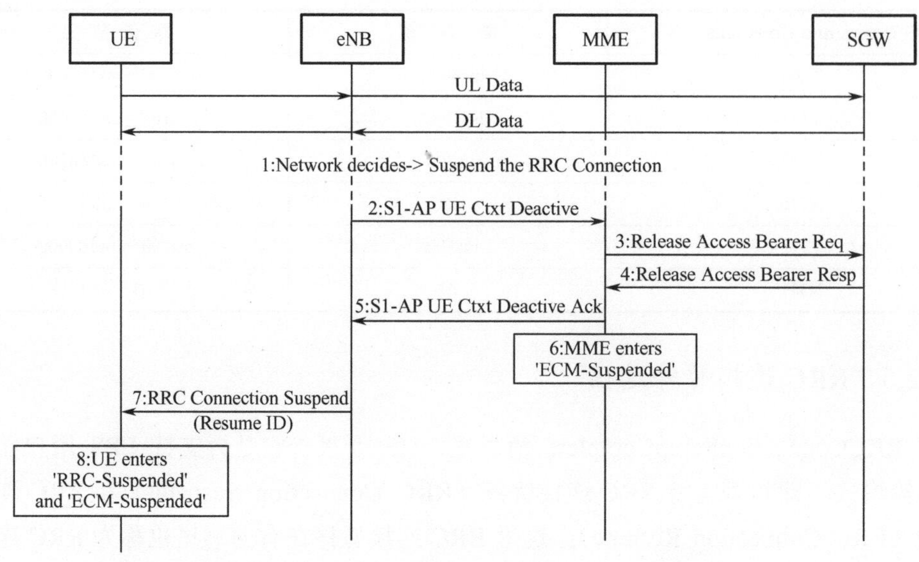

图 6-7　RRC Suspend 消息触发的 RRC 连接暂停过程

⑦ 如果 UE 接收到 RRC Connection Release 消息，则会保留 ResumeID、UE Access Context、S1 Bearer 等相关信息，并进入 RRC-Idle 状态。RRC Connection Release 消息触发的 RRC 连接暂停过程如图 6-8 所示。

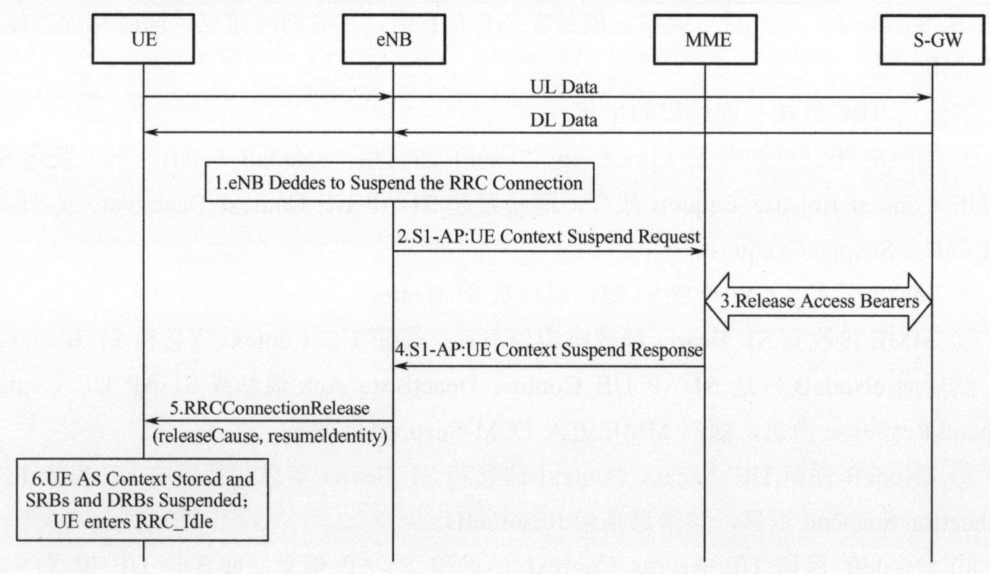

图 6-8　RRC Release 消息触发的 RRC 连接暂停过程

对于无线侧来说，RRC 连接被同步暂停（Suspended），SRB1 和 DRB 都被同步暂停（Suspended），底层不再调度时频资源。

基站通过发送 RRCConnectionSuspend 消息或 RRCConnectionRelease 消息让 NB-

IoT 终端进入 Suspend 模式，该 RRCConnectionSuspend 消息带有一组 Resume ID，此时，终端进入 Suspend 模式并保留接入层上下文 AS Context，基站也同样保留接入层上下文及承载相关 S1-AP 信息，MME 保留承载相关 S1-AP 信息。

6.2.6　RRC 连接恢复过程

当终端需要再次进行数据传输时，只需要在 RRCConnectionResumeRequest 中携带 Resume ID，基站即可通过此 Resume ID 来识别终端上下文等保存信息，终端无需触发业务请求过程（Service Request），利用已识别的存储信息即可快速建立激活 DRB 和 EPS 承载发送数据，从而减少了发送数据中信令的交互次数，降低功耗。

简单来说，RRC 连接恢复过程可以理解为 RRC 连接暂停过程的一个逆过程，一般由终端触发，如图 6-9 所示。

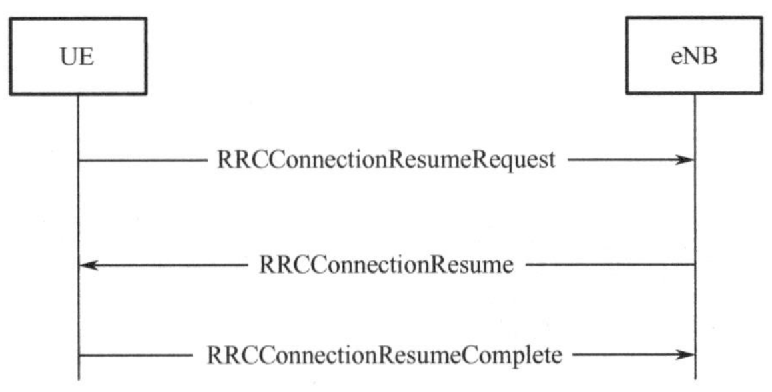

图 6-9　RRC 连接恢复过程

MO RRC 连接恢复过程如图 6-10 所示，是 UE 主动发起的 MO RRC Connection Resume 流程图，如 UE 有上行数据需要发送。

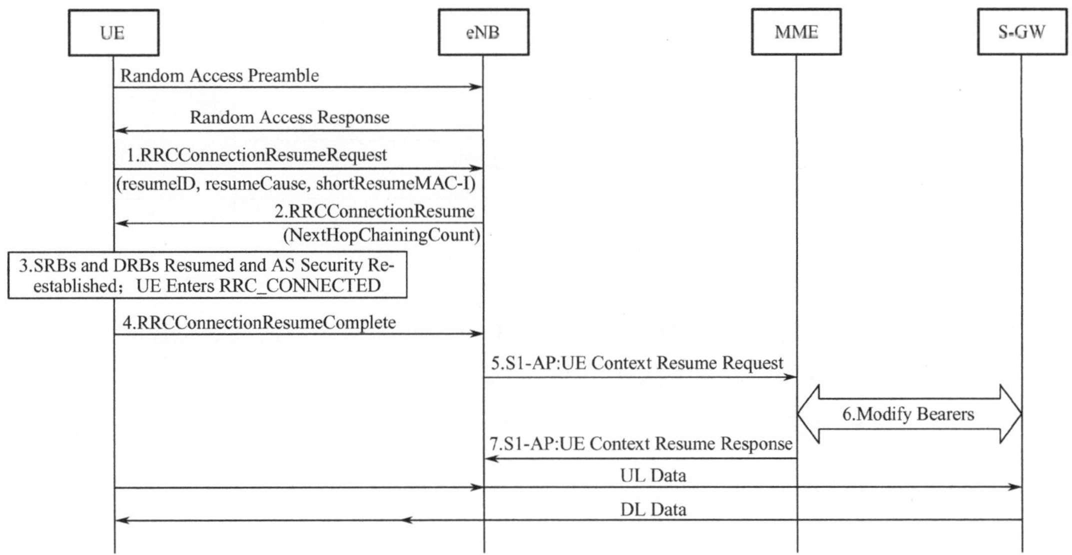

图 6-10　MO RRC 连接恢复过程

对于终端的“恢复”请求，网络侧可能会恢复之前“悬挂”起的 RRC 连接，或者拒绝恢复请求，那么就会建立一个新的 RRC 连接。

在空中接口，通过 RRC Connection Resume 过程减少了下面 5 个消息，节省了信令交互时间。

- RRCConnectionSetupComplete；
- RRCSecurityModeCommand；
- RRCSecurityModeComplete；
- RRCConnectionReconfiguration；
- RRCConnectionReconfigurationComplete。

MT RRC 连接恢复过程如图 6-11 所示，是由寻呼请求发起的 MT RRC Connection Resume 流程图，如 UE 有下行数据需要接收。

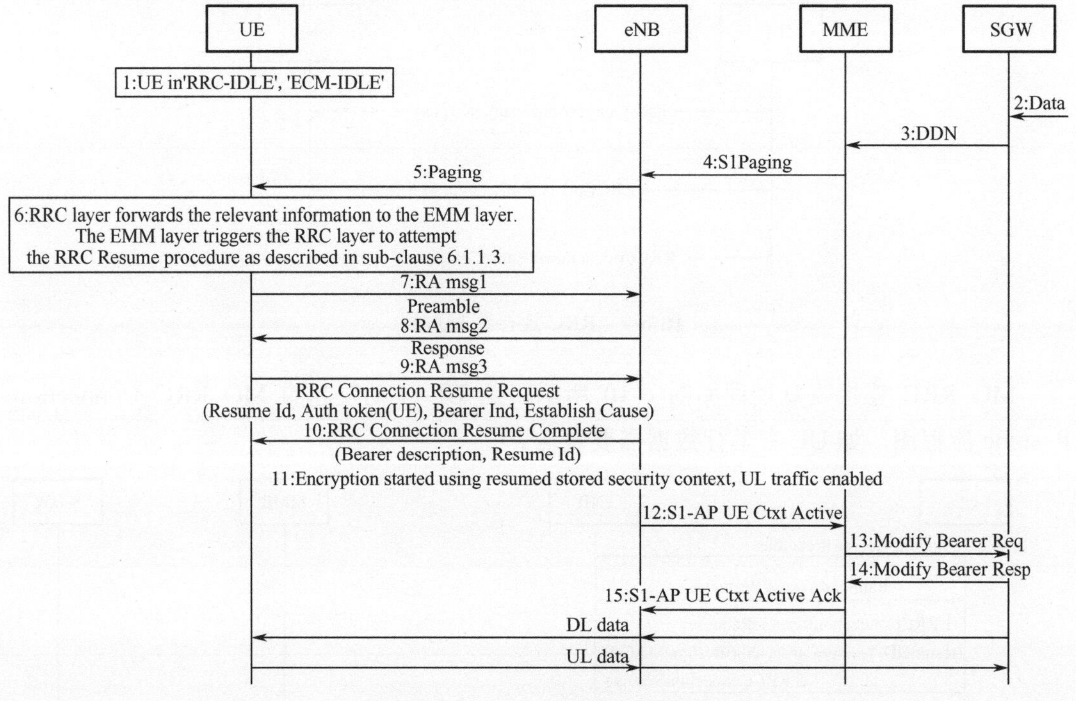

图 6-11　MT RRC 连接恢复过程

MT RRC Connection Resume 流程通常由 S-GW 通过 S11 接口通知 MME 向 UE 发送寻呼消息，通知 UE 来触发随机接入和 RRC 连接恢复过程。

RRC 连接恢复失败：当 UE 发出 RRCConnectionResumeRequest 消息，而网络侧的响应消息为 RRCConnectionSetup 消息时，意味着网络侧要求建立一个新的 RRC 连接，那么 UE 需要将之前存储的 AS 上下文及 Resume Identity 丢弃，并且通知高层，UE 旧的 RRC 连接被“回退”成新的 RRC 连接了，一切将重新来过，包括新建 AS/NAS 上下文、RRC/NAS 层安全模式、重建 DRB 等。RRC 连接恢复失败回落过程如图 6-12 所示。

如同 RRC 连接请求一样，RRC 连接恢复请求也同样受 T300 控制，T300 超时后底层被清空，RRC 连接流程终止，后续行为由终端决定。

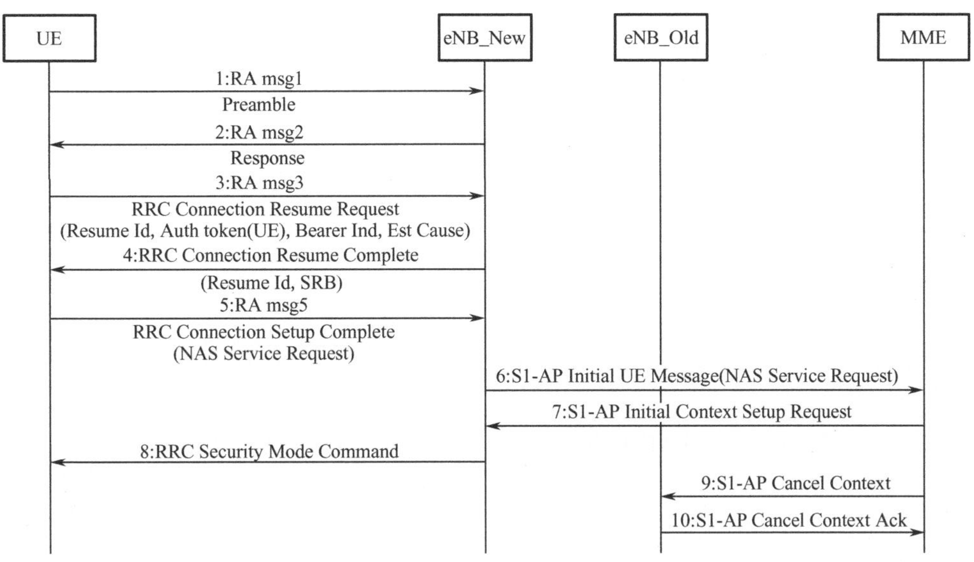

图 6-12　RRC 连接恢复失败回落过程

6.3　NB-IoT 系统信息过程

6.3.1　NB-IoT 系统信息分类

NB-IoT 经过简化，去掉了一些不必要的 SIB，只保留了下面 8 个系统信息类型。

- Main Info Block（MIB-NB）：长度为 34bit，包括 PCI、Freq、SFN 值。
- SIBType1-NB：小区接入和选择，其他 SIB 调度信息。
- SIBType2-NB：无线资源分配信息。
- SIBType3-NB：小区重选信息。
- SIBType4-NB：Intra-frequency 的邻近 Cell 相关信息。
- SIBType5-NB：Inter-frequency 的邻近 Cell 相关信息。
- SIBType14-NB：分类别接入禁止（Class Access Barring）信息。
- SIBType16-NB：GPS 时间/世界标准时间信息。

其中，SIB4-NB、SIB5-NB、SIB14-NB 和 SIB16-NB 是可选的（Optional）。

系统信息的更新和通知 UE 过程都同传统 LTE 相同。

另外，需要特别说明的是，SIB-NB 是独立于 LTE 系统传送的，并非夹带在原 LTE 的 SIB 之中。详细系统信息内容解析参见第 8 章的相关内容。

6.3.2 MIB-NB 信息调度

MIB-NB 传输块大小为33bit，具体各信息块参数含义及比特大小见表6-4。

表 6-4 MIB-NB 各信息块参数含义及比特大小

参数名称	参数含义	取值范围（bit size）	推荐值
SystemFrameNumber-MSB-r13	系统帧号高4位	4	—
HyperSFN-LSB-r13	超帧号低2位，用于终端在eDRX下计算寻呼时刻（PF/PO）	2	—
SchedulingInfoSIB1-r13	SIB1-NB 发送重复次数	4 {8,16,32}	0（8）
SystemInfoValueTag-r13	系统信息改变标志	5	—
Ab-Enabled-r13	接入类别控制使能开关	1	0（false）
OperationModeInfo-r13	NB-IoT 部署模式	5,{Inband-SamePCI-NB,Inband-DifferentPCI-NB,Guardband-NB,Standalone-NB}	3（Standalone-NB）
Spare	保留	11	—

MIB-NB 中仅发送 SFN 的高4位，剩下6位通过扰码区分（64个无线帧位置），即通过扰码盲检来得到640ms的边界。

发送 MIB-NB 的周期，即 TTI 等于640ms，占用64个无线帧的子帧0，每80ms为一个block。NPBCH 时域调度规则如图6-13所示。

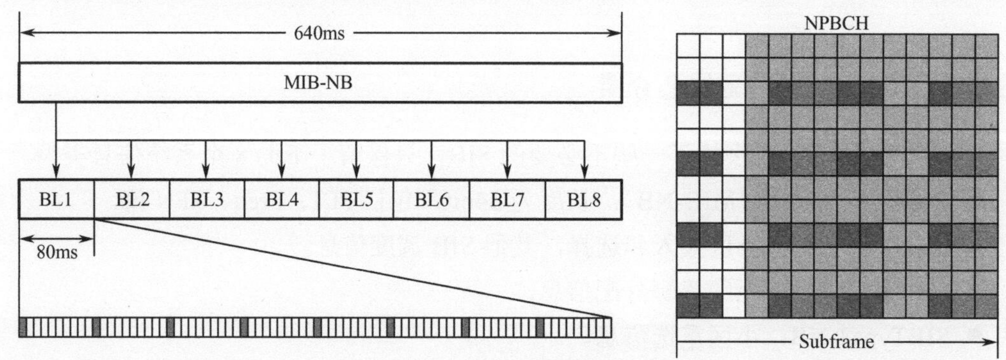

图 6-13 NPBCH 时域调度规则

在每80ms内，200bit信息采用QPSK调制后为100个RE，映射到第一个子帧，后面7个子帧重复这个子帧的内容，8个子帧的数据是完全相同的。

6.3.3 SIB1-NB 信息调度

跟传统LTE系统不一样的地方，除MIB不需要通过NPDCCH调度之外，其他SIB消息也都不需要通过NPDCCH调度，而是直接按一定规律和周期在NPDSCH上发送。

- SIB1-NB 时域发送周期固定为 256 个无线帧，即 2560ms。
- SIB1-NB 信息一共占用 8 个子帧长度。
- 在 SIB-NB 的一个传输周期内，SIB-NB 传输块可以被重复传输 4、8 或 16 次（具体重复次数由高层配置的参数 schedulingInfoSIB1 决定，并通过 MIB-NB 广播给终端，NPDSCH 发送 SIB1-NB 时重复次数配置索引如表 6-5 所示），实际选择的重复次数取决于小区覆盖范围的大小（CE Level）。

表 6-5　NPDSCH 发送 SIB1-NB 时重复次数配置索引

SIB1-NB 调度重复次数索引值	NPDSCH 承载 SIB1-NB 时的实际重复次数值
0	4
1	8
2	16
3	4
4	8
5	16
6	4
7	8
8	16
9	4
10	8
11	16
12～15	Reserved

- SIB1-NB 在每隔一个无线帧的子帧 4 上发送，如果 A 在无线帧 0 的子帧 4 上发送，那么 B 就在无线帧 2 的子帧 4 上发送，C 在无线帧 4 的子帧 4 上发送，SIB1-NB 单次发送一共持续 16 个无线帧时间，即 160ms。
- 16 个无线帧根据其重复次数均匀分布在 256 个无线帧周期内。SIB1-NB 时域重复规则如图 6-14 所示。
- 发 SIB-NB 的起始无线帧位置由小区 PCI 推导得到。

6.3.4　SIB*x*-NB 信息调度

除 SIB1-NB 信息之外，其余 SIBs 的调度信息都在 SIB1-NB 中携带，因此，UE 必须首先读取 MIB-NB 获得 SIB1-NB 调度信息，进而才能读取 SIB1-NB 中携带的 SI（Scheduling Information），SIB1-NB 中可以携带一个或多个 SI，而每个 SI 也可以包含一个或多个 SIB，最后才能解读其余 SIB*x*-NB 系统信息。

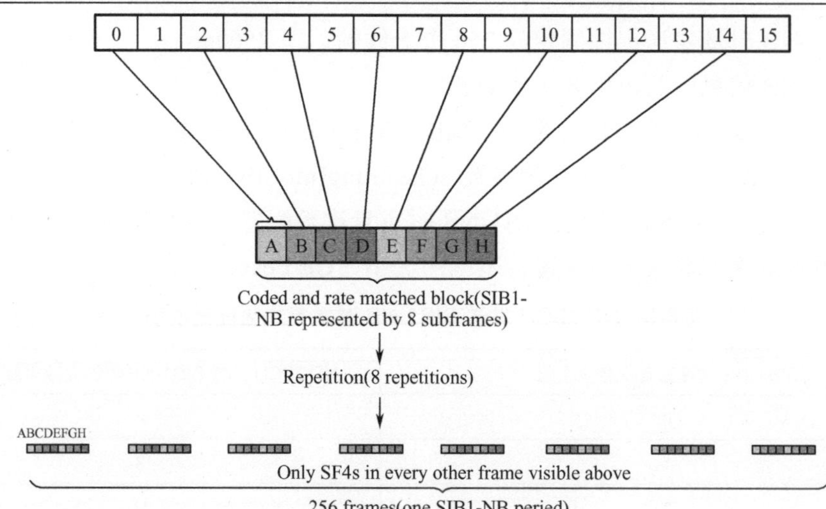

图 6-14　SIB1-NB 时域重复规则

SIB*x*-NB 系统信息块调度关系图如图 6-15 所示。

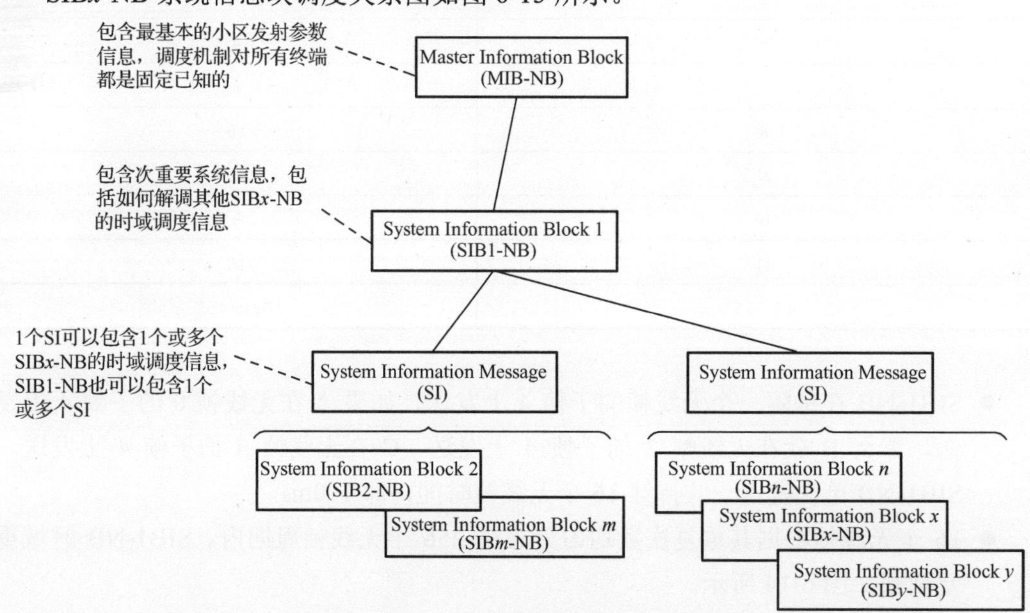

图 6-15　SIB*x*-NB 系统信息块调度关系图

每个 SI 里用来发送 SIB*x*-NB 的时域资源由下面 3 个参数指定。

```
si-WindowLength-r13 {ms160，ms640, …, ms1600}
si-Periodicity-r13 {rf64，rf128, rf256, rf512, rf1024,rf2048}
si-RepetitionPattern-r13 {every4thRF(1/4), 1/8, 1/16}
```

也就是说，每一个指定的 SI 周期（si-Periodicity）内只能有 1 个指定时间窗口（si-WindowLength）可以用来发送 SIB*x*-NB，而这个指定的时间长度窗口内，也只能在指定的无线帧内（si-RepetitionPattern，如每 4 个或每 8 个无线帧内）才有 1 个子帧可以实际用来发送 SIB*x*-NB。

另外，发送这些 SIB*x*-NB 信息块的大小由 SIB1-NB 中广播的参数 si-TB-r13 决定，该值通常为 256bit。如果一个 SI 大小不足以发送完这些 SIB*x*-NB 信息，那么系统就会在 SIB1-NB 中包含多个 SI 的调度信息。

6.3.5　SIB*x*-NB 信息更新

终端开机时会依次解调 NB-IoT 相关信道，读取所有的系统信息并保存下来。但是当终端正常驻留到某个 NB-IoT 小区并进入空闲状态，即待机状态以后，终端一般不会时时刻刻去解调广播信道而获取最新系统信息，以节省电量。

另外，一个同传统 LTE 不同的地方是，在处于 RRC 连接状态下，NB-IoT 终端是不会读取系统信息的。但是，此时如果系统信息发生了改变，那么基站会通过以下 2 种方式实时通知 UE 系统信息发生了变化。

- 寻呼消息（Paging）：该消息包含一个 SystemInfoModification 字段，用于指示系统信息是否发生了变化。
- MIB-NB 中的 SystemInfoValueTag 字段：每当系统信息发生变化时，SystemInfo ValueTag 的值会加 1。

MIB-NB 中包含一个字段 SystemInfoValueTag（取值范围为 0～31），用于指示 SI 信息是否发生了变化。UE 可以使用这个字段来检验之前保存的 SI 信息是否依然有效（如从小区覆盖之外回到小区覆盖的范围内）。如果该字段发生了变化，则 UE 认为所保存的系统信息是无效的，需要重新读取，否则认为保存的系统信息依然有效。

不过该更新指示对 SIB14-NB 无效，也就是说，SIB14-NB 值变化不会引起 SystemInfoValueTag 变更，如果 Access class barring 是激活的（enabled in MIB-NB），那么所有终端在发起 RRC 连接建立之前都必须先读取 SIB14-NB 来判定自己此时是否允许接入。

另外，UE 会认为从接收到 SI 信息那一刻算起的 24 小时之内，如果检测到 SystemInfoValueTag 未变化或没有接收到寻呼消息中关于系统信息更新通知，则认为所保存的系统信息是有效的，即保存的系统信息的有效期为 24 小时。而 LTE 系统信息的保存有效期是 3 小时，由此也可以看到，NB-IoT 终端不需要频繁读取系统信息，这样也有助于节省终端功耗。一旦超过 24 小时有效期，不管系统有没有发送通知，UE 都会重新读取一遍所有的系统信息并保存下来。

SystemInfoValueTag 是除 MIB 外，其他所有 SIB-NB 所共用的。MIB-NB 的改变是通过 UE 直接读取这些信息来检测的。基站只会通知 UE 系统信息发生了变化，并不会告诉 UE 具体哪些系统信息发生了变化，而且系统信息实际更新不是马上发生的，只能在系统信息更新周期到了以后才能改变。

因此，当 UE 收到一个系统信息变更通知（Change Notification）后，会从下一个系统信息更新周期 N 的开始处去接收新的系统信息，UE 首先会重新读取 SIB1-NB，然后根据 SIB1-NB 中的 SI 调度信息去重新接收所有 SIBx-NB 信息（SIB14-NB 除外）。UE 在收到新的系统信息之前，会继续使用旧的系统信息。系统信息更新周期为 N= defaultPagingCycle(SIB2)×modificationPeriodCoeff(SIB2)=1280ms×2=2560ms。

6.4 NB-IoT 随机接入过程

当终端根据自己所支持的频段和工作模式，通过小区搜索和小区选择过程驻留到某个合适的 NB-IoT 小区并进入空闲状态后，当需要进行数据发送或收到寻呼时，就会启动随机接入过程。

6.4.1 随机接入等级

随机接入不成功导致信令重发，降低了资源使用效率，也导致终端功耗增加。为了提高终端单次随机接入成功率，NB-IoT 最多配置了 3 个不同的覆盖增强接入等级（CE Level）。

发送随机接入前导（Random Access Preamble）之前，NB-IoT 终端首先会通过测量 NRS 来获取小区下行信号强度值，即 RSRP 值，与 LTE 不同的是，NRS 个数较少且频域上只持续一个 PRB，这样显然会影响下行信号强度的测量精度，因此 UE 会测量多个子帧的 NRS，取平均值获得最终的 RSRP 值。通过将 RSRP 值和两个门限值 RSRP_TH1 和 RSRP_TH2（SIB2-NB 中广播）比较来决定 CE Level，并使用该 CE Level 指定的 NPRACH 资源，当然，基站会事先根据各个 CE Level 去配置相应的 NPRACH 资源，终端会对发送的随机接入前导（RA Preamble）进行不同次数的重复{n1,n2,n4,n8,n16,n32,n64,n128}。

- 当 UE 的 RSRP 值>RSRP_TH1 时，选择 CEL0（最优点），对应 RA Preamble 发送重复次数最少，可配置成 1 次，即没有重复。
- 当 UE 的 RSRP 值<RSRP_TH2 时，选择 CEL2（最差点），对应 RA Preamble 发送重复次数最多，可配置成最大值 32 次。
- 当 UE 的 RSRP 值<RSRP_TH1 且>RSRP_TH2 时，选择 CEL1（信号质量居中点），对应 RA Preamble 发送重复次数居中，如可配置成 4/8 次。

一旦随机接入前导发送失败，NB-IoT 终端会再升级 CE Level 重新尝试，直到尝试完所有 CE Level 对应的 NPRACH 资源为止。NPRACH 接入等级流程如图 6-16 所示。

当然，如果 RSRP_TH1 和 RSRP_TH2 参数没有出现在 SIB2-NB 中，那么就表示基站只配置了 1 个 NPRACH 资源，UE 就不必比较 RSRP 值来决定接入等级了。

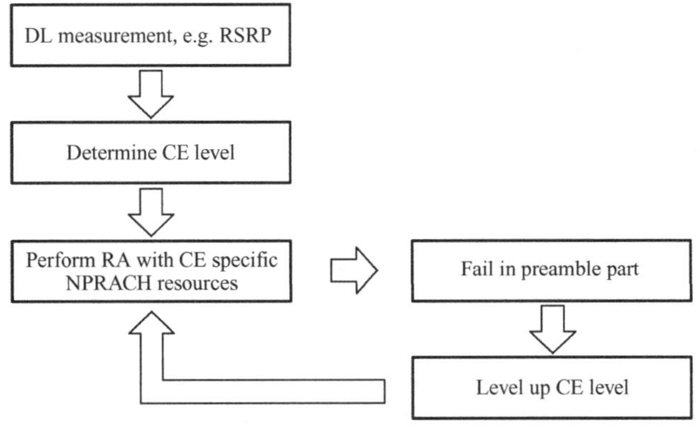

图 6-16　NPRACH 接入等级流程

6.4.2　随机接入时序

NB-IoT 的随机接入过程与 LTE 基本一样，由 MSG1、MSG2、MSG3、MSG4 四步构成，只是参数不同。NPRACH 随机接入时序关系图如图 6-17 所示，图中画出了终端发送或接收这 4 个消息的时序关系。

当 NB-IoT 基站接收到 MSG1 后，会根据 NPRACH 测量结果决定选择配置 NPUSCH 的子载波间隔（3.75kHz 或 15kHz），并通过 MSG2-RAR，即随机接入响应消息通知终端所选择的子载波间隔及其他必需的上行调度信息，UE 进而可以发送 MSG3。下面详细介绍随机接入的步骤。

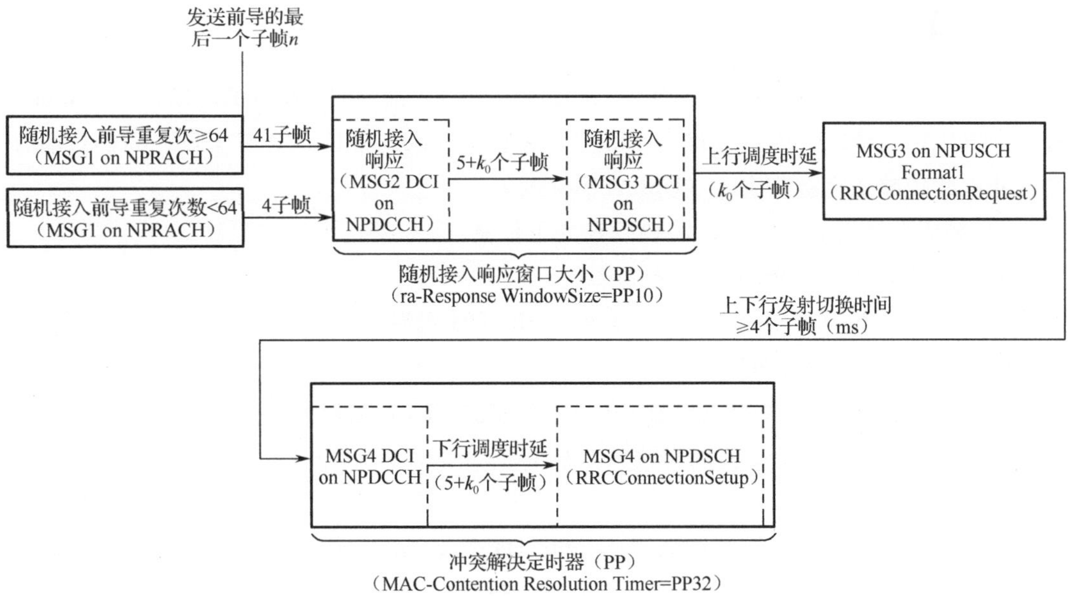

图 6-17　NPRACH 随机接入时序关系图

6.4.3　随机接入步骤

当 UE 成功驻留到某 NB-IoT 小区后，其会读取全部系统信息并保存。其中包括有 NPRACH 配置信息及其他跟随机接入过程有关的参数，这些参数都在 SIB2-NB 中广播，告诉 UE 如何成功、正确地发送随机接入前导（MSG1）及如何正确地接收随机接入响应（MSG2-RAR）和发送 MSG3 等。详细参数介绍参见 4.6.3 小节。

1．基于竞争的 NB-IoT 随机接入步骤

UE 在 NB-IoT 网络发起的基于竞争的随机接入过程基本上同 LTE 一样，如图 6-18 所示。

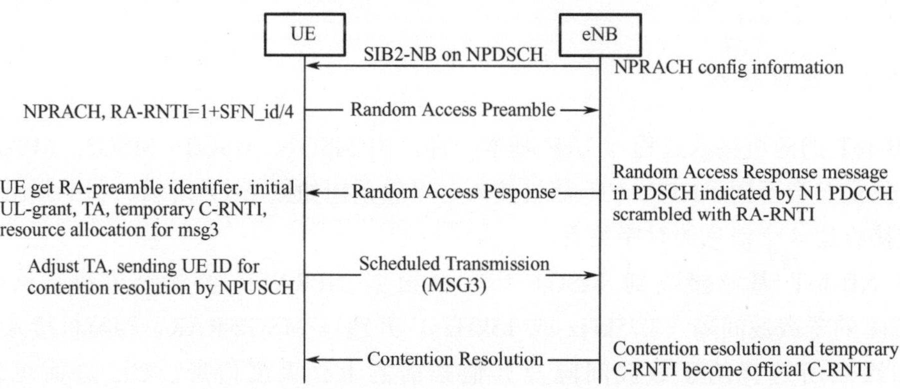

图 6-18　基于竞争的随机接入过程

步骤一：UE 发送 MSG1-前导（Preamble）

当 UE 要发送上行数据时，UE 会先发送随机接入前导给 eNodeB，以告诉 eNodeB 有一个随机接入请求，前导也称为 MSG1，使得 eNodeB 能估计其与 UE 之间的传输时延，并以此校准上行链路定时（Uplink Timing）。

UE 要成功发送 Preamble，需要确定如下信息：

- 选择前导索引（Preamble Index）；
- 选择用于发送前导（Preamble）的 NPRACH 资源；
- 确定对应的 RA-RNTI；
- 确定目标接收功率 PREAMBLE_RECEIVED_TARGET_POWER。

下面详细介绍 UE 是如何确定这些信息的。

（1）选择 Preamble ID。

与基于非竞争的随机接入中的 Preamble ID 由 eNodeB 指定不同，基于竞争的随机接入，其 Preamble ID 由 UE 从 48 个可用的子载波中随机选择一个，也就是说 Preamble ID 就是所选择的子载波索引。

基于非竞争的 Preamble ID 由 eNodeB 通过 NPDCCH order 直接告诉 UE，而无需

UE 自己随机选择，因为随机选择可能会导致竞争，即多个 UE 可能碰巧选择相同的子载波和相同的 NPRACH 发送时间。不过 NPRACH 发送时间仍然需要由 UE 自己选择决定。

（2）决定 NPRACH 资源。

这里所说的 NPRACH 资源是指时域上的发送周期（起始无线帧）和起始时间（子帧），因为频域上的 NPRACH 都是固定的 48 个子载波，即 1 个 PRB。

每个小区配置的 NPRACH 发送周期和开始时间分别由 SIB2-NB 中的 NPRACH-Periodicity-r13 和 NPRACH-StartTime-r13 参数指定。

发送前导 Preamble 的格式（Format）同样由 SIB2-NB 中广播的参数 NPRACH-CP-Length-r13 指定。

（3）确定对应的 RA-RNTI。

UE 根据发送前导的 NPRACH 起始无线帧号（SFN）计算出 RA-RNTI 的值。

$$\text{RA-RNTI}=1+\text{SFN}/4$$

UE 发送了 Preamble 之后，会在 RAR 时间窗内根据这个 RA-RNTI 值来监听对应的 NPDCCH。

（4）决定目标接收功率。

该值由下面公式计算得到。

PreambleInitialReceivedTargetPower + DELTA_PREAMBLE + (PREAMBLE_TRANSMISSION_COUNTER – 1) × PowerRampingStep

其中，PreambleInitialReceivedTargetPower 和 PowerRampingStep 的值同样由 SIB2-NB 广播给小区内的所有 UE。

步骤二：UE 接收 MSG2-RAR（Random Access Response）

UE 发送了 Preamble 之后，会在 RAR 时间窗（RA Response Window）内使用上面计算出的 RA-RNTI 值来监听 NPDCCH，获取 MSG2 对应的调度信息 DCI，进而解调 NPDSCH，获取 RAR，即 MSG3 对应的调度信息 DCI。如果多个 UE 碰巧都选用相同的时频资源发送 Preamble，则同一个 RA-RNTI 对应 PDSCH MAC PDU 可能复用多个 UE 的随机接入响应（RARs），MAC PDU 头域中的多个子头域包含每个 UE 对应的 RAPID（6bit），即 UE 选择发送的 Preamble Index，其中还可能包含一个特别的子头域，即回退指示（Backoff Indicator，BI），如图 6-19 所示。

如果在此 RAR 时间窗内没有接收到 eNodeB 回复的 RAR，或接收到的 RAR 中没有一个 RAPID 值与自己发送的 Preamble Index 值相同，则认为此次随机接入过程失败。如果接入过程失败，且未达到最大的随机接入尝试次数 PreambleTransMax，则 UE 将在上次发射功率的基础上提升功率（+PowerRampingStep）来发送下次 Preamble，以提高随机接入的成功率。

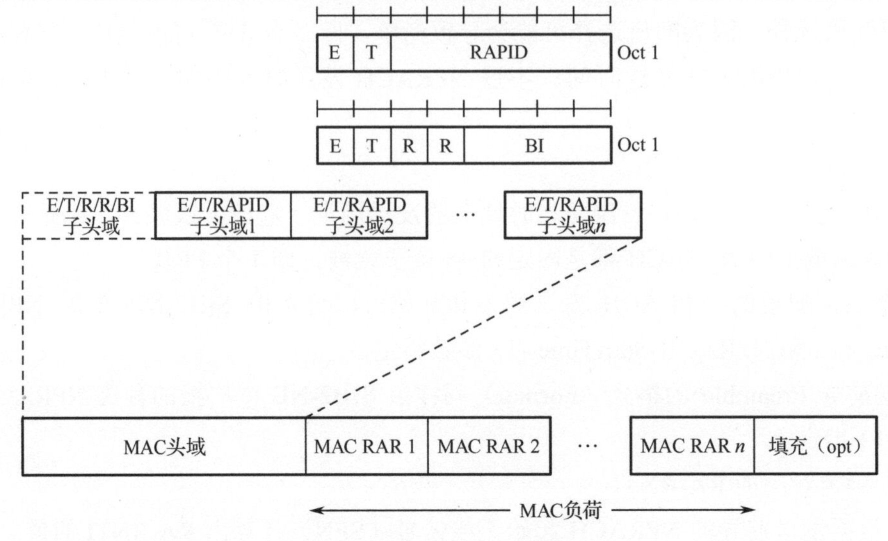

图 6-19　MAC RAR 头域指示

此时，UE 需要等待一段时间后再发送下次 Preamble。等待的时间为 UE 在 0 至回退指示（Back Indication，BI）索引值内随机选取一个索引值，再查表获得实际等待时间。BI 的取值从侧面反映了小区的负载情况，如果接入的 UE 多，该值可以设置得大些；如果接入的 UE 少，则该值就可以设置得小些。

另外，LTE BI 索引对应的最大值是 960ms，这个最大值对具备延时忍让的不同覆盖情况下的大量终端同时发起接入，并且接入前导持续时间最大能达到 10s 级别，要想避免 NB-IoT 网络瞬时接入拥塞显然不够，因此 NB-IoT 对 BI 的取值范围进行了扩展，最大能达到 500 多秒，这样才可能最大化离散大量终端，避免接入拥塞。

RAR 时间窗起始于发送 Preamble 的子帧（如果 Preamble 在时域上跨多个子帧，则以最后一个子帧计算）+4 或+41，并持续 ra-Response WindowSize 个子帧时间，如图 6-17 所示。随机接入响应消息接收窗口的长度由参数 ra-Response WindowSize 值决定，该值通过 SIB2-NB 广播给终端。

每个 RAR 包含如下信息：

- 上行传输定时提前量（Time Advance）；
- 为发送 MSG3 分配的上行资源授权信息（UL Grant Info），包括 MSG3 调度时延 k_0 值和所分配的子载波位置索引及个数，以及子载波间隔等；
- 临时 C-RNTI。

如果多个 UE 同时选择同一个 NPRACH 时频资源（相同 RA-RNTI 值）和同一个 Preamble，从而导致冲突出现，因为使用相同的 RA-RNTI 值和 Preamble，因此不能确定该 RAR 是对哪个 UE 的响应，这时需要一个冲突解决机制来解决这个问题。冲突的存在也是 RAR 不使用 HARQ 的原因之一。

步骤三：UE 发送 MSG3

如果 UE 在子帧 n 成功地接收了自己的 RAR，则它会在收到 RAR 之后再过 k_0 个子帧在 NPUSCH Format1 上发送 MSG3，采用 HARQ 方式，MSG3 调度时延 k_0 动态可配（具体参见表 7-7）。

与随机接入的触发事件对应起来，MSG3 可能携带的上层信息如下。

- 如果是初次接入（Initial Access），MSG3 为在 CCCH 上传输的 RRC Connection Request，且至少需要携带 NAS UE 标志信息（S-TMSI 或 IMSI）。
- 如果是 RRC 连接重建（RRC Connection Re-establishment），MSG3 为 CCCH 上传输的 RRC Connection Re-establishment Request，且不携带任何 NAS 信息。
- 对于其他触发事件，则至少需要携带 C-RNTI。

步骤四：UE 接收 MSG4-冲突解决（Contention Resolution）

UE 发送完 MSG3 后，会使用在 MSG3 中携带的唯一标志信息来监听解调 NPDCCH，成功后再解调相应的 NPDSCH 以获取 MSG4 内容。

在步骤三中已经介绍过，UE 会在 MSG3 携带自己唯一的标志：临时 C-RNTI 或来自核心网的 UE 标志（S-TMSI 或一个随机数）。eNB 在冲突解决机制中，会在 MSG4 中携带该唯一标志以指定胜出的 UE，而其他没有在冲突解决中胜出的 UE 将重新发起随机接入。通常 MSG4 会包含如下上层来的消息。

- RRCConnectionSetup；
- RRCConnectionReconfiguration。

2. 基于非竞争的 NB-IoT 随机接入过程

基于非竞争的随机接入过程同基于竞争的随机接入过程的一个重要差别就是前者要发送的前导 ID，即子载波由基站通过 NPDCCH 指令告诉 UE，而不需要 UE 自己随机选择，之后的步骤两者相同，包括随机接入冲突解决步骤、方法，这里就不再赘述了，如图 6-20 所示。

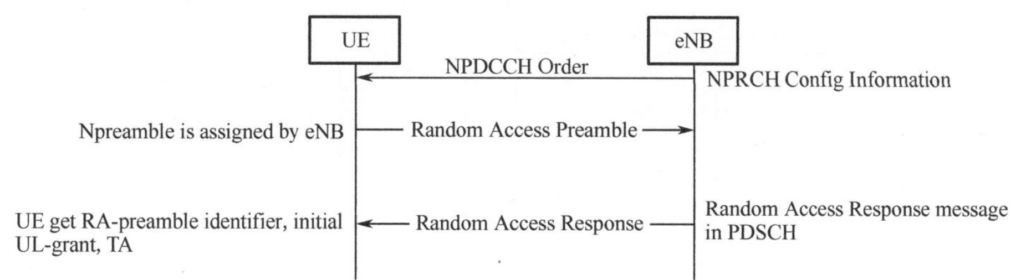

图 6-20　基于非竞争的随机接入过程

不过，这里需要特别指出的是，目前 R13 版本的 NB-IoT 还不支持基于非竞争的随机接入过程，因为还没有专门定义一个参数来保留哪部分子载波作为非竞争随机接入过程中由 NPDCCH Order 指定给 UE 发起接入使用，48 个子载波全部划给基于竞争的随机接入过程，由 UE 随机选择。

6.5　NB-IoT 附着过程

终端在 NB-IoT 网络中的附着过程基本与传统 LTE 网络的附着过程相似。NB-IoT 网络终端附着过程也分为以下几大部分。

（1）RRC 连接建立过程。

（2）鉴权过程（Authentication Procedure）。

（3）NAS 层安全模式过程。

（4）PDN 连接建立过程（可选）。

（5）默认 EPS 承载 S1-U 或 S11-U/S5-U 激活过程。

与 LTE 附着过程不同的地方有以下几个。

（1）如果只支持控制面功能优化数据传输模式，则没有 DRB 建立过程，即没有 RRC 连接重配置过程（RRC Connection Reconfiguration），如图 6-21 所示。

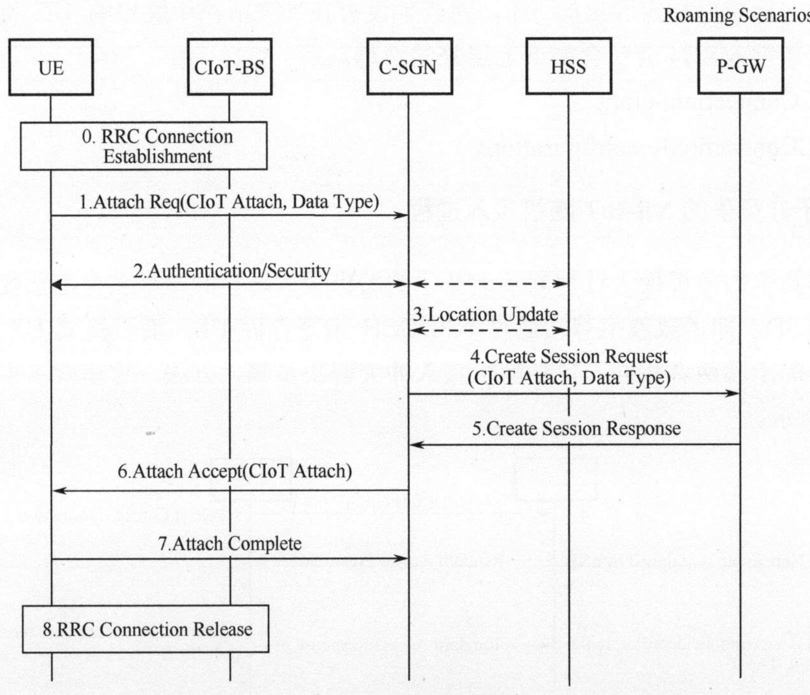

图 6-21　控制面功能优化数据传输模式下的附着过程

（2）如果支持用户面功能优化数据传输模式，则多出一个 DRB 建立过程，即多一个 RRC 连接重配置过程（RRC Connection Reconfiguration），这样就同 LTE 网络的附着过程完全一样，如图 6-22 所示（限于篇幅，本图没有画出 UE 能力查寻过程消息，以及 RRC 层安全模式过程消息）。

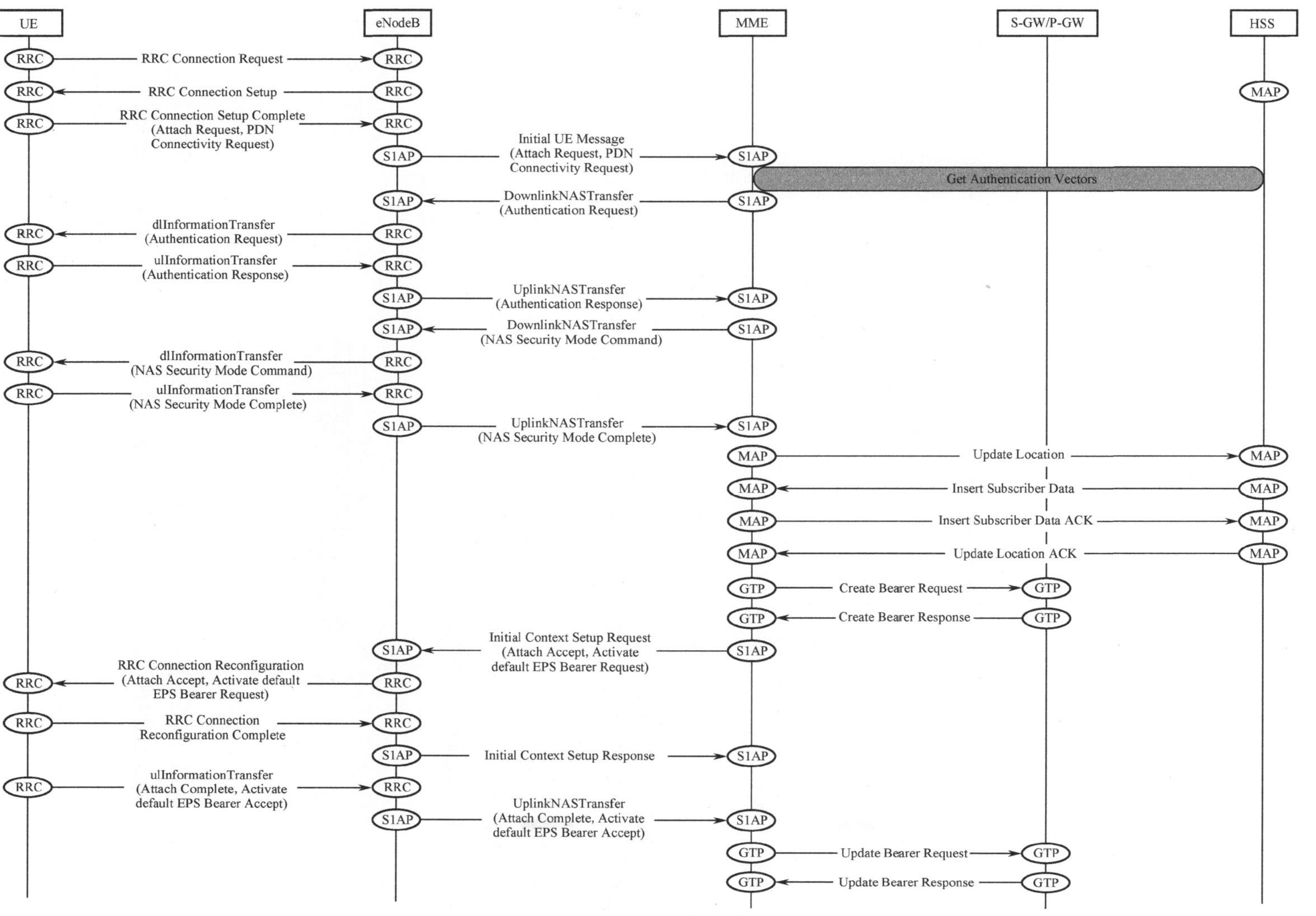

图6-22　用户面功能优化数据传输模式下的附着过程

在附着请求（Attach Request）消息中，终端会指示数据类型（Data Type），有下面 3 种情形。

（1）如果 Data Type=IP，则 NB-IoT 核心网（P-GW）就会给该终端分配 IP 地址，并向 P-GW 发送会话建立过程（Create Session Procedure）和 PDN 连接建立过程。

（2）如果 Data Type=Non-IP，则 NB-IoT 核心网（P-GW）就不会给该终端分配 IP 地址，但是会建立 PDN 连接，同时还会建立去往 SCEF 的路由信息。

（3）如果 Data Type=SMS Only，那么 NB-IoT 核心网（P-GW）就不会触发会话建立过程和 PDN 连接建立过程，但会建立去往 SMS-Center 的路由信息。

NB-IoT 也同样支持 TAU 更新过程，包括周期性 TAU 和小区重选触发的 TAU，由于 NB-IoT 终端的低移动性和节省功耗要求，NB-IoT 的 TAU 更新周期可以设置得非常大，这里就不再画图介绍 TAU 更新过程了，读者可以参考相关 LTE 书籍或 3GPP 协议。

6.6 NB-IoT 多载波配置

6.6.1 NB-IoT 载波类型

基于多载波配置，基站可以在一个小区里同时提供多个载波服务，不过仅对带内部署模式（In-band mode）有效。因此，NB-IoT 的载波可以分为以下两类：

- 提供 NPSS、NSSS 与承载 NPBCH 和系统信息的载波称为锚定载波（Anchor Carrier）或锚定物理资源块（Anchor PRB）。
- 其余配置的载波称为非锚定载波（Non-anchor Carrier），或非锚定物理资源块（Non-anchor PRB），也称为辅助物理资源块（Secondary PRB）。

NB-IoT 多载波配置示意图如图 6-23 所示。

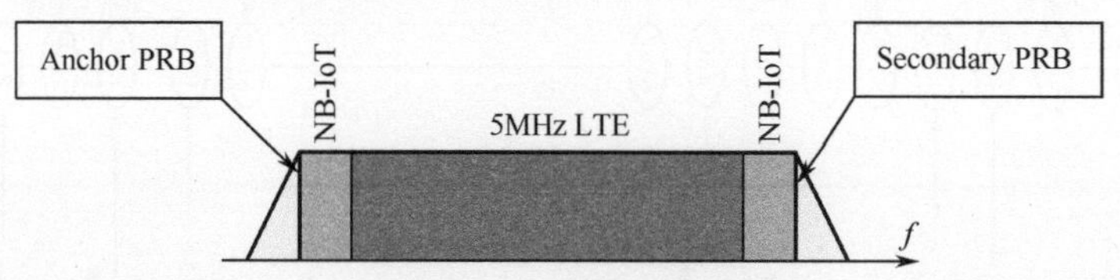

图 6-23　NB-IoT 多载波配置示意图

当提供非锚定载波（Non-anchor Carrier）时，UE 在此载波上接收所有数据，包括 NPDCCH/NPDSCH/NPUSCH，但同步、广播和寻呼等消息只能在 Anchor Carrier 上接收。

NB-IoT 终端一律需要在锚定载波（Anchor Carrier）上面发起随机接入过程（Random Access），基站会在随机接入过程中传送 Non-anchor Carrier 调度信息，以将终端卸载至 Non-anchor Carrier 上进行后续数据传输，避免 Anchor Carrier 的无线资源拥塞。

另外，单个 NB-IoT 终端同一时间只能在一个载波上传送数据，不允许同时在 Anchor Carrier 和 Non-anchor Carrier 上传送数据。

与传统 LTE 不同，NPDCCH 也不支持跨载波调度资源（Cross-carrier Scheduling），即 NDPCCH 必须跟 NPUSCH 和 NPDSCH 配置在同一个载波上。

基站可以在任何时候如在 RRC 连接建立、重配、恢复、重建立等信令中通知 UE 从非锚定载波接入进行数据传输。UE 对于以上信令的反馈都在非锚定载波进行发送。这表明非锚定载波的接入可能分别发生在初始连接建立、小区间切换过程，RRC 连接恢复过程，以及 RRC 连接重建立过程中。

6.6.2 Anchor PRB 配置

锚定载波（Anchor PRB）主要针对 In-band 部署模式。锚定载波配置位置图如图 6-24 所示，其必须具备下述特点：

- 不管系统带宽对应的 PRB 个数是奇数还是偶数，以 DC carrier 为中心的 6 个 PRB 是保留的（用于 LTE 的 PBCH/PSS/NSS），不用于 NB-IoT；
- LTE 系统带宽为奇数个 PRB，采用 7.5kHz 的 offset，以 DC carrier 为基准 n，取 $n-5$ 和 $n+5$ 的 PRB 为 anchor PRB；
- LTE 系统带宽为偶数个 PRB，采用 2.5kHz 的 offset，以 DC carrier 为中心，左右相邻 PRB 为基准 n，取 $n-5$ 和 $n+5$ 的 PRB 为 Anchor PRB。

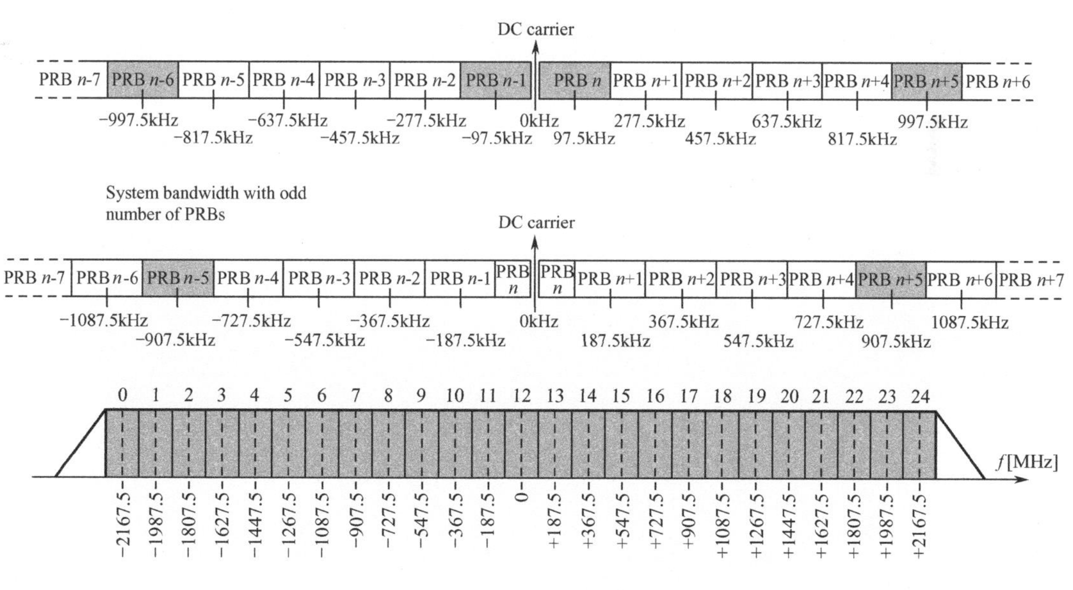

图 6-24　锚定载波配置位置图

表 6-6 详细列出了在不同 LTE 小区带宽情况下所有可能配置成 Anchor PRB 的索引值，其他没有出现在本表中的值不能作为 Anchor PRB 的索引值。

表 6-6 不同 LTE 小区带宽情况下 Anchor PRB 配置索引表

LTE 小区带宽	1.4MHz	3MHz	5MHz	10MHz	15MHz	20MHz
LTE 小区 PRB 总数	6	15	25	50	75	100
Anchor PRB 索引值（2.5kHz 偏移）	N/A	N/A	N/A	4，9，14，19，30，35，40，45	N/A	4，9，14，19，24，29，34，39，44，55，60，65，70，75，80，85，90，95
Anchor PRB 索引值（7.5kHz 偏移）	—	2，12	2，7，17，22	—	2，7，12，17，22，27，32，42，47，52，57，62，72	—

本节所说的 Anchor PRB 只对下行信道有效，对上行信道不适用，上行对 PRB 位置是没有限制的，In-band 模式下，可以在 LTE 频带范围内任意选择。

上行没有对 NB-IoT 所使用的 PRB 位置进行约束，主要是为了尽可能选到频带边缘，且位于边缘和 legacy PUCCH 之间，这样会降低对 LTE 峰值吞吐量的影响。

第 7 章　NB-IoT 数据传输

本章主要介绍 NB-IoT 的数据传输过程，包括数据传输模式和上下行数据调度步骤等。

7.1　NB-IoT 数据传输概述

NB-IoT 定义了两种数据传输模式：

- 控制面功能优化数据传输模式（Control Plane CIoT EPS Optimization）。本数据传输模式对 NB-IoT 终端和网络都是强制必须支持的。
- 用户面功能优化数据传输模式（User Plane CIoT EPS Optimization）。本数据传输模式对 NB-IoT 终端和网络是可选支持的。

为了适应物联网数据传输的特点，NB-IoT 规范引入 User Plane CIoT EPS Optimization 技术，并进行了优化，如引入 RRC 连接暂停和恢复过程等。图 7-1 所示的 NB-IoT 网络架构分别画出了两种优化方案所对应的数据传输路径，虚线表示控制面功能优化数据传输模式用户数据传输路径，实线表示用户面功能优化数据传输模式用户数据传输路径。

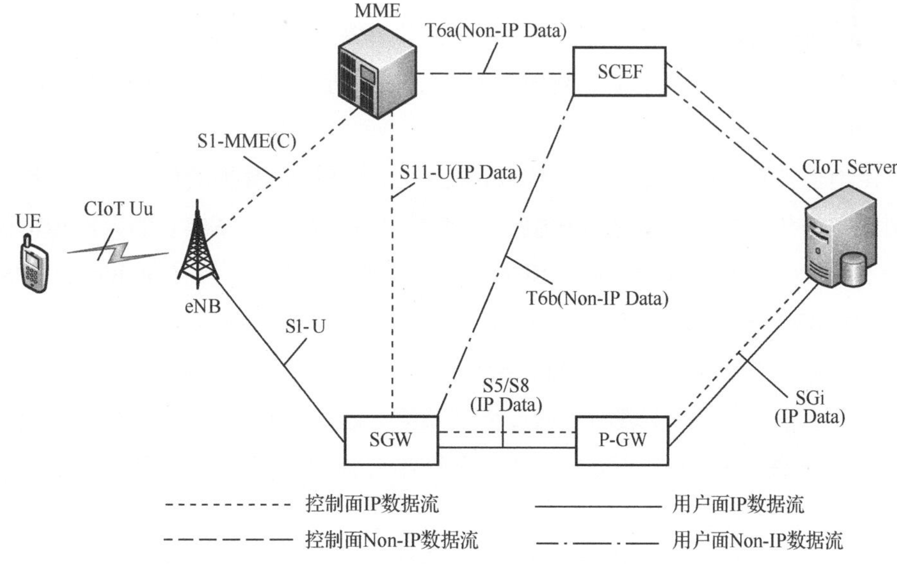

图 7-1　NB-IoT 用户数据传输路径

具体来说，有以下 5 种物联网数据传输模式或路径。

（1）控制面优化传输模式 1：物联网用户数据封装在 NAS PDU 里，在终端（UE）和基站（eNodeB）之间通过 RRC 消息，即 DL/ULInformationTransfer-r13 进行传输，在 eNodeB 和 MME 之间通过 S1-MME 接口 S1-AP 消息，即 DL/ULNASDirectTransfer 进行传输。MME 直接把物联网数据提取出来，通过 T6a 接口（Diameter 协议）发给业务能力扩展功能模块（Service Capability Extended Function，SCEF），最后 SCEF 把物联网数据转发给第三方应用服务器。这种数据传输模式只适用于 Non-IP 数据传输。

（2）控制面优化传输模式 2：物联网数据在 UE 和 MME 之间的传输同模式 1，但在 MME 和 S-GW 之间新增了 S11-U 接口（GTP-U 协议），MME 接收到物联网数据后会通过 S11-U 接口转发给 S-GW。这种传输模式同时支持 Non-IP 和 IP 数据传输。针对 Non-IP 数据，其到了 S-GW 需要利用隧道技术进行封装并通过 T6b 接口转发给 SCEF 再到第三方应用服务器。针对 IP 数据就简单多了，同传统 LTE 网络一样直接转发给 P-GW 就可以，P-GW 最后通过 SGi 接口转发给第三方应用服务器。这种数据传输模式适用于 IP 数据传输。

（3）用户面优化传输模式 1：这种数据传输模式同传统 LTE 网络数据传输模式一样，物联网数据通过 S1-U 接口到达 S-GW，S-GW 把用户数据提取出来，利用隧道技术进行封装并通过 T6b 接口转发给 SCEF 再到第三方应用服务器。这种数据传输模式只适用于 Non-IP 数据传输。

（4）用户面优化传输模式 2：这种数据传输模式同传统 LTE 网络数据传输模式完全一样，物联网数据通过 S1-U 接口到达 S-GW，然后通过 S5/S8 接口到达 P-GW，最后 P-GW 通过 SGi 接口转发给第三方应用服务器。这种数据传输模式适用于 IP 数据传输。

（5）短消息数据传输模式：属于物联网数据，是 SMS 数据的传输模式，也是一种传统控制面数据传输模式，只适合传输少量数据。另外，基于 SMS 的数据传输模式又可以细分为两种：一是 SMS over SGs，该模式需要 UE 支持 Combined EPS/IMSI Attach，同时 MME 配置支持同 MSC 的 SGs 接口，也就是 SMS 来自电路域；二是 SMS over SGd，该模式需要 MME 升级配置直接支持同 SMS-Center 的 SGd 接口。

NB-IoT 到底采用哪种物联网数据传输模式呢？这需要在 UE 和 MME 之间进行协商确定。一般来说，对于上行数据传输，由终端选择决定方案；对于数据接收方，由 MME 参考终端选择决定方案。

此外，基站也可以在数据传输过程中进行用户面和控制面传输切换。

终端需要通过 UECapabilityInformation 消息、RRCConnectionRequest 或 RRCConnectionSetupComplete 消息向网络表明自己的物联网数据传输能力和首选的数据传输模式。为此 NB-IoT 规范引入新的字段 IE-Preferred Network Behaviour。

该 IE 的不同值分别对应下面 9 种数据传输方式：

（1）是否支持控制面优化传输模式？

（2）是否支持用户面优化传输模式？

（3）首选控制面优化传输模式。

（4）首选用户面优化传输模式。

（5）是否支持 S11-U 控制面优化传输模式？

（6）是否支持 T6a 控制面优化传输模式？

（7）是否支持不带 PDN 连接建立的 UE 附着过程？

（8）是否支持不带联合附着的 SMS 数据传输模式？

（9）是否支持 IP 头压缩的控制面优化数据传输模式？

同样地，MME 也需要向终端表明 NB-IoT 网络对物联网的数据传输模式及支持能力。MME 对物联网的支持能力在 IE-TAI LIST 配置，并由 Attach Accept 或 TAU Accept 消息携带发送给终端。

在 UE 和 MME 进行物联网数据传输能力及方式协商时，NB-IoT 规范定义了如下几个限制：

（1）如果 UE 和 MME 支持用户面优化数据传输，那么必须支持传统的 S1-U 接口数据，同时支持 RRC 连接暂停和恢复过程；

（2）支持 NB-IoT 的终端，必须支持控制面优化数据传输模式；

（3）对于只支持控制面优化数据传输模式的终端，MME 必须下发配置支持控制面优化数据传输。

针对控制面优化数据传输，物联网数据到达 MME 之后，如何决定是发给 SCEF 还是通过 S11-U 发给 S-GW？这是由用户的签约信息决定的，如只支持 IP 数据或非 Non-IP 数据传输。

7.2　SMS 数据传输

本节详细介绍基于 SMS 的数据传输过程。这里不再区分 SMS 的路径来源，即不再区分 SMS over SGs 或 SMS over SGd 两种路径，只要 SMS 最终到达 MME（C-SGN）就可以。另外，每个 SMS 携带的用户数据包最大不能超过 160 字节。

7.2.1　附着过程中单次 SMS 数据包传输

附着过程中单次 MO SMS 数据包传输过程（Attach with MO SMS PDU）如图 7-2 所示。

如果 UE 高层有始发短消息数据包（MO SMS PDU）等待发送，则 UE NAS 层就会触发 RRC 连接建立过程来发送附着请求（Attach Request）。详细步骤如下。

（1）UE 发起附着请求，并将附着类型设置为“MO SMS Only”，以此来通知网络侧本次附着过程不需要建立 PDN 连接，也不需要建立 S1-U 和 S5 承载（Bearer）。同时该附着请求消息中还会携带一个终端始发短消息数据包（MO SMS PDU）等待发送。

（2）MME（C-SGN）识别出该特殊附着请求，随后发起鉴权过程。

（3）鉴权过程成功后，MME（C-SGN）向 HSS 发起位置区更新请求，位置区更新原因设置为“MO SMS Only”。

（4）HSS 查询终端用户是否签约可以发送 SMS 数据包，如果该终端被授权可以发送 MO SMS 类型数据包，则向 MME（C-SGN）发送位置区更新应答消息，该消息会包含短消息中心地址（SMS-Center Address）信息。

（5）网络侧（C-SGN or MME）发起 UE Context 建立过程，但不会触发 RRC 连接重配置过程（RRC Connection Reconfiguration Procedure）来建立 DRB。

（6）网络侧（C-SGN or MME）发送附着拒绝消息（Attach Reject）给 UE，同时该消息还会附带指示告诉 UE 该始发短消息数据包（MO SMS PDU）已经收到。

（7）网络侧（C-SGN or MME）通过步骤（4）得到短消息中心地址，然后转发该 MO SMS PDU 到对应的第三方 NB-IoT 应用服务器。

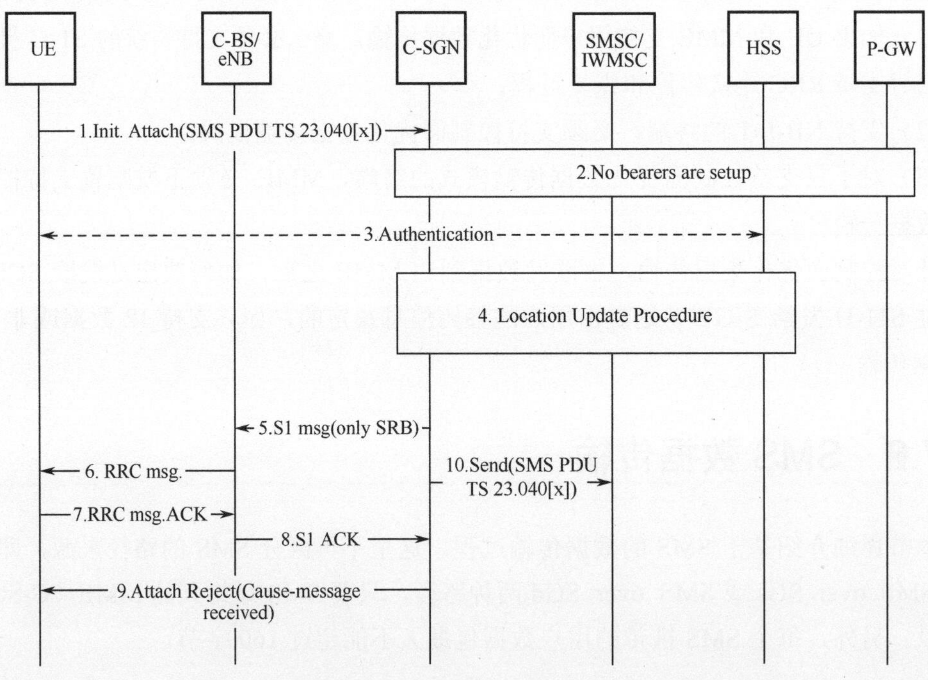

图 7-2　附着过程中单次 MO SMS 数据包传输过程

附着过程中单次 MT SMS 数据包传输过程（Attach with MT SMS PDU）如图 7-3 所示。

附着过程中单次 MT SMS 数据包传输步骤与单次 MO SMS 数据包传输步骤基本相同，只是附着过程由寻呼请求（Paging）触发（图 7-3 没有画出来）。

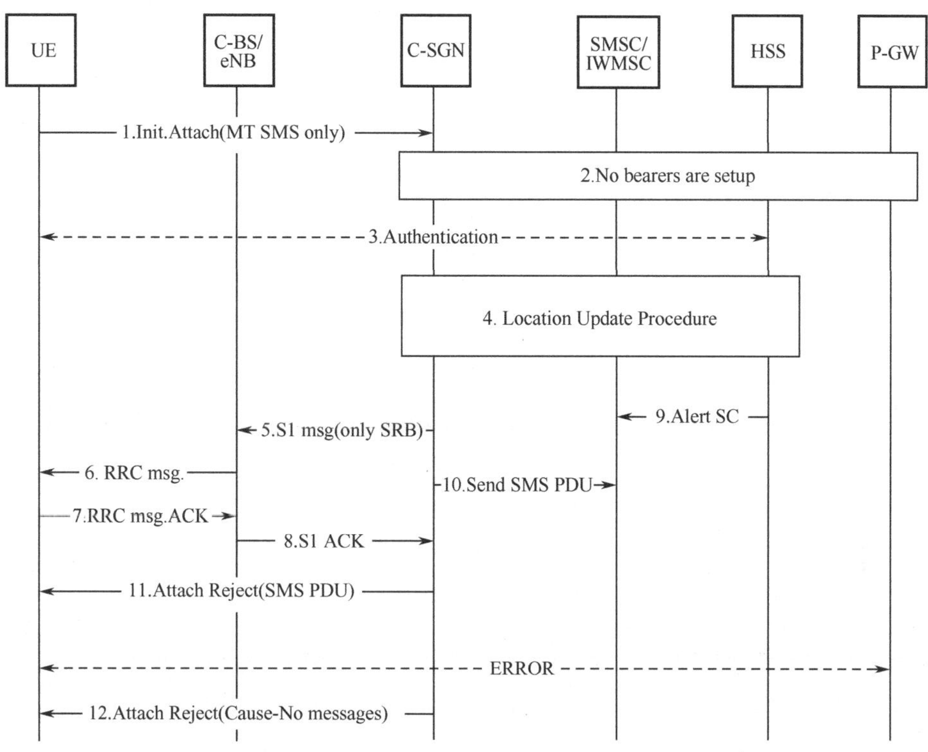

图 7-3　附着过程中单次 MT SMS 数据包传输过程

7.2.2　附着过程完成后多次 SMS 数据包传输

附着过程完成后多次 MT SMS 数据包传输过程（Attach with more MT SMS PDU）如图 7-4 所示。

UE 接收到寻呼消息并触发 RRC 连接建立过程。具体步骤如下：

（1）UE 发送附着请求（Attach Request），并且将附着类型设置为“MT SMS Only”，以此来通知网络侧本次附着过程不需要建立 PDN 连接，也不需要建立 S1-U 和 S5 承载（Bearer）。同时该附着请求中还包含一个终止于终端的短消息数据包（MT SMS PDU）等待接收。当然，以后 UE 可以根据需要随时再发起 PDN 连接建立请求过程。

（2）MME（C-SGN）识别出该特殊附着请求，随后发起鉴权过程。

（3）鉴权过程完成后，MME（C-SGN）向 HSS 发起位置区更新请求，位置区更新原因设置为“MT SMS Only”。

（4）HSS 查询终端用户是否签约可以接收 SMS 数据包，如果该终端被授权可以接收 MT SMS 类型数据包，则向 MME（C-SGN）发送位置区更新应答消息，同时在该位置区更新应答消息中通知网络侧（C-SGN 或 MME）共有 N 个 MT SMS PDU 等待从一个或多个短消息中心发送给 UE。

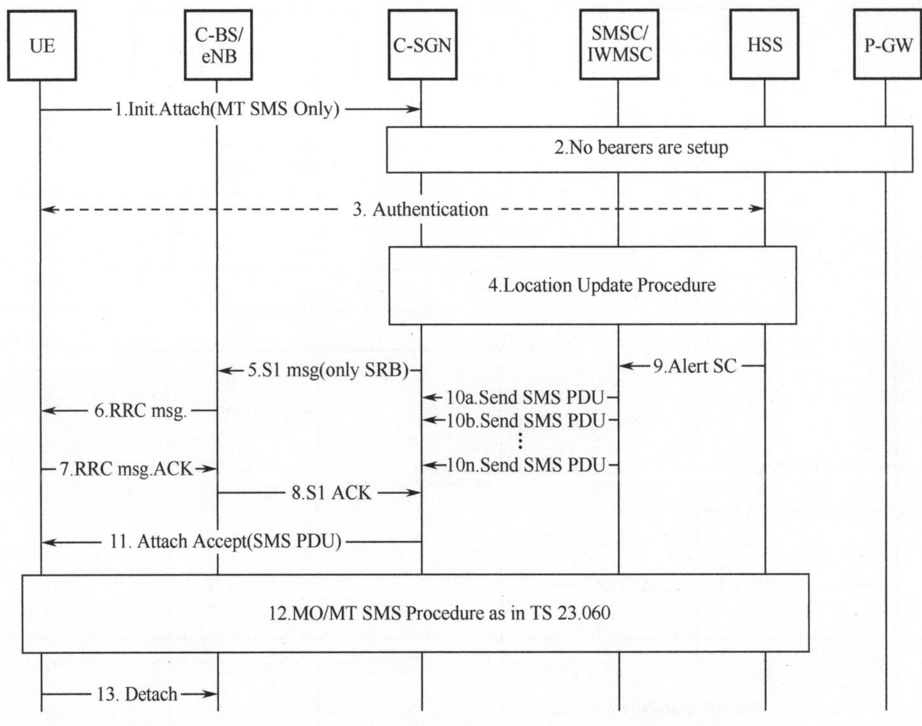

图 7-4　附着过程完成后多次 MT SMS 数据包传输过程

（5）网络侧（C-SGN 或 MME）发起 UE Context 建立过程，但不会触发 RRC 连接重配置过程（RRC Connection Reconfiguration Procedure）来建立 DRB。

（6）HSS 通知短消息中心（SMS-Center）UE 已经准备好接收 MT SMS PDU 了。

（7）短消息中心向 C-SGN 或 MME 依次发送 N 个 MT SMS PDU。

（8）C-SGN 或 MME 接收到从短消息中心转发过来的第 1 个 MT SMS PDU 后，就会向 UE 发送附着接受消息（Attach Accept），该附着接受消息包含第 1 个 MT SMS PDU，同时还包含一个指示，该指示告诉 UE 后面还有 N-1 个 MT SMS PDU 等待其接收。

（9）UE 可以根据正常 MO/MT SMS 收发流程（参见 TS 23.060）来发送更多的 SMS 数据包。

（10）当 UE 接收完全部 N 个 MT SMS PDU，并且没有 MO SMS PDU 等待发送后，会触发去附着请求（Detach Request）来结束本次多个 SMS 数据包的收发过程。

7.3　EPS 控制面数据传输

7.3.1　EPS 控制面数据传输概述

对于 Control Plane CIoT EPS Optimization，上行数据从 eNB（CIoT RAN）传送至

MME，在这里，传输路径分为两个分支：

- 通过 S11-U 接口和 S-GW 传送到 P-GW 再传送到应用服务器，其用于在控制面上传送 IP 数据包；
- 通过 T6a 接口和 SCEF（Service Capability Exposure Function）连接到应用服务器（CIoT Server），SCEF 是专门为 NB-IoT 而新引入的，其用于在控制面上传送非 IP 数据包，并为鉴权等网络服务提供了一个抽象的接口。

下行数据传输路径与上行数据传输路径一样，只是方向相反。

控制面功能优化数据传输模式不需要建立数据无线承载（DRB），数据包直接在信令无线承载（SRB1）上发送（Data over NAS，DoNAS）。因此，这一方案非常适合非频发的小数据包传送。

对于控制面功能优化数据传输模式，终端和基站间的数据交换在 RRC 上完成。

- 对于下行，数据包附着在 RRCConnectionSetup 消息中。
- 对于上行，数据包附着在 RRCConnectionSetupComplete 消息中。
- 如果数据量过大，则 RRC 不能完成全部传输，将使用 RRC DLInformationTransfer 和 RRC ULInformationTransfer 消息继续传输，如图 7-5 所示。

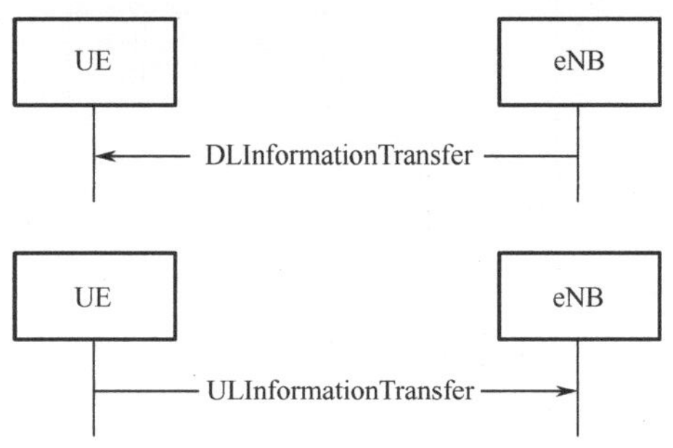

图 7-5　控制面优化空口大量数据传输过程

7.3.2　终端触发控制面数据传输过程

控制面功能优化数据传输模式 MO 数据传输过程如图 7-6 所示。下面是终端发起的上行数据传输步骤（MO Data over NAS）。

（1）当 NB-IoT 终端应用层有上行数据需要发送时，终端 NAS 层就会触发控制面业务请求消息（ControlPlaneServiceRequest）。

（2）如果终端当前处于 RRC 空闲状态，则终端 RRC 层就会通过触发 RRC 连接建立过程来发送该业务请求消息给基站及核心网（MME）。

（3）终端 NAS 层对上行用户数据进行加密并发送给终端 RRC 层，RRC 层将此加密后的用户数据以及 NAS 层信令消息（ControlPlaneServiceRequest）一起包含在 RRC ConnectionSetupComplete 消息中发送给基站。

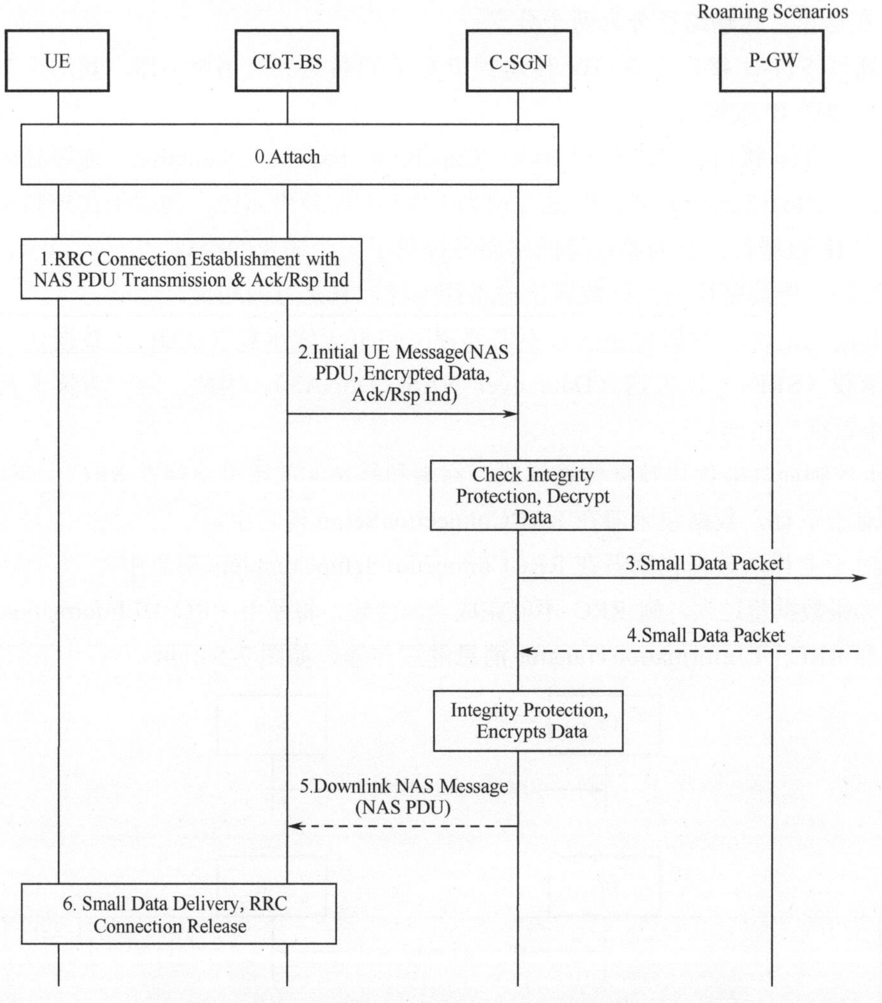

图 7-6　控制面功能优化数据传输模式 MO 数据传输过程

（4）基站向 MME 发送 S1AP InitialUEMessage 来触发 UE Context 上下文建立过程，包括 S1-AP 接口建立过程。

（5）如果 MME 此时还有接收到的下行用户数据需要发送给终端，那么 MME NAS 层就会对该下行用户数据进行加密。

（6）MME 将加密后的数据（可能需要分段）包含在 S1-AP DownlinkNASTransport 消息中通过 S1-MME(C)接口发送给基站。

（7）基站通过 RRC DLInformationTransfer 消息中的 DedicatedInfoNAS-r13 IE 将接收到的下行用户数据转发给终端。

（8）终端 RRC 层将接收到的下行用户数据提取出来转发给终端 NAS 层。

（9）终端 NAS 层将接收到的下行用户数据解密后发送给终端应用层处理。

（10）如果此时终端应用层还有更多上行数据等待发送，那么终端 NAS 层就会将上行用户数据进行加密并发送给终端 RRC 层。

（11）终端 RRC 层通过 RRC ULInformationTransfer 消息中的 DedicatedInfoNAS-r13 IE 将加密后的上行用户数据发送给基站。

（12）基站接收和提取到来自终端的上行数据后，会将该数据包含在 S1-AP UplinkNASTransport 消息中通过 S1-MME(C)接口转发给 MME。

（13）MME NAS 层解密、接收、提取来自基站的上行用户数据。

（14）MME 通过 S11-U 接口和 S-GW 将解密后的上行用户数据转发给 P-GW。

（15）P-GW 最后通过 SGi 接口将解密后的上行用户数据转发给相应的第三方应用平台。

7.3.3　寻呼触发控制面数据传输过程

控制面优化模式 MT 数据传输过程如图 7-7 所示。下面是寻呼触发的下行数据传输步骤（MT Data ovcr NAS）。

（1）NB-IoT 第三方应用平台有下行用户数据需要发送给终端，并且下行用户数据通过 P-GW、S-GW 和 S11-U 接口到达 C-SGN（MME）。

（2）MME 通过终端最后注册更新的跟踪区列表（TA List）对应的所有基站触发寻呼请求（Paging）。

（3）终端接收到该寻呼请求消息后，终端的 NAS 层就会触发控制面业务请求消息（Control Plane Service Request）。

（4）终端 RRC 层通过触发 RRC 连接建立过程来携带发送该业务请求消息给基站，具体由 RRC ConnectionSetupComplete 消息携带。

（5）基站通过向 MME 发送 S1AP InitialUEMessage 来触发 UE Context 上下文建立过程，包括 S1-AP 接口建立过程。

（6）MME NAS 层加密通过 S11-U 接口接收提取到的下行用户数据。

（7）MME 将加密后的下行用户数据包含在 S1-AP DownlinkNASTransport 消息中通过 S1-MME(C)接口发送给基站。

（8）基站通过 RRC DLInformationTransfer 消息中的 DedicatedInfoNAS-r13 IE 转发下行用户数据给终端。

（9）终端 RRC 层将接收到的下行用户数据提取出来转发给终端 NAS 层。

（10）终端 NAS 层将接收到的下行用户数据解密后发送给终端应用层处理。

（11）如果终端应用层还有上行用户数据需要发送，则终端 NAS 层就会将该上行用户数据进行加密并发送给终端 RRC 层。

（12）终端 RRC 层通过 RRC ULInformationTransfer 消息中的 DedicatedInfoNAS-r13 IE 将加密后的上行用户数据发送给基站。

（13）基站接收提取来自终端的上行用户数据后，会将该数据包含在 S1-AP UplinkNASTransport 消息中通过 S1-MME(C)接口转发给 MME。

（14）MME NAS 层解密、接收提取来自基站的上行用户数据。

（15）MME 通过 S11-U 接口和 S-GW 将解密后的上行用户数据转发给 P-GW。

（16）P-GW 最后将解密后的上行用户数据通过 SGi 接口转发给对应的第三方应用平台。

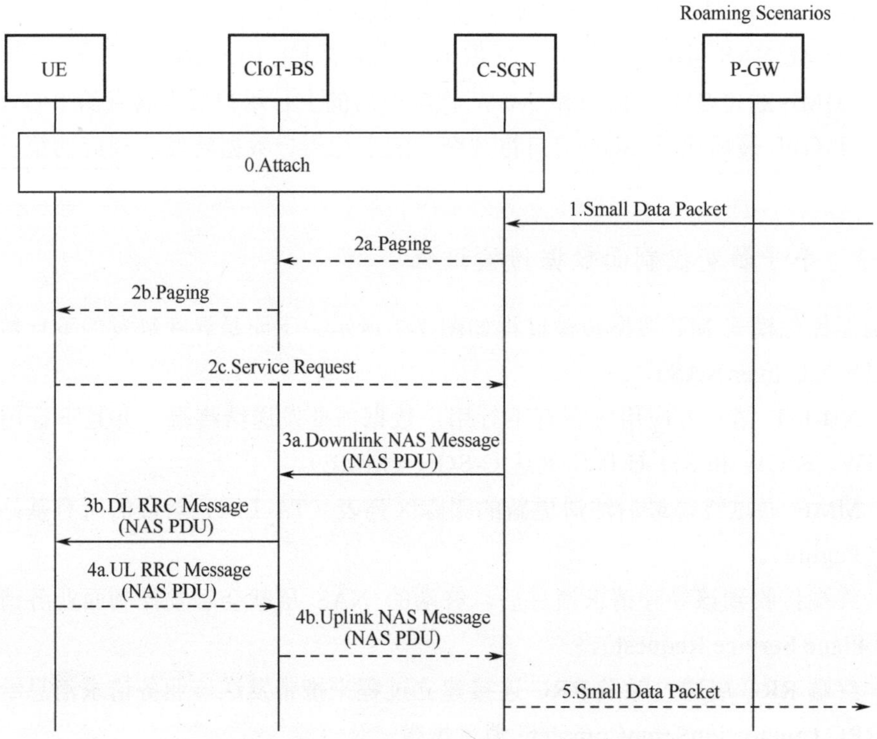

图 7-7　控制面优化模式 MT 数据传输过程

7.4　EPS 用户面数据传输

就用户面功能优化数据传输模式而言，物联网数据和传统 LTE 数据一样通过传统的用户面传输，为了降低物联网终端的复杂性，最多只可以同时配置两个 DRB。在 DRB 上发送数据，由 S-GW 传送到 P-GW 再到应用服务器。因此，这种方案在建立连接时会产生额外开销，不过它的优势是数据包序列传送更快。这一方案支持 IP 数据和非 IP 数据传送。

7.4.1　传统 LTE 用户面数据传输过程

传统 LTE 终端从连接态切换到空闲态时，eNB 和 UE 会释放接入层上下文。在重新发送数据时，需要重新建立 RRC 连接，重建 DRB，重新协商接入层和 NAS 层安全参数及算法、UE 上下文，以及发送业务请求消息等，这个过程会需要更多信令交互，复杂性加大。传统 LTE 用户面数据传输过程如图 7-8 所示。

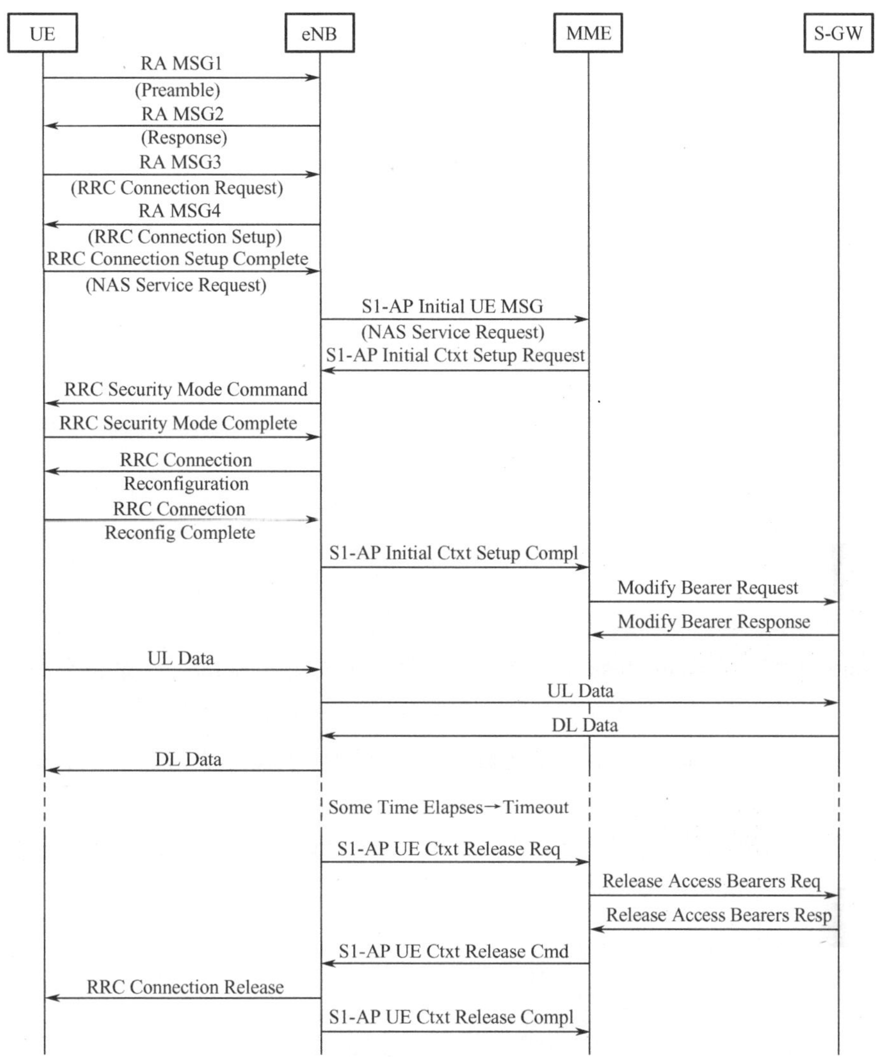

图 7-8　传统 LTE 用户面数据传输过程

7.4.2　EPS 用户面优化数据传输过程

NB-IoT 引入用户面数据传输优化功能后，不需要使用业务请求过程重新建立接入层上下文。该功能通过连接暂停过程（RRC Connection Suspend）和连接恢复过程（RRC Connection Resume）实现。

通过 RRC 连接暂停过程，当基站释放连接时，基站通过发送 RRCConnectionSuspend 消息让 NB-IoT 终端进入 Suspend 模式，该 RRCConnectionSuspend 消息带有一组 Resume ID，此时，终端进入 Suspend 模式并保留接入层上下文 AS Context，基站保留接入层上下文及承载相关 S1AP 信息，MME 保留承载相关 S1AP 信息，如图 7-9 所示。

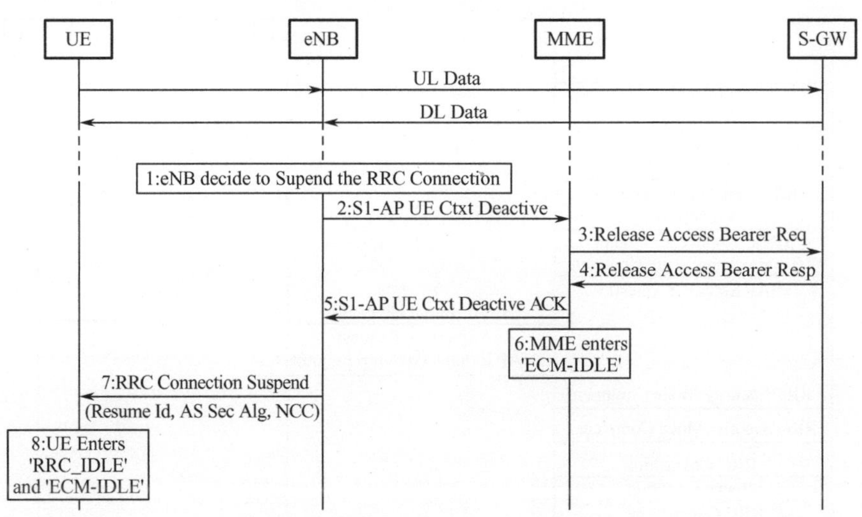

图 7-9　用户面功能优化之 RRC 连接暂停

通过连接恢复过程，当终端需要再次进行数据传输时，只需要在 RRC Connection ResumeRequest 消息中携带 Resume ID，基站即可通过此 Resume ID 来识别终端上下文等保存信息，终端无须触发业务请求过程（Service Request），利用已识别的存储信息即可快速建立激活 DRB 和 EPS 承载发送数据，从而减少了发送数据中信令的交互次数，降低了功耗，如图 7-10 所示。

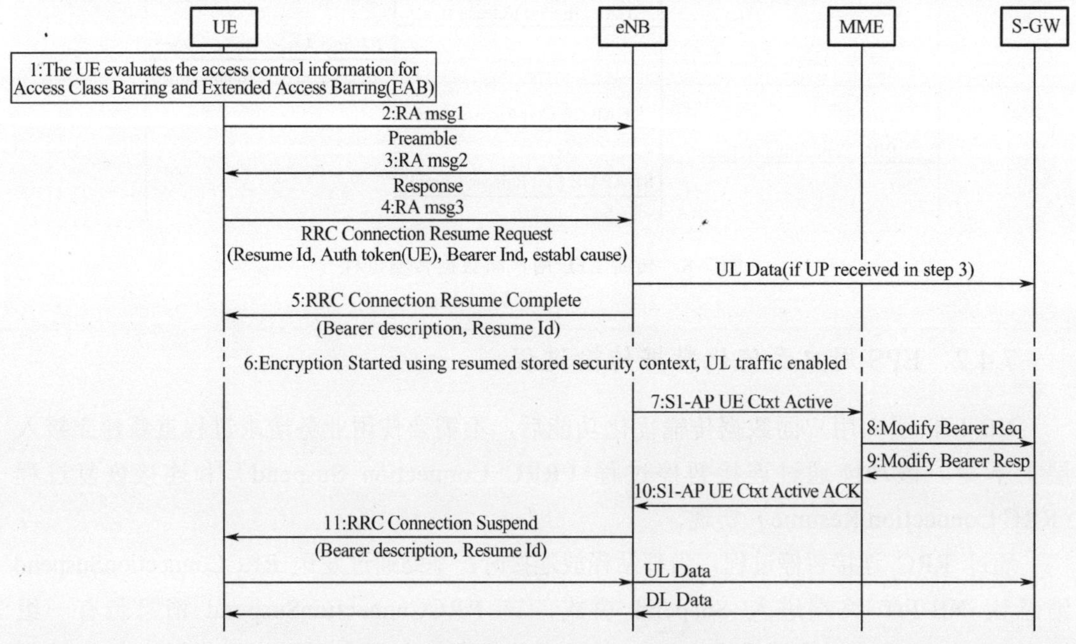

图 7-10　用户面功能优化之 RRC 连接恢复

简言之，在 RRC_Connected 至 RRC_IDLE 状态时，NB-IoT 终端会尽可能地保留

RRC_Connected 下所使用的无线资源分配和相关安全性配置，减少两种状态之间切换时所需的信令消息数量，以达到省电的目的。

7.4.3　EPS 用户面优化失败回落过程

如果 RRC 连接释放没有携带 Resume ID，或者 Resume 请求失败，比如，基站侧找不到该 Resume ID 所对应的 UE Context 上下文信息，通过 X2 接口从其他相邻基站也找不到，那么一切就要重来。也就是说，基站收到 RRCConnectionResumeRequest 消息后，不是发送 RRCConnectionResume 消息来恢复 RRC 连接，而是发送 RRCConnectionSetup 消息来重建 RRC 连接。

这样就与传统 LTE 数据传输过程一样了，需要重新分配 UE Context 和重新触发安全模式及 RRC 连接重配置，如图 7-11 至图 7-13 所示。

RRC 连接重新建立过程如图 7-11 所示。

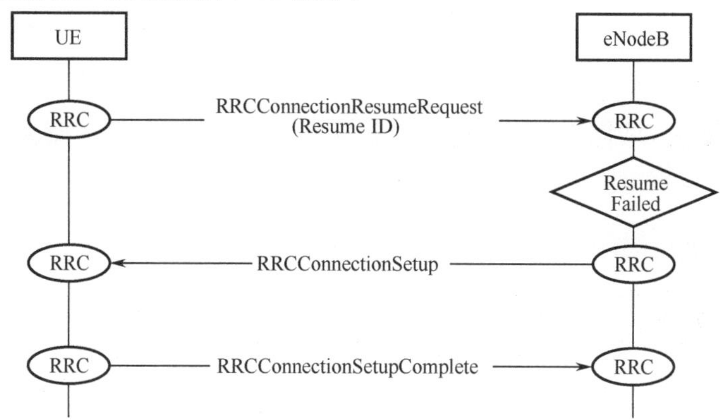

图 7-11　RRC 连接重新建立过程

当 RRC 连接建立完成后，重新激活安全模式协商密钥信息，如图 7-12 所示。

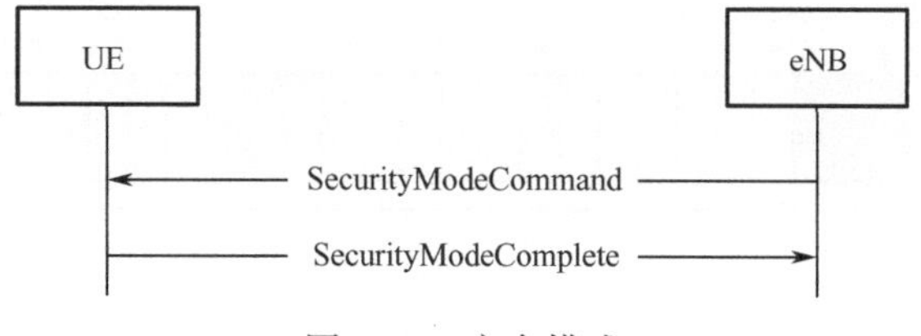

图 7-12　安全模式

当安全模式被激活后，进入 RRCConnectionReconfiguration 流程重新建立 DRB，如图 7-13 所示。

图 7-13　RRC 连接重配置过程

7.5 NB-IoT 数据调度过程

本节详细介绍 NB-IoT 上下行数据调度过程及详细步骤和注意事项，主要涉及 NPDCCH、NPDSCH 和 NPUSCH 三个物理信道的时频资源调度使用规则。

7.5.1 下行数据调度

与传统 LTE 数据调度不同的地方是，承载资源调度信息的 NPDCCH 和承载用户数据的 NPDSCH 不能在同一个子帧中出现，中间有一个时延，也就是调度时延（Scheduling Delay），这样可以大大降低终端解码的时延限制，降低终端设计成本。另外，调度时延在每次数据调度时是可以动态配置的（DCI N1 中携带调度时延索引值），但是必须满足以下几点要求：

- 一个 NPDCCH 的起始子帧必须晚于上一个 NPDCCH 发送结束后至少 4 ms；
- NPDSCH 的起始子帧必须晚于 NPDCCH 发送结束后至少 4 ms；
- 基站在决定 NPDSCH 子帧发送重复次数时，一定要考虑避免占用下一个 NPDCCH 搜索空间所对应的子帧资源。

1．下行数据调度时序

NB-IoT 下行数据调度时序关系图如图 7-14 所示。

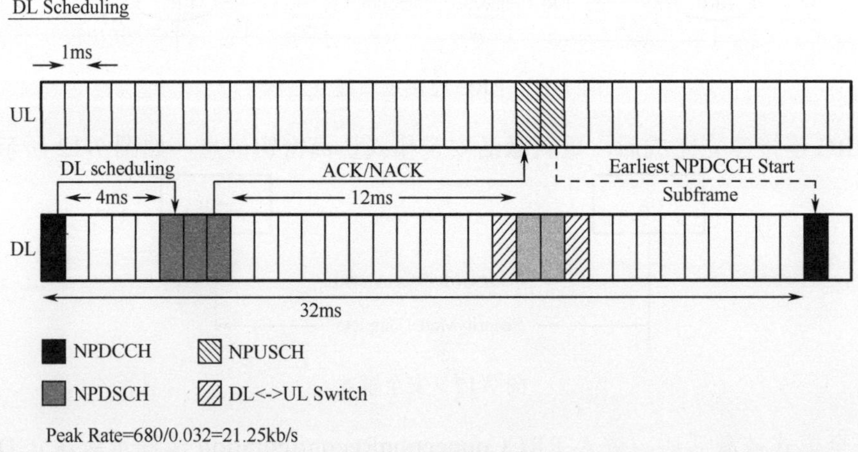

图 7-14　NB-IoT 下行数据调度时序关系图

由图 7-14 显示的调度时延配置可知，下行单用户最大数据传输速率为 21.25kb/s。

2．下行数据调度步骤

（1）如果 UE 预计有下行数据等待接收，那么其就会在自己特定的 NPDCCH 搜索空间上（USS）用自己的 C-RNTI 去解码 NPDCCH，即盲检 DCI Format N1。

（2）如果子帧 n 是检测到 NPDCCH DCI Format N1/N2 的最后一个子帧，那么 UE 会在第 $n+5+k_0$ 个下行子帧开始接收 NPDSCH。k_0 在 DCI Format N1/N2 里通过索引值 I_{Delay} 查表 7-1 获得，k_0 的取值范围为{0，4，8,⋯,1024}。

（3）对于承载寻呼消息的 NPDCCH DCI Format N2，k_0 固定设置为 0。

（4）UE 需要接收连续 N 个子帧的 NPDSCH，$N=N_{\text{Rep}} \cdot N_{\text{SF}}$，$N_{\text{Rep}}$ 和 N_{SF} 都在 DCI Format N1/N2 里通过索引值 I_{SF} 和 I_{Rep} 携带，UE 需要查表 7-2 和表 7-3 获得实际值。N_{Rep} 的取值范围是{1，2，4，8，⋯，1024，2048}，N_{SF} 的取值范围是{1，2，3，4，5，6，8，10}。

（5）如果 NPDSCH 携带的是 SIB1-NB，则重复次数 N_{Rep} 的取值范围是{4，8，16}，其配置索引值在 MIB-NB 中携带，并通过查表 7-4 获得实际 N_{Rep} 值。

（6）实际某次调度所分配的子帧个数 N_{SF}、重复次数 N_{Rep} 和 MCS 值由基站根据下行待发送的数据包大小、被调度的下行用户数和当前无线覆盖条件等动态决定，也就是所谓的下行链路自适应（LA）。

（7）NPDSCH 发送的下行数据所对应的传输块大小（TBS）和调制方式也是通过 DCI Format N1 中的 MCS 值（0～10）查表获得的。

（8）如果子帧 n 是 UE 接收 NPDSCH 的最后一个子帧，则 UE 需要从 $n+k_0-1$ 个子帧开始在 NPUSCH Format 2 上发送 ACK/NACK（能正确解调 NPUSCH Format1 就发送 ACK，否则就发送 NACK）。发送 ACK/NACK 的 NPUSCH Format2 一般只占用一个上行子载波（Single Tone），子载波位置及 k_0 值由相应的 DCI Format N1 中的 HARQ-ACK Resource 参数查表 7-5（3.75kHz 子载波间隔）和表 7-6（15kHz 子载波间隔）得到，发送 ACK/NACK 的 NPUSCH Format2 时隙个数 N_{slot} 固定为 4，发送 ACK/NACK 的 NPUSCH Format2 时隙重复次数由 RRCConnectionSetup 消息或 SIB2-NB 中的 ACK-NACK-NumRepetitions 参数值确定。

表 7-1　在 DCI Format N1 里的 NPDSCH 调度时延索引值（k_0）

I_{Delay}	k_0	
	$R_{\max}<128$	$R_{\max}\geq 128$
0	0	0
1	4	16
2	8	32
3	12	64
4	16	128
5	32	256
6	64	512
7	128	1 024

表 7-2　NPDSCH 子帧个数值（N_{SF}）

I_{SF}	N_{SF}
0	1
1	2
2	3
3	4
4	5
5	6
6	8
7	10

表 7-3　NPDSCH 子帧重复次数值（N_{Rep}）

I_{Rep}	N_{Rep}
0	1
1	2
2	4
3	8
4	16
5	32
6	64
7	128
8	192
9	256
10	384
11	512
12	768
13	1024
14	1536
15	2048

表 7-4　NPDSCH 子帧重复次数值（N_{Rep}）携带 SIB1-NB

schedulingInfoSIB1 值	NPDSCH 重复发送次数
0	4
1	8
2	16
3	4
4	8

续表

schedulingInfoSIB1 值	NPDSCH 重复发送次数
5	16
6	4
7	8
8	16
9	4
10	8
11	16
12～15	Reserved

表 7-5　NPUSCH Format2 子载波索引值和发送时延值（k_0）（Δf=3.75kHz）

ACK/NACK 资源索引值	ACK/NACK 起始子载波	k_0
0	38	13
1	39	13
2	40	13
3	41	13
4	42	13
5	43	13
6	44	13
7	45	13
8	38	21
9	39	21
10	40	21
11	41	21
12	42	21
13	43	21
14	44	21
15	45	21

表 7-6　NPUSCH Format2 子载波索引值和发送时延值（k_0）（Δf=15kHz）

ACK/NACK 资源牵引值	ACK/NACK 起始子载波	k_0
0	0	13
1	1	13
2	2	13
3	3	13
4	0	15
5	1	15

续表

ACK/NACK 资源牵引值	ACK/NACK 资源牵引值	k_0
6	2	15
7	3	15
8	0	17
9	1	17
10	2	17
11	3	17
12	0	18
13	1	18
14	2	18
15	3	18

图 7-15 为实际下行数据调度时序实例图，其中，k_0=0，N_{Rep}=1。

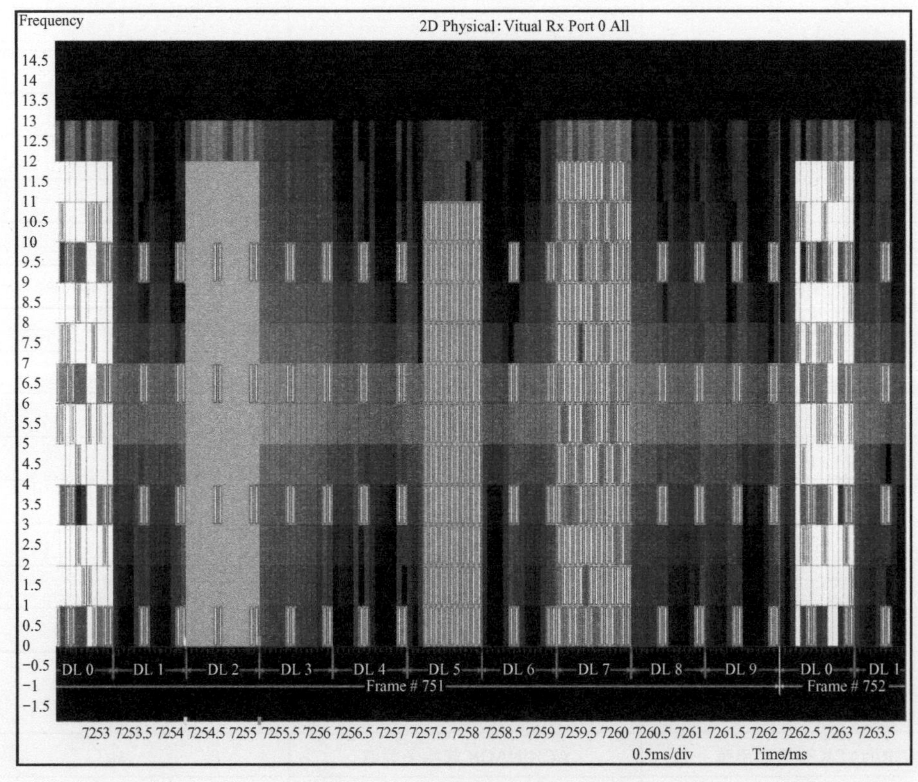

图 7-15　下行数据调度时序实例图

7.5.2　上行数据调度

同下行数据调度一样，承载资源调度信息的 NPDCCH 和承载用户数据的 NPUSCH 不能在同一个子帧出现，中间有一个时延，也就是调度时延（Scheduling Delay），这个调度时延是可以动态配置的（DCI Format N0 中携带本次 NPSUCH 调度时延索引值 I_{Delay}），基站调度 NPUSCH 时同样需要考虑以下几点限制。

- 如果 NB-IoT UE 的 NPUSCH 在子帧 n 发送结束，那么在子帧 n+1 到 n+3 这段时间内，UE 不会监测 NPDCCH。
- NPUSCH 的起始子帧必须晚于对应的 NPDCCH 子帧结束后至少 8ms，也就是上行调度时延 I_{Delay} 至少大于或等于 8ms。
- 上行发送要晚于对应 NPDSCH 发送结束后至少 12ms（≥12ms），这是针对 MSG3 的调度时延。
- 上行调度还要避开同 1 个或多个（2 个或 3 个）NPRACH 配置周期内前导发送时间的冲突。
- 由于半双工，NB IoT 的 UE 不能同时发送和接收数据。

如果 NPUSCII Format 1 的发送时间超过 256ms，则每 256ms 之后需要暂停 40ms，从而释放上行资源来调度其他 UE 发送数据，避免某个 UE 过长时间占用上行资源。

另外，由于 NB-IoT 的 HD-FDD 的保护周期是 Type B，所以发送和接收切换需要一个子帧的保护间隔（Guard）。

1．上行数据调度时序

NB-IoT 上行数据调度时序关系图如图 7-16 所示。

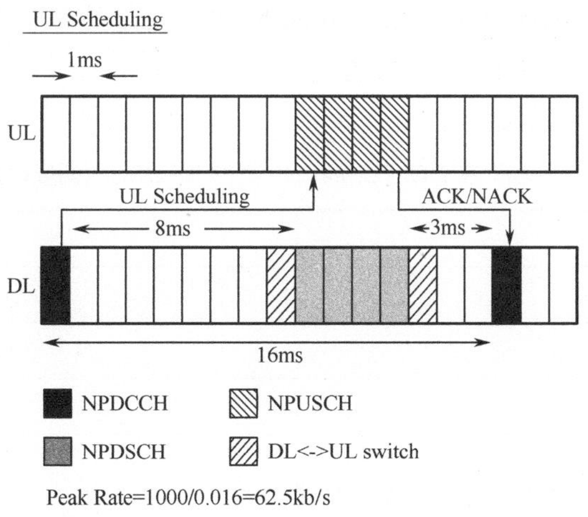

图 7-16　NB-IoT 上行数据调度时序关系图

由图 7-16 显示的调度时延配置可知，上行单用户最大数据传输速率为 62.5kb/s。

2．上行数据调度步骤

（1）如果 UE 有上行数据等待发送，那么其会在自己特定的 NPDCCH 搜索空间（USS）上用自己的 C-RNTI 去尝试解码 NPDCCH，即盲检 DCI Format N0。

（2）如果子帧 n 是收到 NPDCCH DCI Format N0 的最后一个子帧，那么 UE 需要在 $n+k_0+1$ 个下行子帧之后发送上行 NPUSCH Format 1，调度时延值 k_0 在 DCI Format N0 里通过索引值 I_{Delay} 查表 7-7 获得，k_0 的取值范围是{8，16，32，64}。

（3）NPUSCH Format1 需发送连续 N 个上行时隙（UL Slots），$N=N_{Rep}\cdot N_{RU}\cdot N_{slot}$，注意，这里时间长度 N 的单位是时隙而不是毫秒或子帧，一个时隙持续时间对于 15kHz 子载波间隔是 0.5ms，对于 3.75kHz 子载波间隔则是 2ms。N_{Rep} 和 N_{RU} 都在 DCI Format N0 里面通过索引值 I_{RU} 和 I_{Rep} 携带，并通过查表 7-8 和表 7-9 获得实际值，重复次数 N_{Rep} 的取值范围是{1,2,4,8,16,32,64,128}，资源单位 N_{RU} 的取值范围是{1,2,3,4,5,6,8,10}，N_{slot} 值根据所分配的子载波间隔（3.75kHz 或 15kHz）和频点个数（1,3,6,12）通过查表 7-10 获得，资源时隙个数 N_{slot} 的取值范围是{2,4,8,16}。

（4）发送 NPUSCH Format 1 所使用的频点个数（1,3,6,12 tone）和位置也由 DCI Format N0 中的 Subcarrier Indicaton Field 索引值 I_{sc} 查表 7-11 获得。

（5）实际所分配的资源单元 RU 个数 N_{RU}、重复次数 N_{Rep}、子载波个数 I_{sc} 和 MCS 值由基站根据上行待发送的数据包大小、被调度的上行用户数和当前无线覆盖条件等动态决定，也就是所谓的上行链路自适应（LA）。

（6）NPUSCH 发送的上行数据所对应的传输块大小（TBS）和调制方式也通过 DCI Format N0 中的 MCS 值（0～11）查表获得。

（7）UE 发送完 NPUSCH Format 1 的最后一个子帧后，需要从第 4 个子帧开始检测 ACK/NACK（检查是否 NDI=0 in DCI Format N1）来决定是否需要重发本次数据包。如果 NDI=0，则终端需要在该 DCI N1 中指定的 NPUSCH Format1 上重发本次数据包，否则清除上次缓存并发送新数据包。

表 7-7 （k_0）在 DCI Format N0 里的 NPUSCH 调度时延值

I_{Delay}	k_0
0	8
1	16
2	32
3	64

这里要特别说明的是，当调度 MSG 时，在 RAR（NPDSCH）中如果携带的 I_{Delay} 值是 0，则此时对应的 k_0 值为 13 而不是 8。

表 7-8 NPUSCH Format1 资源单元个数值（N_{RU}）in DCI Format N0

I_{RU}	N_{RU}
0	1
1	2

续表

I_{RU}	N_{RU}
2	3
3	4
4	5
5	6
6	8
7	10

表 7-9 NPUSCH Format 1 资源单元重复次数值（N_{Rep}）

I_{Rep}	N_{Rep}
0	1
1	2
2	4
3	8
4	16
5	32
6	64
7	128

表 7-10 NPUSCH 资源单元 RU 对应的时隙个数（N_{slot}）

<table>
<tr><th>NPUSCH 格式
（Format）</th><th>子载波
间隔</th><th>频域子载波个数/
N_{sc}</th><th>时隙个数/
N_{slot}</th><th>时隙长度/
ms</th><th>RU 持续时间/
ms</th></tr>
<tr><td rowspan="5">1</td><td>3.75kHz</td><td>1</td><td>16</td><td>2</td><td>32</td></tr>
<tr><td rowspan="4">15kHz</td><td>1</td><td>16</td><td>0.5</td><td>8</td></tr>
<tr><td>3</td><td>8</td><td>0.5</td><td>4</td></tr>
<tr><td>6</td><td>4</td><td>0.5</td><td>2</td></tr>
<tr><td>12</td><td>2</td><td>0.5</td><td>1</td></tr>
<tr><td rowspan="2">2</td><td>3.75kHz</td><td>1</td><td>4</td><td>2</td><td>8</td></tr>
<tr><td>15kHz</td><td>1</td><td>4</td><td>0.5</td><td>2</td></tr>
</table>

表 7-11　NPUSCH Format 1 子载波索引值（I_{sc}）（Δf=15kHz）

Subcarrier Indication Field（I_{sc}）	Set of Allocated Subcarriers（n_{sc}）
0～11	I_{sc}
12～15	$3(I_{sc}-12)+\{0,1,2\}$
16～17	$6(I_{sc}-16)+\{0,1,2,3,4,5\}$
18	{0,1,2,3,4,5,6,7,8,9,10,11}
19～63	Reserved

对于 3.75kHz 子载波间隔，由于只支持 Single-tone 即单子载波调度，因此此时大小为 6bit 的 I_{sc} 值中前 48 个数直接可以指示所分配的子载波个数和位置。

对于 15kHz 子载波间隔，由于还要支持 Multi-tone 即多子载波调度，I_{sc} 值既用来指示所分配的子载波位置也用来指示子载波个数（1,3,6,12），如表 7-11 所示，因此也可以知道 3/6 Tone 所对应的子载波位置不是可以任意分配的，只能是下面的组合。

```
3 Tone: {(0,1,2), (3,4,5), (6,7,8), (9,10,11)}
6 Tone: {(0,1,2,3,4,5,), (6,7,8,9,10,11)}
```

3. NPUSCH 配置发送实例

图 7-17 所示为 NPUSCH 上行发送配置实例图，总的 NPUSCH Format1 发送时间为 128ms。

4. 预调度

基站也可以事先或周期性地给 UE 分配少量上行资源，从而尽量避免 UE 发送 SR over NPRACH，这就是所谓的预调度。NB-IoT 上行预调度关系图如图 7-18 所示。

下面是详细的上行预调度步骤：

（1）配置并激活上行预调度；

（2）设置预调度用户最小间隔周期（PreAllocationMinPeriod），如 100ms，同一个用户连续两次预调度时间的最小间隔不能小于该周期值；

（3）设置预调度用户每次分配最大上行资源量（PreAllocationMaxSize），如 10B；

（4）检查是否有可用上行 NPUSCH 资源，如果有，则通过 NPDCCH 给指定用户分配上行资源。

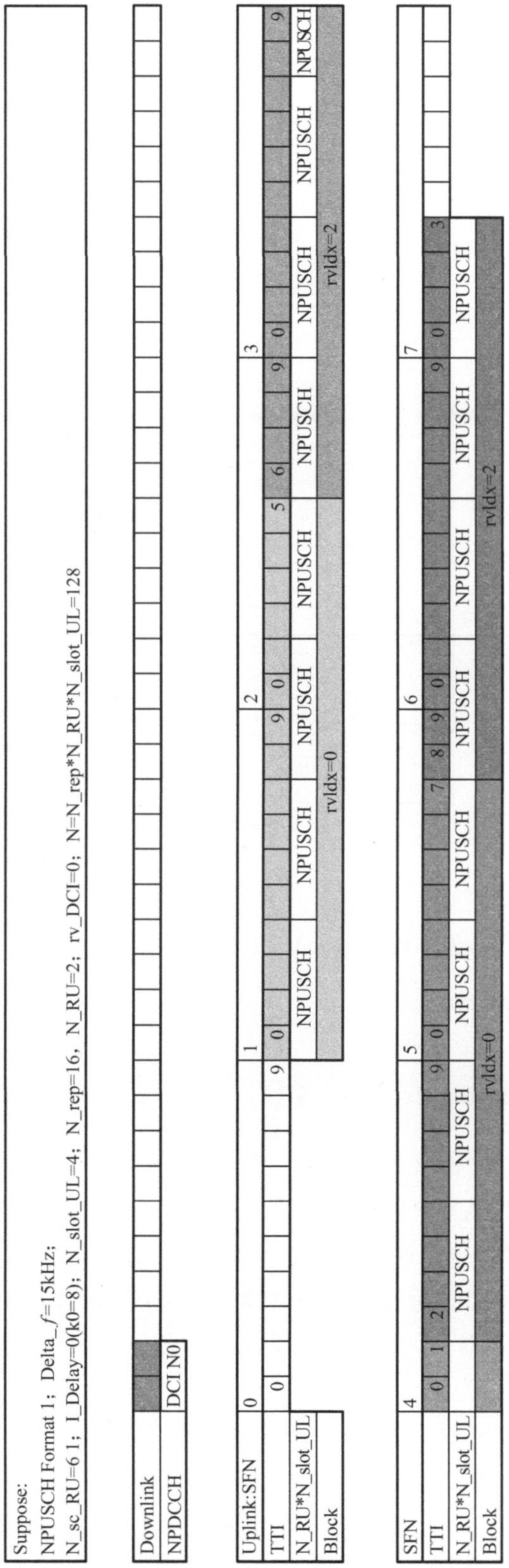

NPUSCH Repetition

Suppose:
NPUSCH Format 1；Delta_f=15kHz；
N_sc_RU=6 1；I_Delay=0(k0=8)；N_slot_UL=4；N_rep=16，N_RU=2；rv_DCI=0；N=N_rep*N_RU*N_slot_UL=128

Downlink
NPDCCH　DCI N0

Uplink:SFN　0　1　2　3
TTI　0　9　0　9　0　5　6　9　0　9
N_RU*N_slot_UL　NPUSCH　NPUSCH　NPUSCH　NPUSCH　NPUSCH　NPUSCH　NPUSCH　NPUSCH
Block　rvIdx=0　rvIdx=2

SFN　4　5　6　7
TTI　0　1　2　9　0　7　8　9　0　9　0　3
N_RU*N_slot_UL　NPUSCH　NPUSCH　NPUSCH　NPUSCH　NPUSCH　NPUSCH　NPUSCH　NPUSCH
Block　rvIdx=0　rvIdx=2

图7-17　NPUSCH上行发送配置实例图

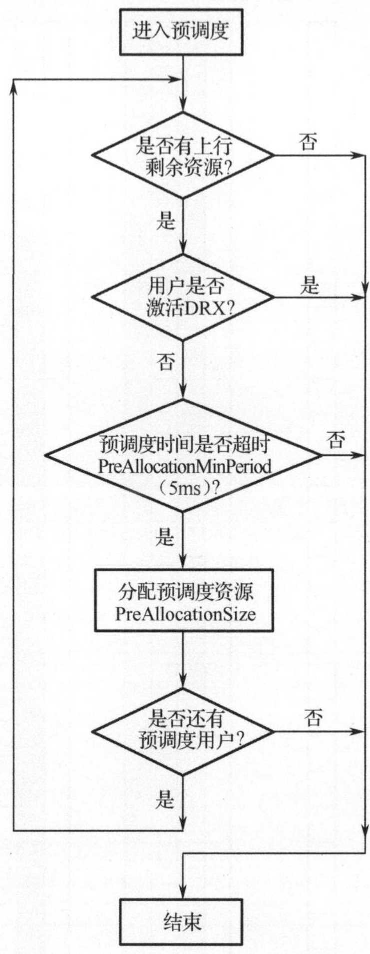

图 7-18　NB-IoT 上行预调度关系图

7.5.3　SR、BSR 和 DV

1. 调度请求（Scheduling Request，SR）

由于 NB-IoT 没有定义 NPUCCH 信道，当 UE 有上行数据需要发送时，它只能通过触发新的随机接入过程（RA）来发送调度请求（SR），即 SR over RA。

当下面的条件满足时，也允许 UE 触发一个 SR（调度请求）：

（1）当上一次的 BSR 已经超过 BSR_RETX，即 retxBSR-Timer 超时；

（2）retxBSR-Timer 超时后，还没有收到上行授权；

（3）UE 还有数据要发送。

当 retxBSR-Timer 超时后，如果 UE 还有上行数据待发送且一直没有接收到基站的上行调度（DCI Format N0），此时 UE 也会通过触发随机接入过程来代替 SR。

另外，SR 只有 1bit 大小，只能告诉基站终端有上行数据等待调度，但没办法详细告诉基站终端到底有多少数据等待调度，因此通常基站至少会分配 8bit 的上行资源量，这样终端可以接着通过发送缓冲区状态报告（BSR）来进一步告诉基站有多少数据等待发送，以便基站更好、更准确地调度分配上行资源。

2. 缓冲区状态报告（Buffer Status Report，BSR）

同传统 LTE 一样，NB-IoT 也支持 UE 在 NPUSCH Format1 上发送缓冲区状态报告，以便基站更好、更准确、更及时地调度 UE 发送上行数据，避免资源浪费或调度资源分配不足。

BSR 的类型包括以下两种。

- 短 BSR（Short BSR）。
- 长 BSR（Long BSR）。

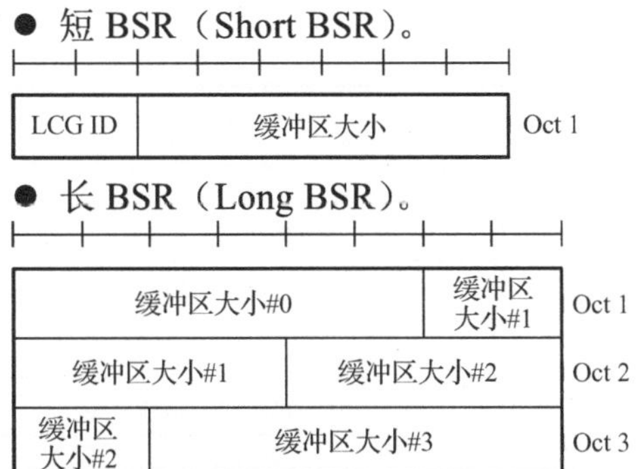

这里要特别指出的是，NB-IoT 不支持长 BSR，对于 NB-IoT 而言，所有逻辑信道均属于一个逻辑信道组（LCG）。

BSR 报告的方式包括以下两种。

- 常规 BSR 或周期性 BSR（Periodic BSR）：当 periodicBSR-Timer 超时且 UE 还有上行数据要发送时，上报 Short BSR。
- 填充 BSR（Padding BSR）：当可用填充比特数目大于 Long BSR 的和时，上报 Long BSR，当上报的比特数目在 Long BSR 和 Short BSR 之间时，如果当前有多个逻辑信道组需要上报，则上报优先级高的 BSR，此时上报 Truncated BSR，否则只上报 Short BSR。

retxBSR-Timer 和 periodicBSR-Timer 值通过 RRCConnectionSetup 消息告诉 UE。BSR 的长度为 6bit，因此缓冲区的占用情况也同 LTE 一样量化成 64 个报告等级，如表 7-12 所示。

表 7-12　BSR 报告索引值

索引值	缓冲区大小（BS）/B	索引值	缓冲区大小（BS）/B
0	BS=0	4	14<BS≤17
1	0<BS≤10	5	17<BS≤19
2	10<BS≤12	6	19<BS≤22
3	12<BS≤14	7	22<BS≤26

续表

索引值	缓冲区大小（BS）/B	索引值	缓冲区大小（BS）/B
8	26<BS≤31	36	2127<BS≤2490
9	31<BS≤36	37	2490<BS≤2915
10	36<BS≤42	38	2915<BS≤3413
11	42<BS≤49	39	3413<BS≤3995
12	49<BS≤57	40	3995<BS≤4677
13	57<BS≤67	41	4677<BS≤5476
14	67<BS≤78	42	5476<BS≤6411
15	78<BS≤91	43	6411<BS≤7505
16	91<BS≤107	44	7505<BS≤8787
17	107<BS≤125	45	8787<BS≤10287
18	125<BS≤146	46	10287<BS≤12043
19	146<BS≤171	47	12043<BS≤14099
20	171<BS≤200	48	14099<BS≤16507
21	200<BS≤234	49	16507<BS≤19325
22	234<BS≤274	50	19325<BS≤22624
23	274<BS≤321	51	22624<BS≤26487
24	321<BS≤376	52	26487<BS≤31009
25	376<BS≤440	53	31009<BS≤36304
26	440<BS≤515	54	36304<BS≤42502
27	515<BS≤603	55	42502<BS≤49759
28	603<BS≤706	56	49759<BS≤58255
29	706<BS≤826	57	58255<BS≤68201
30	826<BS≤967	58	68201<BS≤79846
31	967<BS≤1132	59	79846<BS≤93479
32	1132<BS≤1326	60	93479<BS≤109439
33	1326<BS≤1552	61	109439<BS≤128125
34	1552<BS≤1817	62	128125<BS≤150000
35	1817<BS≤2127	63	BS>150000

3. 数据量（Data Volume，DV）报告

为了支持上行快速短数据包发送，NB-IoT 在 MSG3 中定义了一个新的 MAC 控制单元（Control Element，MAC CE），让 UE 在 MSG3 中可以发送数据量报告和功率余量报告（Power Headroom Report，PHR）。这样基站就可以给 MSG5 分配更合适的上行资源，以便 UE 可以在 MSG5 中快速、直接地发送上行用户数据包，当然只针对发送单个的小数据包。

数据量（DV）值的长度是 4bit，因此量化的报告等级为 16 个，其与实际数据量之间的映射关系如表 7-13 所示，由表可以看出，DV 报告索引值越大，对应的待发数据量也越大，量化步长加大。

表 7-13　DV 报告等级映射表

DV 报告索引值（Index）	DV 报告实际值/B
0	DV=0
1	0<DV≤10
2	10<DV≤14
3	14<DV≤19
4	19<DV≤26
5	26<DV≤36
6	36<DV≤49
7	49<DV≤67
8	67<DV≤91
9	91<DV≤125
10	125<DV≤171
11	171<DV≤234
12	234<DV≤321
13	321<DV≤768
14	768<DV≤1500
15	DV>1500

7.5.4　链路自适应

当终端在数据传输过程中发生了信号强度的变化，如终端改变位置，导致 MCL 值发生变化时，基站基于测量到的上行接收功率值来动态实时调整上下行 NPDSCH/NPUSCH/NPRACH 资源配置，如改变子载波间隔、子载波个数（Tone Number）、重复次数和 MCS 值，从而保证数据传输在不同覆盖条件下不中断。当然在这个过程中上下行数据传输速率会发生相应变化，这就是所谓的链路自适应（Link Adaption，LA）。

表 7-14 所示为推荐的下行链路自适应取值规则，表 7-15 所示为推荐的上行链路自适应取值规则，以 2dB 为步长，当然实际的变化值取决于网络基站侧 MAC 层调度算法的具体实现。其中，以 NRS power=32dBm 为参考，计算出 MCL 值和 RSRP 值。

表 7-14　推荐的下行链路自适应取值规则

MCL/dB	RSRP/dBm	CE Level	Repetition	MCS
164	−132	2	1 024	0
162	−130	2	512	1

续表

MCL/dB	RSRP/dBm	CE Level	Repetition	MCS
160	−128	2	512	2
158	−126	2	256	2
156	−124	2	256	3
154	−122	1	128	3
152	−120	1	128	4
150	−118	1	64	4
148	−116	1	64	6
146	−114	1	32	7
144	−112	0	32	8
142	−110	0	16	8
140	−108	0	16	10
138	−106	0	8	10
136	−104	0	8	11
134	−102	0	4	12
≤132	≥−100	0	2	12

表 7-15　推荐的上行链路自适应取值规则

MCL/dB	RSRP/dBm	CE Level	Repetition	MCS	Sub-carrier	Tone Number
164	−132	2	128	0	3.75kHz	1
162	−130	2	64	1	3.75kHz	1
160	−128	2	64	1	15kHz	1
158	−126	2	64	1	15kHz	1
156	−124	2	64	2	15kHz	1
154	−122	1	32	2	15kHz	1
152	−120	1	32	3	15kHz	3
150	−118	1	32	3	15kHz	3
148	−116	1	16	4	15kHz	3
146	−114	1	16	4	15kHz	3
144	−112	0	8	6	15kHz	3
142	−110	0	8	6	15kHz	6
140	−108	0	8	8	15kHz	6
138	−106	0	4	8	15kHz	6
136	−104	0	4	9	15kHz	6
134	−102	0	2	10	15kHz	6
≤132	≥−100	0	1	10	15kHz	12

表 7-16 所示为某厂商上行和下行链路自适应实际重复次数统计值。从表中数据可以看出，当覆盖条件最差时，下行物理信道的平均重复次数明显高于上行信道的重复次数，这是因为下行物理信道发送采用 12 个子载波，而上行物理信道发送可以采用 3 或 6 个子载波，甚至 1 个子载波，导致上行功率谱密度要明显高于下行功率谱密度，因此同样覆盖条件下，上行所需的重复次数就可以明显小于下行。

表 7-16　某厂商上行和下行链路自适应实际重复次数统计值

CE Level		CE0	CE1	CE2
MCL（路损值）		137	147	157
数据包平均重复次数（单用户）	NPDCCH	1.35	1.4	6.76
	NPDSCH	1.02	1.27	7.99
	NPUSCH Format1	1	2	4.67
	NPUSCH Format2	1	1.03	4

7.6　NB-IoT 功率管理过程

虽然 NB-IoT 没有像 3G-WCDMA 网络一样的快速闭环功率控制过程，但同 LTE 网络一样也具备上行功率调整和下行功率分配的管理过程，本节详细介绍 NB-IoT 上下行功率管理过程。

7.6.1　上行功率控制

NB-IoT 上行共享信道 NPUSCH 具有功率控制机制，通过“半动态”调整上行发射功率使得信息能够成功地在基站侧被解码。之所以说上行功率控制机制属于“半动态”调整（这里与 LTE 功率控制机制比较类似），是由于在功率控制过程中，目标期望功率在小区级是不变的，不像 3G 网络，NB-IoT 的功率控制是开环的、慢速的、基于信令消息的粗功率控制。功率控制进行调整的部分只是路损补偿。

UE 需要检测 NPDCCH 中的 UL grant 以确定上行的传输内容（NPUSCH Format1，2 或 MSG3），不同发送内容或格式，其路损的补偿调整系数和方法有所不同，同时上行期望功率的计算也有差异。上行链路功率控制具体包括以下 4 种情形：

- NPRACH MSG1 功率控制；
- NPUSCH MSG3 功率控制；
- NPUSCH Format1 功率控制；
- NPUSCH Format2 功率控制。

当配置的前导发射重复次数大于 2 时，NPRACH MSG1 前导发射功率由下面公式决定：

$$P_{\text{NPRACH}}=P_{\text{CMAX,c}}(i)$$

此时由于需要深度覆盖，NPRACH 不进行功率控制，UE 固定采用最大功率发射。

当配置的前导发射重复次数小于或等于 2 时，NPRACH MSG1 前导发射功率由下面公式决定：

$$P_{\text{NPRACH}}=\min\{P_{\text{CMAX,c}}(i),\ P_{\text{O\_PRE}}+\text{powerRampingStep}+\text{PL}_{\text{c}}\}\text{dBm}$$

如果 UE 在发送完 MSG1 后在规定时间内没有接收到随机接入响应消息（RAR），则会在上一次发送功率的基础上增加 powerRampingStep 值后再次发送 MSG1，直到达到最大前导发送次数（由参数 preambleTransMax-CE-r13 决定）。

当配置的 NPUSCH 发送重复次数大于 2 时，NPUSCH 发射功率由下面公式决定：

$$P_{\text{NPUSCH,c}}(i)=P_{\text{CMAX,c}}(i)\ \text{dBm}$$

此时同样由于需要深度覆盖，NPUSCH 不进行功率控制，UE 固定采用最大功率发射。

当配置的 NPUSCH 发送重复次数不大于 2 时，NPUSCH 发射功率由下面公式决定：

$$P_{\text{NPUSCH,c}}(i)=\min\begin{Bmatrix}P_{\text{CMAX,c}}(i),\\10\lg(M_{\text{NPUSCH,c}}(i))+P_{\text{O\_NPUSCH,c}}(j)+\alpha_{\text{c}}(j)\cdot\text{PL}_{\text{c}}\end{Bmatrix}\text{dBm}$$

其中，

$$P_{\text{O\_NPUSCH,c}}(j)=P_{\text{O\_NORMINAL\_NPUSCH,c}}(j)+P_{\text{O\_UE\_NPUSCH,c}}(j)$$

$$P_{\text{O\_NORMINAL\_NPUSCH,c}}(2)=P_{\text{O\_PRE}}+\Delta_{\text{PREAMBLE\_MSG3}}$$

$$\text{PL}_{\text{c}}=\text{nrs-Power-measured RSRP}$$

其余参数值见表 7-17，通过 SIB2-NB 或 RRC 信令获得。

更具体地可以得到以下 3 种情形下 NPUSCH 发射功率的计算公式。

NPUSCH MSG3 发射功率：

$$P_{\text{NPUSCH,c}}(i)=10\lg(M_{\text{NPUSCH,c}}(i))+P_{\text{O\_PRE}}+\Delta_{\text{PREAMBLE\_MSG3}}+\text{PL}_{\text{c}}$$

NPUSCH Format 1 发射功率：

$$P_{\text{NPUSCH,c}}(i)=10\lg(M_{\text{NPUSCH,c}}(i))+P_{\text{O\_NORMINAL\_NPUSCH,c}}(j)+P_{\text{O\_UE\_NPUSCH,c}}(j)+\alpha_{\text{c}}(j)\cdot\text{PL}_{\text{c}}$$

NPUSCH Format 2 发射功率：

$$P_{\text{NPUSCH,c}}(i)=10\lg(M_{\text{NPUSCH,c}}(i))+P_{\text{O\_NORMINAL\_NPUSCH,c}}(j)+P_{\text{O\_UE\_NPUSCH,c}}(j)+\text{PL}_{\text{c}}$$

表 7-17 为上行功率控制各个参数取值对照表，表中分别列出上行功率控制各个参数名称、含义、来源及取值范围。

表 7-17　上行功率控制各个参数取值对照表

参数名称	参数含义	参数值来源	取值范围
$P_{\text{CMAX,c}}(i)$	UE 的最大发射功率（由 UE Power Class 决定，而每个 Band 会配置支持不同的 Power Class）	UE 能力查询响应消息	20dBm（Power class5） 23dBm（Power class3）
nrs-Power	参考信号发射功率	SIB2-NB	-60～50dBm
$P_{\text{O\_PRE}}$	基站侧测量到的前导初始接收目标功率 preambleInitialReceivedTargetPower	SIB2-NB	-120dBm，-118dBm，…，-92dBm，-90dBm

续表

参数名称	参数含义	参数值来源	取值范围
$M_{\text{NPUSCH,c}}(i)$	子载波功率系数	—	0.25，1，3，6，12
$\alpha_{\text{c}}(j)$	系数 alpha-r13	SIB2-NB	0，0.4，0.5，0.6，0.7，0.8，0.9，1
PL_{c}	路径损耗（Path Loss）	UE 计算得到	—
$P_{\text{O\_NORMINAL\_NPUSCH,c}}(j)$	p0-NorminalNPUSCH-r13	SIB2-NB	-126～24dBm
$P_{\text{O\_UE\_NPUSCH,c}}(j)$	p0-UE-NPUSCH-r13	RRC 信令	0
$\varDelta_{\text{PREAMBLE\_MSG3}}$	deltaPreambleMSG3-r13	SIB2-NB	-1～6dB
powerRampingStep	前导发射功率增加步长	SIB2-NB	0dB，2dB，4dB，6dB
preambleTransMax-CE-r13	前导最大发射次数	SIB2-NB	10

由此可见，通过调整配置表 7-17 列出的各个参数值就可以得到控制终端在不同情形下的发射功率。

7.6.2 功率余量报告

每个时隙 i（Slot(i)）终端都应该计算自己的功率余量（Power Heardroom，PH），也就是计算最大发射功率和实际发射功率之差，并通过 NPUSCH 以 MAC CE 方式报告给基站。

不管最终基站选择哪种子载波间隔（3.75kHz/15kHz），终端都以 15kHz 中的 Singe-tone（单子载波）为参考计算功率余量，下面是具体的计算公式。

$$\text{PH}_{\text{c}}(i)=P_{\text{CMAX,c}}(i)-\{P_{\text{O\_NPUSCH,c}}(j)+\alpha_{\text{c}}(j)\cdot\text{PL}_{\text{c}}\}$$

其中，

$$P_{\text{O\_NPUSCH,c}}(j)=P_{\text{O\_NORMINAL\_NPUSCH,c}}(j)+P_{\text{O\_UE\_NPUSCH,c}}(j)$$

由于 PHR 与 DV 共用同一个 MAC 控制单元字节，而 DV 已经占用其中 4bit，剩余 2bit 保留备用，因此 PHR 的大小只有 2bit，只能报告 4 个不同的功率余量等级（PH1、PH2、PH3 和 PH4），实际功率余量值应该根据表 7-18 的映射关系查询得到。因此报告粒度比较粗，不是特别适合基站准确估计终端实际剩余功率值。

表 7-18 功率余量（PH）报告索引值

0	PH1	功率余量最小=0
1	PH2	功率余量居中=1
2	PH3	功率余量居中=2
3	PH4	功率余量最大=P_{cmax}

7.6.3 下行功率分配

NB-IoT 下行各个信道的发射功率是固定的，没有功率控制过程，只有在小区建立时确定的初始功率分配。

同传统 LTE 网络一样，NB-IoT 首先确定参考信号（NRS）发射功率，并通过 SIB2-NB 系统消息告诉终端，其他下行信道发射功率以 NRS 为参考，由一个偏移值决定。

● 当 NRS 采用一个天线端口发射时，其余下行物理信道的发射功率同 NRS 发射功率一样，即该偏移值是 0。

```
NPBCH Power=NRS Power+0
NPDCCH Power=NRS Power+0
NPDSCH Power=NRS Power+0
```

● 当 NRS 采用一个天线端口发射时，其余下行物理信道的发射功率比 NRS 发射功率小 3dB，即该偏移值是-3dB。

```
NPBCH Power=NRS Power-3dB
NPDCCH Power=NRS Power-3dB
NPDSCH Power=NRS Power-3dB
```

第 8 章　NB-IoT 消息解析

信令消息内容是 NB-IoT 网络技术开发测试工程师和网络运维工程师要重点查看的部分，一旦网络出现任何问题，他们首先想到的就是要查看网络各个接口的信令流程及信令消息的具体内容，详细列出并重点解析各个接口常用的信令消息内容，这将方便他们在日常工作中查询比较各个消息中一些重点参数的含义及其典型值，从而有助于快速定位、分析和解决问题，提高工作效率。

本章集中、详细列出并重点解析了 NB-IoT 网络的系统广播信息内容，以及 MAC、RRC、NAS 和 S1AP 等信令消息内容。

8.1　系统信息解析

本节主要解析 NB-IoT 的系统广播信息，包括 MIB-NB 和各个常用的 SIBs-NB。

8.1.1　MIB-NB

主信息块包含重要的系统信息，如 NB-IoT 部署模式等。

```
RRC{
  pdu value BCCH-BCH-Message-NB ::= {
    message {
      systemFrameNumber-MSB-r13 '0000'B,
      hyperSFN-LSB-r13 '00'B,
      schedulingInfoSIB1-r13 2, //指示 NPDSCH 发送 SIB1-NB 的重复次数信息，取值
                                //范围为 0～15，重复次数只能是 4/8/16 三种
      systemInfoValueTag-r13 23,//该值同上次比较发生变化，表明网络侧更新了系统信息，终
                                //端应该去读取并保存新的系统信息，但 SIB14-NB 变化除外
      access barring-Enabled-r13 0(FALSE), //该比特值表示当前 NB-IoT 网络是否激活基于
                                           //AC 类别的接入控制功能，如果激活（1,true），
                                           //则所有终端都需要继续读取 SIB14-NB 来判断
                                           //自己所属的 AC 类别是否允许发起接入请求
      operationModeInfo-r13 standalone_r13 : {
        spare '00000'B
},//指示本小区所支持的 NB-IoT 部署模式：Standalone，In-band 或 Guard Band
      spare '00000000000'B
    }
  }
}
```

8.1.2　SIB1-NB

系统信息块 1 同样包含重要的系统信息，如 PLMN 值及其他 SIB*x*-NB 的时域调度信息（SI）。

```
RRC{
  pdu value BCCH-DL-SCH-Message-NB ::= {
    message c1 : systemInformationBlockType1_r13 : {
      hyperSFN-MSB-r13 '00000000'B,
      cellAccessRelatedInfo-r13 {
        plmn-IdentityList-r13 {  //NB-IoT 运营商标识，UE 会解码该标识和自己IMSI 对应的
                                 //PLMN 值来判断自己当前是否属于漫游用户
          PLMN-IdentityInfo-NB-r13 {
            plmn-Identity-r13 {
              mcc {
                MCC-MNC-Digit 4,
                MCC-MNC-Digit 6,
                MCC-MNC-Digit 0
              },
              mnc {
                MCC- Digit 9,
                MNC-Digit 9
              }
            },
            cellReservedForOperatorUse-r13 notReserved
          }
        },
        trackingAreaCode-r13 '0010000000000000'B,
        cellIdentity-r13 '0111101001011001110000000000'B,
        cellBarred-r13 notBarred,
        intraFreqReselection-r13 allowed
      },
      cellSelectionInfo-r13 { //小区选择门限，如果 UE 测量到的 RSRP 值小于此门限，则不
                              //会选择在该小区驻留
        q-RxLevMin-r13 -70,
        q-QualMin-r13 -34
      },
      freqBandIndicator-r13 8,
      schedulingInfoList-r13 { //SIB2-NB 和 SIB3-NB 时域调度信息
        SchedulingInfo-NB-r13 {
          si-Periodicity-r13 rf64,
          si-RepetitionPattern-r13 every4thRF,
          sib-MappingInfo-r13 {
```

```
                SIB-Type-NB-r13 sibType3-NB-r13
              },
              si-TB-r13 b440 //该 SI 允许携带的系统信息块大小（比特）
            }
          },
          si-WindowLength-r13 ms160
        }
      }
    }
```

8.1.3　SIB2-NB

SIB2-NB 包含 NB-IoT 小区公共控制信道，如 NPRACH 的详细配置信息及相关定时器值。

```
    RRC{
      pdu value BCCH-DL-SCH-Message-NB ::= {
        message c1 : systemInformation_r13 : {
          criticalExtensions systemInformation_r13 : {
            sib-TypeAndInfo-r13 {
              sib2_r13 : {
                radioResourceConfigCommon-r13 {
                  rach-ConfigCommon-r13 {
                    preambleTransMax-CE-r13 n10,
                    powerRampingParameters-r13 {
                      powerRampingStep dB4,
                      preambleInitialReceivedTargetPower dBm-110
                    },
                    rach-InfoList-r13 {
                      RACH-Info-NB-r13 {
                        ra-ResponseWindowSize-r13 pp8,
                        mac-ContentionResolutionTimer-r13 pp32
                      },
                      RACH-Info-NB-r13 {
                        ra-ResponseWindowSize-r13 pp8,
                        mac-ContentionResolutionTimer-r13 pp32
                      },
                      RACH-Info-NB-r13 {
                        ra-ResponseWindowSize-r13 pp8,
                        mac-ContentionResolutionTimer-r13 pp32
                      }
                    },
                    connEstFailOffset-r13 0
                  },
```

```
bcch-Config-r13 {
  modificationPeriodCoeff-r13 n16
},
pcch-Config-r13 {
  defaultPagingCycle-r13 rf256,
  nB-r13 oneT,
  npdcch-NumRepetitionPaging-r13 r256
},
nprach-Config-r13
{
  nprach-CP-Length-r13 us266dot7,
  rsrp-ThresholdsPrachInfoList-r13 { //2 个或 3 个 NPRACH 配置信号强度指
                                     //示，如果本参数没有出现，则表示基站
                                     //只支持 1 个 NPRACH 配置
    RSRP-Range 31,
    RSRP-Range 21
  },
  nprach-ParametersList-r13 { //具体的 3 个 NPRACH 配置参数值
    NPRACH-Parameters-NB-r13 {
      nprach-Periodicity-r13 ms2560,
      nprach-StartTime-r13 ms8,
      nprach-SubcarrierOffset-r13 n36,
      nprach-NumSubcarriers-r13 n12,
      nprach-SubcarrierMSG3-RangeStart-r13 twoThird,
      maxNumPreambleAttemptCE-r13 n10,
      numRepetitionsPerPreambleAttempt-r13 n1,
      npdcch-NumRepetitions-RA-r13 r8,
      npdcch-StartSF-CSS-RA-r13 v2,
      npdcch-Offset-RA-r13 zero
    },
    NPRACH-Parameters-NB-r13 {
      nprach-Periodicity-r13 ms2560,
      nprach-StartTime-r13 ms8,
      nprach-SubcarrierOffset-r13 n24,
      nprach-NumSubcarriers-r13 n12,
      nprach-SubcarrierMSG3-RangeStart-r13 twoThird,
      maxNumPreambleAttemptCE-r13 n10,
      numRepetitionsPerPreambleAttempt-r13 n8,
      npdcch-NumRepetitions-RA-r13 r64,
      npdcch-StartSF-CSS-RA-r13 v2,
      npdcch-Offset-RA-r13 zero
    },
    NPRACH-Parameters-NB-r13 {
      nprach-Periodicity-r13 ms2560,
```

```
            nprach-StartTime-r13 ms8,
            nprach-SubcarrierOffset-r13 n12,
            nprach-NumSubcarriers-r13 n12,
            nprach-SubcarrierMSG3-RangeStart-r13 twoThird,
            maxNumPreambleAttemptCE-r13 n10,
            numRepetitionsPerPreambleAttempt-r13 n32,
            npdcch-NumRepetitions-RA-r13 r512,
            npdcch-StartSF-CSS-RA-r13 v2,
            npdcch-Offset-RA-r13 zero
          }
        }
      },
      npdsch-ConfigCommon-r13 {
        nrs-Power r13 32
      },
      npusch-ConfigCommon-r13 {   //NPUSCH Format2 配置信息
        ack-NACK-NumRepetitions-Msg4-r13 {
          ACK-NACK-NumRepetitions-NB-r13 r1,
          ACK-NACK-NumRepetitions-NB-r13 r2,
          ACK-NACK-NumRepetitions-NB-r13 r32
        },
        dmrs-Config-r13 {
          threeTone-BaseSequence-r13 0,
          threeTone-CyclicShift-r13 0,
          sixTone-BaseSequence-r13 12,
          sixTone-CyclicShift-r13 2,
          twelveTone-BaseSequence-r13 12
        },
        ul-ReferenceSignalsNPUSCH-r13 {
          groupHoppingEnabled-r13 FALSE,
          groupAssignmentNPUSCH-r13 0
        }
      },
      uplinkPowerControlCommon-r13 { //NPUSCH 功率公共控制参数
        p0-NominalNPUSCH-r13 -103,
        alpha-r13 al1,
        deltaPreambleMsg3-r13 6
      },
      unknownExtension c666
    },
    ue-TimersAndConstants-r13 {
      t300-r13 ms40000,
      t301-r13 ms10000,
      t310-r13 ms8000,
```

```
                    n310-r13 n20,
                    t311-r13 ms5000,
                    n311-r13 n1
                },
                freqInfo-r13 {
                    ul-CarrierFreq-r13 {
                        carrierFreq-r13 21660
                    },
                    additionalSpectrumEmission-r13 1
                },
                timeAlignmentTimerCommon-r13 infinity
            },
            sib3_r13 : {
                cellReselectionInfoCommon-r13 {
                    q-Hyst-r13 dB0
                },
                cellReselectionServingFreqInfo-r13 {
                    s-NonIntraSearch-r13 0
                },
                intraFreqCellReselectionInfo-r13 {
                    q-RxLevMin-r13 -70,
                    s-IntraSearchP-r13 0,
                    t-Reselection-r13 s6
                }
            }
        }
    }
}
}
}
```

8.1.4　SIB3-NB

SIB3-NB 包含 NB-IoT 系统内同频（Intra-Freq）和异频（Inter-freq）小区重选相关参数的配置值。

```
sib3_r13 : {
            cellReselectionInfoCommon-r13 {
                q-Hyst-r13 dB0
            },
            cellReselectionServingFreqInfo-r13 {
                s-NonIntraSearch-r13 0
            },
            intraFreqCellReselectionInfo-r13 {
```

```
            q-RxLevMin-r13 -70,
            s-IntraSearchP-r13 0,
            t-Reselection-r13 s6
          }
        }
```

8.1.5　SIB4-NB

SIB4-NB 包含 NB-IoT 系统内同频（Intra-freq）相邻小区的相关信息，包括 offset 值和小区 PCI 值等。

```
Sib4_r13 : {
            intraFreqNeighCellList-r13 {
                  physicalCellId        108
                  q-OffsetCell          dB0
                  physicalCellId        432
                  q-OffsetCell          dB3
            }
        }
```

8.1.6　SIB5-NB

SIB5-NB 包含 NB-IoT 系统内异频（Inter-freq）相邻小区的相关信息，包括频率值和小区 PCI 值等。

```
RRC{
      pdu value BCCH-DL-SCH-Message-NB ::= {
      {
        message c1 : systemInformation-r13 : {
          criticalExtensions systemInformation-r13 : {
            sib-TypeAndInfo-r13 {
             Sib5_r13 : {
                interFreqCarrierFreqList-r13 {
                    dl-CarrierFreq-r13 {
                          carrierFreq-r13 3500
                          carrierFreqOffset-r13 v0
                    }
                    q-RxLevMin-r13 -65
                    dl-CarrierFreq-r13 {
                          carrierFreq-r13 3660
                          carrierFreqOffset-r13 v2
                    }
                    q-RxLevMin-r13 -70
                    interFreqNeighCellList-r13 {
                          physicalCellId 106
```

```
                    physicalCellId 324
                  }
                t-Reselection-r13 s6
                }
              }
            }
          }
        }
    }
```

8.1.7 SIB14-NB

SIB14-NB 包含终端接入类别控制信息。所有类型的终端用户在发起接入即发起 RRC 连接建立请求前，必须先读取 SIB14-NB 来判断此时是否允许自己触发接入请求。

```
    RRC{
        pdu value BCCH-DL-SCH-Message-NB ::= {
        {
          message c1 : systemInformation-r13 : {
            criticalExtensions systemInformation-r13 : {
              sib-TypeAndInfo-r13 {
                sib14-r13 : {
                  ab-Param-r13 ab-Common-r13 : {
                    ab-Category-r13 a, //类别 a 值表示对所有类型不管是归属用户还是漫游
                                       //用户都适用 AC 接入控制
                    ab-BarringBitmap-r13 '1000000001'B, //普通 AC 类别 0 和 9 的用户此时
                                                        //不允许接入，即不允许发起 RRC
                                                        //连接建立请求，其他普通 AC 类
                                                        //别用户可以发起 RRC 接入请求
                    ab-BarringForSpecialAC-r13 '00001'B, //特殊 AC 类别 15 的用户此时不
                                                         //允许接入，即不允许发起 RRC
                                                         //连接建立请求，其他特殊 AC 类
                                                         //别用户可以发起 RRC 接入请求
                  }
                }
              }
            }
          }
        }
    }
```

8.2 MAC 层消息解析

本节主要解析 MAC 层调度消息，包括上行 NPUSCH 信道和下行 NPDSCH 信道及

针对 MSG3 的调度信息（RAR）。

8.2.1　DCI Format N0

DCI Format N0 包含上行 NPUSCH 信道的详细资源调度信息，其大小为 23bit。

```
Flag: 0 => Format N0
Subcarrier Indicaton: 12 //分配的上行子载波位置及个数索引 I_SC
Resource Assignment: 02 //分配的上行资源单元个数索引 I_RU
Scheduling Delay: 01 //调度时延索引 I_Delay
MCS: 09 //调制编码策略值（0～10），指示本次调度所采用的传输块大小索引（TBS）和调制
        //方式（QPSK/BPSK）等
Redundancy Version: 00
Repetition Number: 07 //资源重复次数索引 I_Rep
NDI: 0 //新数据指示，1：指示终端发送的下行新数据包，终端可以清除上次缓存内容，
       //0：指示下行数据重传，不是重复
DCI Subframe Repetition Number: 02 //NPDCCH 实际重复次数索引 R
```

8.2.2　DCI Format N1

DCI Format N1 包含下行 NPDSCH 信道的详细资源调度信息，其大小也是 23bit。

```
Flag: 1 => DCI Format N1
NPDCCH Order Indicator: 0 //False
Scheduling Delay: 01 //调度时延索引 I_Delay
Resource Assignment: 00 //分配下行资源子帧个数索引 I_SF
MCS: 0B //调制编码策略值（0～12），查表可以确定本次调度所采用的传输块大小索引
        //（TBS）和调制方式
Repetition Number: 03 //资源重复次数索引 I_Rep
NDI: 1 //新数据指示，1：指示终端发送的下行新数据包，终端可以清除上次缓存内容，
       //0：指示下行数据重传，不是重复
HARQ-ACK Resource: 03 //对应 ACK/NACK 资源索引
DCI Subframe Repetition Number: 02 //NPDCCH 实际重复次数索引 R
```

8.2.3　Random Access Response

MSG2 即随机接入响应消息（RAR）包含上行 MSG3 消息的资源调度信息，共占用 15bit。

```
Sub Header 0
  E: 0 //False，指示后面没有 MAC-sub-header 子头域了，紧接着是 MAC PDU 即负荷部分
  T: 1
  RAPID: 5
MAC RAR 0
  Reserved: OK
```

```
Timing Advance Command: 560 Ts
Random Access Response Grant
  Uplink subcarrier spacing: 1 //子载波间隔指示，1→15kHz，0→3.75kHz
  Subcarrier indication field: 18
  Scheduling delay: 0   //MSG3 发送时延索引 K0
  Msg3 repetition number: 0
  MCS: 2
  Reserved: OK
T-CRNTI: 16691

macCtrlElementList {    //MAC-CE 部分包含数据量报告和功率余量报告，共占 8bit
        dataVolumeAndPowerHeadroom {
              type 12,
              powerHeadroom 3,
              dataVolume 5
        }
}
```

8.3 RRC 消息解析

本节重点解析一些典型的接入层（Access Stratum，AS），即空中接口-RRC 信令消息内容。RRC 消息分为两大类：

其一是终止于 eNodeB，直接由 eNodeB 接收、发送、处理的消息，如 RRC Connection Setup 消息等；

其二是专门由 eNodeB 通过 RRC 层透传的 NAS 层消息，即上下行 NAS 直传消息（DL/UL Information Transfer），eNodeB 对这些消息不能做任何处理。

详细的、完整的 RRC 消息列表参见 6.2.3 节内容。

另外，本节只解析与控制面优化数据传输模式相关的 RRC 消息，而只与用户面优化数据传输模式相关的 RRC 消息，如 RRC 连接重建立过程消息、RRC 连接重配置过程消息这里不再进行解析。

8.3.1 RRC Connection Request

只有当 UE 和 eNodeB 之间具备 RRC 连接，即第 1 个信令无线承载（Signaling Radio Bearer，SRB1）建立好以后，才可以传输来自本层即接入层（Access Stratum，AS）的信令消息，当然 SRB1 也可以用来传输某些 NAS 层消息，如鉴权请求和响应消息。另外，RRC 连接建立请求消息也必须指明建立 RRC 连接的原因（EstablishmentCause IE），如 mo-Signalling、mt-Signalling、mo-Data、mt-Data、mo-Access、mt-Access 等。

```
value UL-CCCH-Message-NB ::=
{
  message c1 : rrcConnectionRequest-r13 :
      {
        criticalExtensions rrcConnectionRequest-r13 :
          {
            ue-Identity-r13 randomValue : '10110011 11100101 10111000 01010110 01010011'B,
            establishmentCause-r13 mo-Signalling,
            multiToneSupport-r13 true, //表明终端支持上行 NPUSCH 信道 Format1 {1,3,6,12}
                                                    //Tone 调度
            spare '00000000 00000000 000000'B
          }
      }
}
```

8.3.2 RRC Connection Setup

本条消息携带建立 SRB1（RLC/MAC）的相关信息和 NPDCCH/NPUSCH 信道配置信息，包括上行功率控制信息等。同 LTE 网络比较，NB-IoT 的这条消息就简单很多了，没有 CQI 报告配置 IE，没有 SRS 配置 IE，没有 PUCCH 配置 IE，没有 SR 配置 IE 等。

```
value DL-CCCH-Message-NB ::=
{
  message c1 : rrcConnectionSetup-r13 :
      {
        rrc-TransactionIdentifier 0,
        criticalExtensions c1 : rrcConnectionSetup-r13 :
            {
              radioResourceConfigDedicated-r13
                {
                  srb-ToAddModList-r13
                  {
                    { //注意，这里没有 srb-Identity 配置值，因为 NB-IoT 仅支持一个 SRB1
                      rlc-Config-r13 explicitValue : am :
                          {
                            ul-AM-RLC-r13
                            {
                              t-PollRetransmit-r13 ms500,
                              maxRetxThreshold-r13 t2
                            },
                            dl-AM-RLC-r13
                            {
                            }
```

```
                },
              logicalChannelConfig-r13 defaultValue : NULL
               //注意，这里也没有 logicalChannelGroup 和 priority 配置值
            }
          },
          mac-MainConfig-r13 explicitValue-r13 :
          {
              ul-SCH-Config-r13   //UE 发送 BSR 和重发 BSR 周期大小
              {
                periodicBSR-Timer-r13 pp8,
                retxBSR-Timer-r13 pp128
              },
              timeAlignmentTimerDedicated-r13 infinity,
              logicalChannelSR-Config-r13 setup :
              {
                  logicalChannelSR-ProhibitTimer-r13 pp8
              }
          },
          physicalConfigDedicated-r13
          {
            npdcch-ConfigDedicated-r13 //定义 UE 特定搜索空间（USS）大小
            {
              npdcch-NumRepetitions-r13 r4,
              npdcch-StartSF-USS-r13 v4,
              npdcch-Offset-USS-r13 zero
            },
            npusch-ConfigDedicated-r13
            {
              ack-NACK-NumRepetitions-r13 r2,
              npusch-AllSymbols-r13 TRUE,
              groupHoppingDisabled-r13 true
            },
            uplinkPowerControlDedicated-r13
            {
              p0-UE-NPUSCH-r13 0 //NPUSCH 信道 UE 特定的功率控制参数，即在
                                 //公共功率控制参数值基础上的偏移值，提高此
                                 //值就会让 UE 加大上行发送功率
            }
          }
        }
      }
    }
}
```

8.3.3 RRC Connection Setup Complete

如果是 UE 附着过程触发的 RRC 连接建立，则 RRC 连接建立完成消息（RRC ConnectionSetupComplete）中的 DedicatedInfoNAS IE 直接携带第 1 条 NAS-EMM 消息，即附着请求消息（Attach Request），也称为骑墙 NAS 消息传送（Piggy NAS Message），以减少信令传递时延。

如果是 UE 有上行数据等待发送触发的 RRC 连接建立，则 RRC 连接建立完成消息（RRCConnectionSetupComplete）中的 DedicatedInfoNAS IE 携带的就是 NAS-Service Request 消息。

如果支持控制面优化数据传输方式，DedicatedInfoNAS IE 可能还会携带实际的上行用户数据包，MME 会提取这个数据包，通过 S11-U 接口转发给 S-GW，用于单次快速数据传输。

```
value UL-DCCH-Message-NB ::=
{
  message c1 : rrcConnectionSetupComplete-r13 :
      {
        rrc-TransactionIdentifier 0,
        criticalExtensions rrcConnectionSetupComplete-r13 :
          {
            selectedPLMN-Identity-r13 1,
            registeredMME-r13
            {
              mmegi '11010100 00110001'B,
              mmec '00000101'B
            },
            dedicatedInfoNAS-r13     //这个可以携带NAS层信令消息也可以携带上行用户
                                     //数据包，基站只能透传
'178E077519D60741110BF664F099D43105C00BEC6107F0700000108400002C0203D031272680
80211001000010810600000000830600000000000D00000300000A000005000010000011005264F0992000F
4E0C16E014D'H
            up-CIoT-EPS-Optimisation-r13: false //UE 不支持用户面功能优化数据传输模式
          }
      }
}
```

8.3.4 DL Information Transfer

这条 RRC 下行直传消息专门用于透明传输下行 NAS 层信令消息，如 Authentication Request、NAS Security Mode Command、Attach Accept 等。

如果支持控制面优化数据传输模式，dlInformationTransfer 还可以用来专门传输下行用户数据包（CP Only），即所谓的 Data over NAS（DoNAS）。

这里通过 dedicatedInfoNAS IE 携带的不管是 NAS 层信令还是用户数据，基站都不能进行任何处理。

```
value DL-DCCH-Message-NB ::=
{
  message c1 : dlInformationTransfer-r13 :
      {
        rrc-TransactionIdentifier 0,
        criticalExtensions c1 : dlInformationTransfer-r13 :
            {
              dedicatedInfoNAS-r13
  '27B40DA1F0030752036C679056DB1C650151076B1   F818C712F1060A16B5FA5A48000149
DA04E9068E1A2'H
            }
      }
}
```

8.3.5 UL Information Transfer

这条 RRC 上行直传消息专门用于透明传输上行 NAS 层信令消息，如 Authentication Response、NAS Security Mode Complete、Attach Complete 等。

如果支持控制面优化数据传输模式，ulInformationTransfer 还可以用来传输上行用户数据包（CP Only）。

```
value UL-DCCH-Message-NB ::=
{
  message c1 : ulInformationTransfer-r13 :
      {
        criticalExtensions ulInformationTransfer-r13 :
          {
            dedicatedInfoNAS-r13 '27C0692DC0030753088E269C8742DCF1D9'H
          }
      }
}
```

8.3.6 RRC Connection Release

这条 RRC 消息既可以用来释放 RRC 连接，让 UE 进入空闲状态，也可以用来重定向 UE 到某个小区，如果支持用户面优化数据传输模式，也可以携带 resumeIdentity 来触发 RRC 连接暂停。

```
value DL-DCCH-Message-NB ::=
{
      message c1 : rrcConnectionRelease-r13 :
      {
            rrc-TransactionIdentifier 0,
```

```
            criticalExtensions c1 : rrcConnectionRelease-r13 :
            {
                releaseCause-r13 other //这里 Cause 值如果是 rrc-Suspend，则紧接着后面还
                                       //必须携带 resumeIdentity 值
                redirectedCarrierInfo-r13   //这里取值可以是频点信息（CarrierFreq-NB- r13），
                                            //用于快速小区重选
                extendedWaitTime-r13        //取值范围是 0～1800s
                resumeIdentity-r13    0x01 //RRC 连接暂停恢复 ID 值，UE 在随后的 RRC 连
                                            //接回复请求消息中需要携带该值
            }
        }
    }
```

8.4　S1AP 消息解析

本节重点解析 S1-MME 接口 S1AP 相关信令消息的内容。S1AP 消息也分为两大类：

一是终止于 eNodeB，直接由 eNodeB 接收、发送、处理的消息，如 InitialUEMessage；

二是由 S1 接口透传的 NAS 层消息，即上下行 NAS 直传消息，eNodeB 不能对这些消息进行任何处理。

下面分别解析一些典型的 S1AP 消息。

8.4.1　Initial UE Message

这是基站 eNodeB 在 RRC 连接建立完成后向 MME 发送的第 1 条 S1AP 消息，以此来触发 UE 上下文（UE Context）的建立，该消息通常携带 NAS 层信令消息，如 Attach Request 或 Service Request，还可能包含上行用户数据包。

```
S1AP {
  pdu value S1AP-PDU ::= initiatingMessage : {
    procedureCode 12,
    criticality ignore,
    value InitialUEMessage : {
      protocolIEs {
        {
          id 8,
          criticality reject,
          value ENB-UE-S1AP-ID : 262177 //基站 eNB 侧保存的 UE 唯一标识
        },
        {
          id 26,
          criticality reject,
```

```
                value NAS-PDU : //基站转发的NAS 信令消息或上行用户数据包
        '17dc46f8b89e0741110bf664f099d43105c049673607f0700000108400002a0209d011d12723808021
1001000010810600000000830600000000000d00000a00000500001000001100526 4f0992000f4e0c16e014d'H
              },
              {
                id 67,
                criticality reject,
                value TAI : {
                  pLMNidentity '64f099'H,
                  tAC '2000'H
                }
              },
              {
                id 100,
                criticality ignore,
                value EUTRAN-CGI : {
                  pLMNidentity '64f099'H,
                  cell-ID '0111101001011001110000000000'B
                }
              },
              {
                id 134,
                criticality ignore,
                value RRC-Establishment-Cause : mo-Signalling //基站转发的从RRCConnectionRequest
                                                    //消息中提取的RRC 连接建立原因
              }
            }
          }
        }
```

8.4.2 Initial Context Setup Request

S1AP 初始上下文建立请求消息，此消息只在支持用户面优化数据传输模式下才会被触发，由 MME 发送给基站。该消息还会携带 E-RAB 信息，即 S1-U 承载配置信息，同时还会触发基站发送 RRCConnectionReconfiguration 消息来建立用户面数据无线承载 DRB。

另外，该消息可能还会包含 NAS 层信令消息，如 Attach Accept 消息及 UE 能力信息等内容。

```
S1AP {
  pdu value S1AP-PDU ::= initiatingMessage : {
    procedureCode 9,
    criticality reject,
    value InitialContextSetupRequest : {
      protocolIEs {
```

```
        {
          id 0,
          criticality reject,
          value MME-UE-S1AP-ID : 15496741  //S1 接口用同样的一对 MME-eNodeB S1AP
                                           //ID 来唯一识别 UE
        },
        {
          id 8,
          criticality reject,
          value ENB-UE-S1AP-ID : 262151
        },
        {
          id 66,
          criticality rcjcct,
          value UEAggregateMaximumBitRate : //AMBR（Aggregate Maximum Bit Rate）是集
//合最大比特速率，在 UE 开户时设置，系统通过限制流量方式禁止一组数据流集合的比特速率超过
//AMBR，多个 EPS 承载可以共享一个 AMBR。对于 UE AMBR 带宽管理是限制一个 UE 的所有 Non-
//GBR 承载的速率之和不会超过 UE AMBR。如果开户时 AMBR 设置为 0，则初始上下文建立失败，会
//回复 INITIAL CONTEXT SETUP FAILURE 消息且原因值可能为"Semantic Error"。该值定义了用户
//SIM 的最大下载速率，分为下行和上行
          {
            UEAggregateMaximumBitRateDL 500000000,
            UEAggregateMaximumBitRateUL 256000000
          }
        },
        {
          id 24,
          criticality reject,
          value E-RABToBeSetupListCtxtSUReq : {
            {
              id 52,
              criticality reject,
              value E-RABToBeSetupItemCtxtSUReq : {
                E-RAB-ID 5, //MME 分配的管理 E-RAB 的标识。默认承载建立时，E-RAB-
                            //ID 默认为 5。专用承载为其他值。E-RAB-ID 的有效范围也
                            //同样是 5～15，因此我们看到的默认承载建立其 E-RAB-ID
                            //都是从 5 开始编号的
                E-RABlevelQoSParameters {
                  QCI 6, //终端开户的 QCI 值。不同 QCI 的 SDF 映射到不同的 EPS 承载。
                         //默认承载只能是 Non-GBR 类型，而 QCI5 用于 IMS 信令，所以
                         //默认承载只能在开户时选择 QCI 6～9
                  allocationRetentionPriority
                  {
```

```
                    priorityLevel 3, //分配资源的优先级配置（包括优先级和抢占指示器），
                                     //如果配置为“no priority”，则不考虑下面两个参考的
                                     //配置）
                    pre-emptionCapability shall-not-trigger-pre-emption,
                    pre-emptionVulnerability pre-emptable //表示此 E-RAB 的资源能否被其
                                                          //他 E-RAB 抢占
                  }
                },
                transportLayerAddress '00001010101000110001110100100010'B, //MME 分配
//的 S1-U 接口 GTP-U 对端地址（传输层地址），如果 eNB 传输资源申请失败，则会回复 INITIAL
//CONTEXT SETUP FAILURE 消息，且原因值为“Transport Resource Unavailable”
                GTP-TEID 'eec11380'H, //S-GW 端 GTP 遂道终结点标识
                NAS-PDU  //包含的 NAS 层信令消息，如 Attach Accept 等
      '27158a49ea0e07420249060064f099050000885285c101052706766
      f6c74653108657269637373736f6e03636f6d066d6e63303939066d636334363004677072730902b403
04e8be5326005e06fefef4fa01005834274580802110040000108106000000008306000000000000050102000110
0000000000000000000000000aa34205000c040aa342050001102001 1b7088210000000000000000000005500bf
664f09980000cc0019e701364f09900013408031f11f0031f11f9640103f2'H
              }
            }
          }
        },
        {
          id 107,
          criticality reject,
          value UESecurityCapabilities : //UE 的安全能力，在 NAS Attach Request 中包含网络
                                         //能力。这里主要体现了加密算法和完整性保护算法
          {
            encryptionAlgorithms '1110000000000000'B, //加密算法：比特映射中每一个位置
//表示一种加密算法：第 1 个 bit 对应 EEA0，以此类推。其他比特保留，以备以后使用。值‘1’表示
//支持该算法，值‘0’表示不支持该算法
            integrityProtectionAlgorithms '1110000000000000'B  //完整性保护算法：比特映
//射中每一个位置表示一种保护算法：第 1 个 bit 对应 EIA0，以此类推。其他比特保留，以备以后使用。
//值‘1’表示支持该算法，值‘0’表示不支持该算法
          }
        },
        {
          id 73,
          criticality reject,
          value SecurityKey : //安全密钥，核心网和 UE 之间 NAS 层的鉴权和安全过程之后，
                              //通过初始密钥生成的 KeNB，eNB 收到后会导出 AS 层的安全密钥。
'11111111111111111111111111111111111111111111111111111111111111111111111111111111111111111111111111111111111111
111111111111111111111111111111111111111111111111111111111111111111111111111111111111111111111111111111111111111
```

```
11111111111111111111111111111111111111111111'B
            },
            {
              id 41,
              criticality ignore,
              value HandoverRestrictionList : { //切换限制列表
                servingPLMN '64f099'H //当前服务网络 PLMN 标识
              }
            },
            {
              id 192,
              criticality ignore,
              value Masked-IMEISV :
'0011010100010110000000010000000000001110011111111111 11111100000000'B
            }
          }
        }
      }
```

8.4.3　Initial Context Setup Response

初始上下文建立响应消息，此消息只在支持用户面优化数据传输模式下才会被触发，由基站发送给 MME。

```
S1AP {
  pdu value S1AP-PDU ::= successfulOutcome : {
    procedureCode 9,
    criticality reject,
    value InitialContextSetupResponse : {
      protocolIEs {
        {
          id 0,
          criticality ignore,
          value MME-UE-S1AP-ID : 15496741
        },
        {
          id 8,
          criticality ignore,
          value ENB-UE-S1AP-ID : 262151
        },
        {
          id 51,
          criticality ignore,
          value E-RABSetupListCtxtSURes : {
```

```
                {
                  id 50,
                  criticality ignore,
                  value E-RABSetupItemCtxtSURes : {
                    e-RAB-ID 5,
                    transportLayerAddress '00001010101000110111000010101100'B,
                    gTP-TEID '6e7383e3'H //eNB 端 GTP 隧道终点标识
                  }
                }
              }
            }
          }
        }
      }
    }
```

8.4.4 Downlink NAS Transport

S1AP 下行 NAS 直传消息，专门用于承载下行 NAS 层信令或下行用户数据包（CP only）。

```
S1AP {
  pdu value S1AP-PDU ::= initiatingMessage : {
    procedureCode 11,
    criticality ignore,
    value DownlinkNASTransport : {
      protocolIEs {
        {
          id 0,
          criticality reject,
          value MME-UE-S1AP-ID : 6339511 //MME 侧保存的 UE 唯一标识
        },
        {
          id 8,
          criticality reject,
          value ENB-UE-S1AP-ID : 262177 //eNB 侧保存的 UE 唯一标识
        },
        {
          id 26,
          criticality reject,
              value NAS-PDU : '075202789 cc7028840878dac8dcb35fdffc016105542b42e9201
8000815324eb65342f15'H //基站转发的 NAS 信令消息或上行用户数据包
        }
      }
```

```
        }
      }
```

8.4.5　Uplink NAS Transport

S1AP 上行 NAS 直传消息，专门用于承载上行 NAS 层信令或上行用户数据包（CP only）。

```
S1AP {
  pdu value S1AP-PDU ::= initiatingMessage : {
    procedureCode 13,
    criticality ignore,
    value UplinkNASTransport : {
      protocolIEs {
        {
          id 0,
          criticality reject,
          value MME-UE-S1AP-ID : 6339511
        },
        {
          id 8,
          criticality reject,
          value ENB-UE-S1AP-ID : 262177
        },
        {
          id 26,
          criticality reject,
          value NAS-PDU : '17f6dde3c59f075308d1a92959249805d2'H
        },
        {
          id 100,
          criticality ignore,
          value EUTRAN-CGI : {
            pLMNidentity '64f099'H,
            cell-ID '0111101001011001110000000000'B
          }
        },
        {
          id 67,
          criticality ignore,
          value TAI : {
            pLMNidentity '64f099'H,
            tAC '2000'H
          }
```

```
                }
            }
        }
    }
```

8.4.6 Paging

S1AP 接口寻呼请求消息，来自 PS-domain，用于下行数据到达的通知。

```
S1AP {
    pdu value S1AP-PDU ::= initiatingMessage : {
        procedureCode 10,
        criticality ignore,
        value Paging : {
            protocolIEs {
                {
                    id 80,
                    criticality ignore,
                    value UEIdentityIndexValue : '0101111111'B
                },
                {
                    id 43,
                    criticality ignore,
                    value UEPagingID : s_TMSI : {
                        mMEC '05'H,
                        m-TMSI 'f04d2f44'H
                    }
                },
                {
                    id 109,
                    criticality ignore,
                    value CNDomain : ps
                },
                {
                    id 46,
                    criticality ignore,
                    value TAIList : {
                        {
                            id 47,
                            criticality ignore,
                            value TAIItem : {
                                tAI {
                                    pLMNidentity '64f099'H,
                                    tAC '2000'H
```

```
                                    }
                                }
                            }
                        }
                    },
                    {
                        id 211,
                        criticality ignore,
                        value AssistanceDataForPaging : {
                            assistanceDataForCECapableUEs {
                                cellIdentifierAndCELevelForCECapableUEs {
                                    global-Cell-ID {
                                        pLMNidentity '64f099'H,
                                        cell ID '0111101001101010011000000011'B
                                    },
                                    cELevel '92'H
                                }
                            },
                            pagingAttemptInformation {
                                pagingAttemptCount 4,
                                intendedNumberOfPagingAttempts 4,
                                nextPagingAreaScope changed
                            }
                        }
                    },
                    {
                        id 244,
                        criticality ignore,
                        value Opaque Open Type : '97f0'H
                    }
                }
            }
        }
    }
```

8.4.7　UE Context Release Command

UE 上下文释放命令，由 MME 发送给 eNB。

```
S1AP {
  pdu value S1AP-PDU ::= initiatingMessage : {
    procedureCode 23,
    criticality reject,
    value UEContextReleaseCommand : {
```

```
                protocolIEs {
                    {
                        id 99,
                        criticality reject,
                        value UE-S1AP-IDs : uE_S1AP_ID_pair : { //UE 唯一标识
                         mME-UE-S1AP-ID 42469870,
                         eNB-UE-S1AP-ID 262148
                        }
                    },
                    {
                        id 2,
                        criticality ignore,
                        value Cause : radioNetwork : release-due-to-eutran-generated-reason //UE 上下文释
                                                                                          //放原因
                    }
                }
            }
        }
    }
```

8.4.8　UE Context Release Complete

eNodeB 在删除完相关资源并向 UE 发送 RRC Release 消息后，就会发送 UE 上下文释放完成消息给 MME，以确认释放成功。

```
    S1AP {
        pdu value S1AP-PDU ::= successfulOutcome : {
            procedureCode 23,
            criticality reject,
            value UEContextReleaseComplete : {
                protocolIEs {
                    {
                        id 0,
                        criticality ignore,
                        value MME-UE-S1AP-ID : 42469870
                    },
                    {
                        id 8,
                        criticality ignore,
                        value ENB-UE-S1AP-ID : 262148
                    },
                    {
                        id 212,
                        criticality ignore,
```

```
                value CellIdentifierAndCELevelForCECapableUEs : {
                  global-Cell-ID {
                    pLMNidentity '64f099'H,
                    cell-ID '0111101001011001110000000000'B
                  },
                  cELevel '65'H
                }
              }
            }
          }
        }
      }
```

8.5　NAS 消息解析

本节重点解析非接入层，即 NAS 层相关信令消息的内容。NAS 层信令消息是指终端 UE 和核心网 MME 之间交互的消息，基站对 NAS 消息不能进行任何处理，而只能通过 RRC 直传消息（DL/ULInformationTransfer）和 S1AP 直传消息（Downlink/UplinkNASTransport）在终端 UE 和核心网 MME 之间传送。

NAS 消息又可以分为两大类：

- EPS 移动性管理消息（EPS Mobility Management，EMM），如 Attach Request 消息；
- EPS 会话管理消息（EPS Session Management，ESM），如 Activate Default EPS Bearer Context Request 消息。

下面分别解析这些典型的 NAS 消息。

8.5.1　Attach Request

通常，第 1 条 NAS-EMM 消息即附着请求消息（Attach Request）都由 RRC 连接建立完成消息（RRCConnectionSetupComplete）中的 dedicatedInfoNAS IE 直接携带，也称之为骑墙 NAS 消息传送（Piggy NAS message），以减少信令传递时延。

当然，也可以发送新的 RRC 上行直传消息（ULInformationTransfer）来负责 Attach Request 消息的传输。该 NAS 消息通常还包含第 1 条 NAS-ESM 消息，即初始 PDN 连接建立请求消息（PDNConnectivityRequest）。

与 LTE 不一样的地方是，NB-IoT 还支持在附着过程不带 PDN 连接建立，即不携带 PDNConnectivityRequest。

另外，这个 NAS 层附着请求消息也包含非常重要的信息：UE 标识和 UE 各种业务能力，包括是否已经激活并支持 IMS/VoLTE 及 SRVCC 功能。

如果 UE 标识是 S-TMSI，但 MME 查不到该临时标识或该临时标识已经过期，则在鉴权之前 MME 还会额外发起 UE 身份识别过程（Identity Request/Response）来要求 UE 提供 IMSI，即永久有效标识。具体参见下面内容。

```
LTE NAS EMM Plain OTA Outgoing Message——Attach Request Msg
security_header_or_skip_ind = 0 (0x0)
prot_disc = 7 (0x7) (EPS mobility management messages)
msg_type = 65 (0x41) (Attach request)
lte_emm_msg
  emm_attach_request
    tsc = 0 (0x0) (cached sec context)
    nas_key_set_id = 1 (0x1)
    att_type = 1 (0x1) (EPS attach)
    eps_mob_id
      id_type = 6 (0x6) (GUTI)
      odd_even_ind = 0 (0x0)
      Guti_1111 = 15 (0xf)
      mcc_1 = 4 (0x4)
      mcc_2 = 6 (0x6)
      mcc_3 = 0 (0x0)
      mnc_3 = 15 (0xf)
      mnc_1 = 9 (0x9)
      mnc_2 = 9 (0x9)
      MME_group_id = 54321 (0xd431)
      MME_code = 5 (0x5)
      m_tmsi = 3222006881 (0xc00bec61)
    ue_netwk_cap
      EEA0 = 1 (0x1)
      EEA1_128 = 1 (0x1)
      EEA2_128 = 1 (0x1)
      EEA3_128 = 1 (0x1)
      EEA4 = 0 (0x0)
      EEA5 = 0 (0x0)
      EEA6 = 0 (0x0)
      EEA7 = 0 (0x0)
      EIA0 = 0 (0x0)
      EIA1_128 = 1 (0x1)
      EIA2_128 = 1 (0x1)
      EIA3_128 = 1 (0x1)
      EIA4 = 0 (0x0)
      EIA5 = 0 (0x0)
      EIA6 = 0 (0x0)
      EIA7 = 0 (0x0)
      oct5_incl = 1 (0x1)
```

```
UEA0 = 0 (0x0)
UEA1 = 0 (0x0)
UEA2 = 0 (0x0)
UEA3 = 0 (0x0)
UEA4 = 0 (0x0)
UEA5 = 0 (0x0)
UEA6 = 0 (0x0)
UEA7 = 0 (0x0)
oct6_incl = 1 (0x1)
UCS2 = 0 (0x0)
UIA1 = 0 (0x0)
UIA2 = 0 (0x0)
UIA3 = 0 (0x0)
UIA4 – 0 (0x0)
UIA5 = 0 (0x0)
UIA6 = 0 (0x0)
UIA7 = 0 (0x0)
oct7_incl = 1 (0x1)
ProSedd = 0 (0x0)
ProSe = 0 (0x0)
H_245_ASH = 0 (0x0)
ACC_CSFB = 1 (0x1)
LPP = 0 (0x0)
LCS = 0 (0x0)
vcc_1xsr = 0 (0x0)
NF = 0 (0x0)
oct8_incl = 1 (0x1)
ePCO = 1 (0x1)
HC_CPCIoT = 0 (0x0)
ERwoPDN = 0 (0x0)
S1_Udata = 0 (0x0)
UPCIoT = 0 (0x0)
CPCIoT = 1 (0x1)
Prose_Relay = 0 (0x0)
Prose_dc = 0 (0x0)
oct9_incl = 1 (0x1)
multiDRB = 0 (0x0)
oct10_incl = 0 (0x0)
oct11_incl = 0 (0x0)
oct12_incl = 0 (0x0)
oct13_incl = 0 (0x0)
oct14_incl = 0 (0x0)
oct15_incl = 0 (0x0)
```

```
esm_msg_container
  eps_bearer_id_or_skip_id = 0 (0x0)
  prot_disc = 2 (0x2) (EPS session management messages)
  trans_id = 3 (0x3)
  msg_type = 208 (0xd0) (PDN connectivity request)
  lte_esm_msg
    pdn_connectivity_req
      pdn_type = 3 (0x3) (Ipv4v6)
      req_type = 1 (0x1) (initial request)
      info_trans_flag_incl = 0 (0x0)
      access_pt_name_incl = 0 (0x0)
      prot_config_incl = 1 (0x1)
      prot_config
        ext = 1 (0x1)
        conf_prot = 0 (0x0)
        num_recs = 1 (0x1)
        sm_prot[0]
          protocol_id = 32801 (0x8021) (IPCP)
          prot_len = 16 (0x10)
          ipcp_prot
            ipcp_prot_id = 1 (0x1) (CONF_REQ)
            identifier = 0 (0x0)
            rfc1332_conf_req
              num_options = 2 (0x2)
              conf_options[0]
                type = 129 (0x81)
                rfc1877_primary_dns_server_add
                  length = 6 (0x6)
                  ip_addr = 0 (0x0) (0.0.0.0)
              conf_options[1]
                type = 131 (0x83)
                rfc1877_sec_dns_server_add
                  length = 6 (0x6)
                  ip_addr = 0 (0x0) (0.0.0.0)
        num_recs2 = 6 (0x6)
        sm_container[0]
          container_id = 13 (0xd) (DNS Server IPv4 Address Requestt)
          container_len = 0 (0x0)
        sm_container[1]
          container_id = 3 (0x3) (DNS Server IPv6 Address Request)
          container_len = 0 (0x0)
        sm_container[2]
          container_id = 10 (0xa) (IP address allocation via NAS signalling)
```

```
                    container_len = 0 (0x0)
                  sm_container[3]
                    container_id = 5 (0x5) (NWK Req Bearer Control indicator)
                    container_len = 0 (0x0)
                  sm_container[4]
                    container_id = 16 (0x10) (Ipv4 Link MTU Request)
                    container_len = 0 (0x0)
                  sm_container[5]
                    container_id = 17 (0x11) (MS support of Local address in TFT indicator)
                    container_len = 0 (0x0)
                dev_properties_incl = 0 (0x0)
                nbifom_incl = 0 (0x0)
                header_compression_config_inclu = 0 (0x0)
                ext_prot_config_incl = 0 (0x0)
          p_tmsi_sig_incl = 0 (0x0)
          add_guti_incl = 0 (0x0)
          reg_tai_incl = 1 (0x1)
          tracking_area_id
            mcc_mnc
              mcc_1 = 4 (0x4)
              mcc_2 = 6 (0x6)
              mcc_3 = 0 (0x0)
              mnc_3 = 15 (0xf)
              mnc_1 = 9 (0x9)
              mnc_2 = 9 (0x9)
            tracking_area_id = 8192 (0x2000)
          drx_params_incl = 0 (0x0)
          ms_netwk_cap_incl = 0 (0x0)
          old_loc_area_id_incl = 0 (0x0)
          tmsi_stat_incl = 0 (0x0)
          ms_class_mark2_incl = 0 (0x0)
          ms_class_mark3_incl = 0 (0x0)
          supp_codecs_incl = 0 (0x0)
          add_update_type_incl = 1 (0x1)
          add_update_type
            PNB_CIoT = 1 (0x1) (control plane CIoT EPS opt)
            signaling_active = 0 (0x0)
            add_update_type = 0 (0x0) (no additional info. If received, interpreted as req for comb
attach or comb TAU)
          voice_domain_pref_incl = 0 (0x0)
          dev_properties_incl = 0 (0x0)
          old_guti_incl = 1 (0x1)
          old_guti
```

```
        guti_type = 0 (0x0) (Native GUTI)
      ms_network_feature_incl = 1 (0x1)
      ms_network_feature_support
        ext_periodic_timers = 1 (0x1)
      network_resource_id_container_incl = 0 (0x0)
      t3324_incl = 0 (0x0)
      t3412_ext_incl = 0 (0x0)
      ext_drx_par_incl = 1 (0x1)    //eDRX 配置信息
      ext_drx_par
        length = 1 (0x1)
        eDRX = 13 (0xd)
        paging_time_window = 4 (0x4)
```

1．Attach Accept

该 EMM 附着接受消息包含新分配的 TA List 值，通常还会携带 ESM 消息——ActivateDefaultEPSBearerContextRequest。另外，该消息还会包含网络侧支持哪些 NB-IoT 功能和 NAS 层相关的定时器值，如是否支持控制面或用户面优化数据传输模式等。

如果只支持控制面优化数据传输模式，那么本消息将专门由 S1AP-DownlinkNASTransport 消息发给基站，基站再通过 RRC-DLInformationTransfer 消息专门发给 UE。

如果支持用户面优化数据传输模式，那么本消息将由 S1AP-InitialContextSetupRequest 消息携带发给基站，再由基站通过 RRCConnectionReconfiguration 消息携带发给 UE。

```
LTE NAS EMM Plain OTA Incoming Message
security_header_or_skip_ind = 0 (0x0)
prot_disc = 7 (0x7) (EPS mobility management messages)
msg_type = 66 (0x42) (Attach accept)
lte_emm_msg
  emm_attach_accept
    attach_result = 1 (0x1) (EPS only)
    t3412
      unit = 1 (0x1)
      timer_value = 30 (0x1e)
    tai_list //新的跟踪区列表，通常包含 1 个或多个 TAC 值，如果 UE 只是在这个列表内包含的跟踪区内移动就不会触发 TAU 更新过程，以减小空口信令负载
      num_tai_list = 1 (0x1)
      tai_list[0]
        list_type = 0 (0x0)
        num_element = 0 (0x0)
        mcc_mnc
          mcc_1 = 4 (0x4)
          mcc_2 = 6 (0x6)
```

```
        mcc_3 = 0 (0x0)
        mnc_3 = 15 (0xf)
        mnc_1 = 9 (0x9)
        mnc_2 = 9 (0x9)
      tac[0] = 8192 (0x2000)
  esm_msg_container
    eps_bearer_id_or_skip_id = 5 (0x5)
    prot_disc = 2 (0x2) (EPS session management messages)
    trans_id = 3 (0x3)
    msg_type = 193 (0xc1) (Activate default EPS bearer context request)
    lte_esm_msg
      act_def_eps_bearer_context_req
        eps_qos
          qci = 9 (0x9) (QC9)
          oct4_incl = 0 (0x0)
          oct5_incl = 0 (0x0)
          oct6_incl = 0 (0x0)
          oct7_incl = 0 (0x0)
          oct8_incl = 0 (0x0)
          oct9_incl = 0 (0x0)
          oct10_incl = 0 (0x0)
          oct11_incl = 0 (0x0)
          oct12_incl = 0 (0x0)
          oct13_incl = 0 (0x0)
          oct14_incl = 0 (0x0)
          oct15_incl = 0 (0x0)
        access_point
          num_acc_pt_val = 38 (0x26)
          acc_pt_name_val[0] = 5 (0x5) (length)
          acc_pt_name_val[1] = 97 (0x61) (a)
          acc_pt_name_val[2] = 112 (0x70) (p)
          acc_pt_name_val[3] = 110 (0x6e) (n)
          acc_pt_name_val[4] = 48 (0x30) (0)
          acc_pt_name_val[5] = 49 (0x31) (1)
          acc_pt_name_val[6] = 8 (0x8) (length)
          acc_pt_name_val[7] = 101 (0x65) (e)
          acc_pt_name_val[8] = 114 (0x72) (r)
          acc_pt_name_val[9] = 105 (0x69) (i)
          acc_pt_name_val[10] = 99 (0x63) (c)
          acc_pt_name_val[11] = 115 (0x73) (s)
          acc_pt_name_val[12] = 115 (0x73) (s)
          acc_pt_name_val[13] = 111 (0x6f) (o)
          acc_pt_name_val[14] = 110 (0x6e) (n)
```

```
    acc_pt_name_val[15] = 3 (0x3) (length)
    acc_pt_name_val[16] = 99 (0x63) (c)
    acc_pt_name_val[17] = 111 (0x6f) (o)
    acc_pt_name_val[18] = 109 (0x6d) (m)
    acc_pt_name_val[19] = 6 (0x6) (length)
    acc_pt_name_val[20] = 109 (0x6d) (m)
    acc_pt_name_val[21] = 110 (0x6e) (n)
    acc_pt_name_val[22] = 99 (0x63) (c)
    acc_pt_name_val[23] = 48 (0x30) (0)
    acc_pt_name_val[24] = 57 (0x39) (9)
    acc_pt_name_val[25] = 57 (0x39) (9)
    acc_pt_name_val[26] = 6 (0x6) (length)
    acc_pt_name_val[27] = 109 (0x6d) (m)
    acc_pt_name_val[28] = 99 (0x63) (c)
    acc_pt_name_val[29] = 99 (0x63) (c)
    acc_pt_name_val[30] = 52 (0x34) (4)
    acc_pt_name_val[31] = 54 (0x36) (6)
    acc_pt_name_val[32] = 48 (0x30) (0)
    acc_pt_name_val[33] = 4 (0x4) (length)
    acc_pt_name_val[34] = 103 (0x67) (g)
    acc_pt_name_val[35] = 112 (0x70) (p)
    acc_pt_name_val[36] = 114 (0x72) (r)
    acc_pt_name_val[37] = 115 (0x73) (s)
  pdn_addr
    pdn_addr_len = 5 (0x5)
    pdn_type = 1 (0x1) (IPv4)
    ipv4_addr = 335808286 (0x1404071e) (20.4.7.30)
  trans_id_incl = 0 (0x0)
  qos_incl = 0 (0x0)
  llc_sapi_incl = 0 (0x0)
  radio_priority_incl = 0 (0x0)
  pkt_flow_id_incl = 0 (0x0)
  apn_ambr_incl = 1 (0x1)
  apn_ambr
    apn_ambr_dl = 254 (0xfe) (8640 kbps)
    apn_ambr_ul = 254 (0xfe) (8640 kbps)
    oct5_incl = 1 (0x1)
    apn_ambr_dl_ext = 226 (0xe2) (208 Mbps)
    oct6_incl = 1 (0x1)
    apn_ambr_ul_ext = 226 (0xe2) (208 Mbps)
    oct7_incl = 1 (0x1)
    apn_ambr_dl_ext2 = 7 (0x7) (2008.640000 Mbps)
    oct8_incl = 1 (0x1)
```

```
            apn_ambr_ul_ext2 = 7 (0x7) (2008.640000 Mbps)
          esm_cause_incl = 1 (0x1)
          esm_cause
            esm_cause = 50 (0x32) (PDN type IPv4 only allowed)
          prot_config_incl = 1 (0x1)
          prot_config
            ext = 1 (0x1)
            conf_prot = 0 (0x0)
            num_recs = 1 (0x1)
            sm_prot[0]
              protocol_id = 32801 (0x8021) (IPCP)
              prot_len = 16 (0x10)
              ipcp_prot
                ipcp_prot_id = 4 (0x4) (CONF_REJ)
                identifier = 0 (0x0)
                rfc1332_conf_rej
                  num_options = 2 (0x2)
                  conf_options[0]
                    type = 129 (0x81)
                    rfc1877_primary_dns_server_add
                      length = 6 (0x6)
                      ip_addr = 0 (0x0) (0.0.0.0)
                  conf_options[1]
                    type = 131 (0x83)
                    rfc1877_sec_dns_server_add
                      length = 6 (0x6)
                      ip_addr = 0 (0x0) (0.0.0.0)
            num_recs2 = 1 (0x1)
            sm_container[0]
              container_id = 16 (0x10) (Ipv4 Link MTU Request)
              container_len = 2 (0x2)
              container_contents[0] = 5 (0x5)
              container_contents[1] = 0 (0x0)
          connectivity_type_incl = 0 (0x0)
          wlan_offload_acceptability_incl = 0 (0x0)
          nbifom_incl = 0 (0x0)
          header_compression_config_inclu = 0 (0x0)
          ctrl_plane_only_ind_incl = 1 (0x1)
          ctrl_plane_only_ind
            CPOI = 1 (0x1)
          ext_prot_config_incl = 0 (0x0)
          serv_plmn_rate_ctrl_incl = 0 (0x0)
    guti_incl = 1 (0x1)
```

```
guti
   id_type = 6 (0x6) (GUTI)
   odd_even_ind = 0 (0x0)
   Guti_1111 = 15 (0xf)
   mcc_1 = 4 (0x4)
   mcc_2 = 6 (0x6)
   mcc_3 = 0 (0x0)
   mnc_3 = 15 (0xf)
   mnc_1 = 9 (0x9)
   mnc_2 = 9 (0x9)
   MME_group_id = 54321 (0xd431)
   MME_code = 5 (0x5)
   m_tmsi = 3222006882 (0xc00bec62)
loc_id_incl = 0 (0x0)
ms_id_incl = 0 (0x0)
emm_cause_incl = 0 (0x0)
T3402_incl = 0 (0x0)
T3423_incl = 0 (0x0)
equ_plmns_incl = 0 (0x0)
emergnecy_num_list_incl = 0 (0x0)
eps_netwk_feature_support_incl = 1 (0x1)
eps_netwk_feature_support
   length = 1 (0x1)
   CPCIoT = 1 (0x1)     //该参数值指示网络侧支持控制面优化数据传输模式
   ERwoPDN = 0 (0x0)
   ESRPS = 0 (0x0)
   CS_LCS = 0 (0x0) (No info about support of loc service via cs is available)
   EPC_LCS = 0 (0x0) (Location Services via EPC not supported)
   EMC_BS = 0 (0x0) (Emergency bearer services in S1 Mode not supported)
   IMSVoPS = 0 (0x0) (IMS Vo PS Session in S1 Mode not supported)
add_update_result_incl = 1 (0x1)
add_update_result
   ANBUPCOIT = 0 (0x0)
   ANBCPCOIT = 1 (0x1)
   add_update_result = 0 (0x0) (no additional information)
t3412_ext_incl = 0 (0x0)
t3324_incl = 0 (0x0)
ext_drx_par_incl = 1 (0x1)
ext_drx_par
   length = 1 (0x1)
   eDRX = 2 (0x2)
   paging_time_window = 0 (0x0)
```

2. Attach Complete

```
LTE NAS EMM Plain OTA Outgoing Message
security_header_or_skip_ind = 0 (0x0)
prot_disc = 7 (0x7) (EPS Mobility Management Messages)
msg_type = 67 (0x43) (Attach Complete)
lte_emm_msg
  emm_attach_complete
    esm_msg_container
      eps_bearer_id_or_skip_id = 5 (0x5)
      prot_disc = 2 (0x2) (EPS Session Management Messages)
      trans_id = 0 (0x0)
      msg_type = 194 (0xc2) (Activate Default EPS Bearer Context Accept)
      lte_esm_msg
        act_def_eps_bearer_context_accept
          prot_config_incl = 0 (0x0)
          ext_prot_config_incl = 0 (0x0)
```

8.5.2 Authentication Request

NB-IoT 网络采用与 LTE 相同的双向鉴权过程，既可以防止非法终端接入和使用 NB-IoT 网络资源，同时也可以阻止终端误接入非法 NB-IoT 网络，以防终端信息泄露。

NB-IoT 网络采用同 3G 网络一样的 AKA 鉴权算法和流程，该流程消息包含鉴权随机数（RAND）、鉴权矢量（AUTN）和鉴权响应（RES）等必需参数。

UE 根据这些参数及 SIM 卡内保存的密钥值和相关算法计算出相应的加密密钥和完整性保护密钥。

```
LTE NAS EMM Plain OTA Incoming Message——Authentication Request MSG
pkt_version = 1 (0x1)
rel_number = 9 (0x9)
rel_version_major = 5 (0x5)
rel_version_minor = 0 (0x0)
security_header_or_skip_ind = 0 (0x0)
prot_disc = 7 (0x7) (EPS Mobility Management Messages)
msg_type = 82 (0x52) (Authentication request)
lte_emm_msg
  emm_auth_req
    tsc = 0 (0x0) (cached sec context)
    nas_key_set_id = 3 (0x3)
    auth_param_RAND
      rand_val[0] = 108 (0x6c)
      rand_val[1] = 103 (0x67)
      rand_val[2] = 144 (0x90)
```

```
        rand_val[3] = 86 (0x56)
        rand_val[4] = 219 (0xdb)
        rand_val[5] = 28 (0x1c)
        rand_val[6] = 101 (0x65)
        rand_val[7] = 1 (0x1)
        rand_val[8] = 81 (0x51)
        rand_val[9] = 7 (0x7)
        rand_val[10] = 107 (0x6b)
        rand_val[11] = 31 (0x1f)
        rand_val[12] = 129 (0x81)
        rand_val[13] = 140 (0x8c)
        rand_val[14] = 113 (0x71)
        rand_val[15] = 47 (0x2f)
      auth_param_AUTN
        autn_len = 16 (0x10)
        autn[0] = 96 (0x60)
        autn[1] = 161 (0xa1)
        autn[2] = 107 (0x6b)
        autn[3] = 95 (0x5f)
        autn[4] = 165 (0xa5)
        autn[5] = 164 (0xa4)
        autn[6] = 128 (0x80)
        autn[7] = 0 (0x0)
        autn[8] = 20 (0x14)
        autn[9] = 157 (0x9d)
        autn[10] = 160 (0xa0)
        autn[11] = 78 (0x4e)
        autn[12] = 144 (0x90)
        autn[13] = 104 (0x68)
        autn[14] = 225 (0xe1)
        autn[15] = 162 (0xa2)
```

Authentication Response

LTE NAS EMM Plain OTA Outgoing Message——Authentication Response MSG

```
security_header_or_skip_ind = 0 (0x0)
prot_disc = 7 (0x7) (EPS mobility management messages)
msg_type = 83 (0x53) (Authentication response)
lte_emm_msg
  emm_auth_resp
    auth_resp_param
      len_auth_resp = 8 (0x8)
      res[0] = 142 (0x8e)
      res[1] = 38 (0x26)
```

```
res[2] = 156 (0x9c)
res[3] = 135 (0x87)
res[4] = 66 (0x42)
res[5] = 220 (0xdc)
res[6] = 241 (0xf1)
res[7] = 217 (0xd9)
```

8.5.3 NAS Security Mode Command

非接入层（NAS）安全模式过程消息协商确定 UE 和 NB-IoT 核心网之间 NAS 信令消息的完整性保护算法和加密算法，防止信令消息在无线空中接口发送过程被非法篡改和非法窃听。同时该过程还要确定 NAS 层安全模式的开始时间。

```
LTE NAS EMM Plain OTA Incoming Message——Security Mode Command MSG
security_header_or_skip_ind = 0 (0x0)
prot_disc = 7 (0x7) (EPS mobility management messages)
msg_type = 93 (0x5d) (Security mode command)
lte_emm_msg
  emm_sec_mode_cmd
    nas_sec_algorithms
      cipher_algorithm = 0 (0x0) (EEA0 (ciphering not used))
      inte_prot_algorithm = 2 (0x2) (128-EIA2)
    tsc_asme = 0 (0x0) (cached sec context)
    nas_key_set_id_asme = 3 (0x3)
    replayed_ue_sec_capabilities
      EEA0 = 1 (0x1)
      EEA1_128 = 1 (0x1)
      EEA2_128 = 1 (0x1)
      EEA3_128 = 1 (0x1)
      EEA4 = 0 (0x0)
      EEA5 = 0 (0x0)
      EEA6 = 0 (0x0)
      EEA7 = 0 (0x0)
      EIA0 = 0 (0x0)
      EIA1_128 = 1 (0x1)
      EIA2_128 = 1 (0x1)
      EIA3_128 = 1 (0x1)
      EIA4 = 0 (0x0)
      EIA5 = 0 (0x0)
      EIA6 = 0 (0x0)
      EIA7 = 0 (0x0)
      oct5_incl = 0 (0x0)
      oct6_incl = 0 (0x0)
      oct7_incl = 0 (0x0)
```

```
        imesv_incl = 1 (0x1)
        imesv_request
          imeisv_req_val = 1 (0x1)
        replaynounce_incl = 0 (0x0)
        nounce_incl = 0 (0x0)
```

NAS Security Mode Complete
LTE NAS EMM Plain OTA Outgoing Message——Security Mode Complete MSG

```
security_header_or_skip_ind = 0 (0x0)
prot_disc = 7 (0x7) (EPS mobility management messages)
msg_type = 94 (0x5e) (Security mode complete)
lte_emm_msg
  emm_sec_mode_complete
    mod_id_incl = 1 (0x1)
    mobile_identity
      id_type_check = 3 (0x3)
      ident_type = 3 (0x3)
      odd_even_ind = 0 (0x0)
      num_ident = 16 (0x10)
      ident[0] = 3 (0x3)
      ident[1] = 5 (0x5)
      ident[2] = 1 (0x1)
      ident[3] = 6 (0x6)
      ident[4] = 0 (0x0)
      ident[5] = 2 (0x2)
      ident[6] = 0 (0x0)
      ident[7] = 0 (0x0)
      ident[8] = 4 (0x4)
      ident[9] = 4 (0x4)
      ident[10] = 5 (0x5)
      ident[11] = 3 (0x3)
      ident[12] = 7 (0x7)
      ident[13] = 2 (0x2)
      ident[14] = 0 (0x0)
      ident[15] = 0 (0x0)
```

8.5.4 Activate Default EPS Bearer Context Request

默认 EPS 承载激活请求消息，包含 P-GW 分配给 UE 的 IP 地址信息。如果是 Non-IP 数据传输模式，则没有此消息发送过程。

LTE NAS ESM Plain OTA Incoming Message——Activate Default EPS Bearer Context Request MSG

```
pkt_version = 1 (0x1)
```

```
rel_number = 9 (0x9)
rel_version_major = 5 (0x5)
rel_version_minor = 0 (0x0)
eps_bearer_id_or_skip_id = 5 (0x5)
prot_disc = 2 (0x2) (EPS session management messages)
trans_id = 1 (0x1)
msg_type = 193 (0xc1) (Activate default EPS bearer context request)
lte_esm_msg
  act_def_eps_bearer_context_req
    eps_qos  //该激活的默认承载 QoS 信息
      qci = 9 (0x9) (QC9)
      oct4_incl = 0 (0x0)
      oct5_incl = 0 (0x0)
      oct6_incl = 0 (0x0)
      oct7_incl = 0 (0x0)
      oct8_incl = 0 (0x0)
      oct9_incl = 0 (0x0)
      oct10_incl = 0 (0x0)
      oct11_incl = 0 (0x0)
      oct12_incl = 0 (0x0)
      oct13_incl = 0 (0x0)
      oct14_incl = 0 (0x0)
      oct15_incl = 0 (0x0)
    access_point //接入点名称（APN）
      num_acc_pt_val = 38 (0x26)
      acc_pt_name_val[0] = 5 (0x5) (length)
      acc_pt_name_val[1] = 97 (0x61) (a)
      acc_pt_name_val[2] = 112 (0x70) (p)
      acc_pt_name_val[3] = 110 (0x6e) (n)
      acc_pt_name_val[4] = 48 (0x30) (0)
      acc_pt_name_val[5] = 49 (0x31) (1)
      acc_pt_name_val[6] = 8 (0x8) (length)
      acc_pt_name_val[7] = 101 (0x65) (e)
      acc_pt_name_val[8] = 114 (0x72) (r)
      acc_pt_name_val[9] = 105 (0x69) (i)
      acc_pt_name_val[10] = 99 (0x63) (c)
      acc_pt_name_val[11] = 115 (0x73) (s)
      acc_pt_name_val[12] = 115 (0x73) (s)
      acc_pt_name_val[13] = 111 (0x6f) (o)
      acc_pt_name_val[14] = 110 (0x6e) (n)
      acc_pt_name_val[15] = 3 (0x3) (length)
      acc_pt_name_val[16] = 99 (0x63) (c)
      acc_pt_name_val[17] = 111 (0x6f) (o)
```

```
    acc_pt_name_val[18] = 109 (0x6d) (m)
    acc_pt_name_val[19] = 6 (0x6) (length)
    acc_pt_name_val[20] = 109 (0x6d) (m)
    acc_pt_name_val[21] = 110 (0x6e) (n)
    acc_pt_name_val[22] = 99 (0x63) (c)
    acc_pt_name_val[23] = 48 (0x30) (0)
    acc_pt_name_val[24] = 57 (0x39) (9)
    acc_pt_name_val[25] = 57 (0x39) (9)
    acc_pt_name_val[26] = 6 (0x6) (length)
    acc_pt_name_val[27] = 109 (0x6d) (m)
    acc_pt_name_val[28] = 99 (0x63) (c)
    acc_pt_name_val[29] = 99 (0x63) (c)
    acc_pt_name_val[30] = 50 (0x32) (2)
    acc_pt_name_val[31] = 52 (0x34) (4)
    acc_pt_name_val[32] = 52 (0x34) (4)
    acc_pt_name_val[33] = 4 (0x4) (length)
    acc_pt_name_val[34] = 103 (0x67) (g)
    acc_pt_name_val[35] = 112 (0x70) (p)
    acc_pt_name_val[36] = 114 (0x72) (r)
    acc_pt_name_val[37] = 115 (0x73) (s)
  pdn_addr
    pdn_addr_len = 5 (0x5)
    pdn_type = 1 (0x1) (IPv4)
    ipv4_addr = 335807496 (0x14040408) (20.4.4.8) //终端 IP 地址信息
  trans_id_incl = 0 (0x0)
  qos_incl = 0 (0x0)
  llc_sapi_incl = 0 (0x0)
  radio_priority_incl = 0 (0x0)
  pkt_flow_id_incl = 0 (0x0)
  apn_ambr_incl = 1 (0x1)
  apn_ambr    //该 APN 对应的上下行最大允许速率值
    apn_ambr_dl = 254 (0xfe) (8640 kbps)
    apn_ambr_ul = 254 (0xfe) (8640 kbps)
    oct5_incl = 1 (0x1)
    apn_ambr_dl_ext = 226 (0xe2) (208 Mbps)
    oct6_incl = 1 (0x1)
    apn_ambr_ul_ext = 226 (0xe2) (208 Mbps)
    oct7_incl = 1 (0x1)
    apn_ambr_dl_ext2 = 7 (0x7) (2008.640000 Mbps)
    oct8_incl = 1 (0x1)
    apn_ambr_ul_ext2 = 7 (0x7) (2008.640000 Mbps)
  esm_cause_incl = 1 (0x1)
  esm_cause
```

```
        esm_cause = 50 (0x32) (PDN type IPv4 only allowed)
      prot_config_incl = 1 (0x1)
      prot_config
        ext = 1 (0x1)
        conf_prot = 0 (0x0)
        num_recs = 1 (0x1)
        sm_prot[0]
          protocol_id = 32801 (0x8021) (IPCP)
          prot_len = 16 (0x10)
          ipcp_prot
            ipcp_prot_id = 4 (0x4) (CONF_REJ)
            identifier = 0 (0x0)
            rfc1332_conf_rej
              num_options = 2 (0x2)
              conf_options[0]
                type = 129 (0x81)
                rfc1877_primary_dns_server_add
                  length = 6 (0x6)
                  ip_addr = 0 (0x0) (0.0.0.0)
              conf_options[1]
                type = 131 (0x83)
                rfc1877_sec_dns_server_add
                  length = 6 (0x6)
                  ip_addr = 0 (0x0) (0.0.0.0)
        num_recs2 = 1 (0x1)
        sm_container[0]
          container_id = 16 (0x10) (Ipv4 Link MTU Request)
          container_len = 2 (0x2)
          container_contents[0] = 5 (0x5)
          container_contents[1] = 0 (0x0)
      connectivity_type_incl = 0 (0x0)
      wlan_offload_acceptability_incl = 0 (0x0)
      nbifom_incl = 0 (0x0)
      header_compression_config_inclu = 0 (0x0)
      ctrl_plane_only_ind_incl = 1 (0x1)
      ctrl_plane_only_ind      //此承载只支持控制面优化数据传输模式
        CPOI = 1 (0x1)
      ext_prot_config_incl = 0 (0x0)
    serv_plmn_rate_ctrl_incl = 0 (0x0)
```

8.5.5 Detach Request

去附着（Detach）过程可以是显式的由 Detach 信令触发的，也可以是隐性去附着（Implicitly Detach），即不需要信令触发，如由内部定时器触发，这样可以减少空口信令开销，节省 NB-IoT 终端功耗。

去附着（Detach）过程既可以由终端主动触发，如终端关机触发，也可以由核心网（MME）触发，如网络紧急维护或终端余额不足等，但不允许基站 eNodeB 来发起去附着过程。

如果是在 RRC 空闲状态下，则这条去附着请求消息（Detach Request）通过 RRCConnectionSetupComplete 消息携带，并由基站 eNodeB 提取后再通过 S1AP UplingNASTransport 消息转发给 MME。

如果是在 RRC 连接状态下，则这条去附着请求消息（Detach Request）通过 RRC ULInformationTransfer 消息携带，并由基站 eNodeB 提取后再通过 S1AP UplingNASTransport 消息转发给 MME。

```
LTE NAS EMM Plain OTA Outgoing Message——Detach Request MSG
security_header_or_skip_ind = 0 (0x0)
prot_disc = 7 (0x7) (EPS mobility management messages)
msg_type = 69 (0x45) (Detach request)
lte_emm_msg
  emm_detach_request
    tsc = 0 (0x0) (cached sec context)
    nas_key_set_id = 1 (0x1)
    switch_off = 1 (0x1) (switch off) →去附着原因，这里是关机引起的；
    detach_type = 1 (0x1) (EPS detach) →去附着类型；
    eps_mob_id
      id_type = 6 (0x6) (GUTI)
      odd_even_ind = 0 (0x0)
      Guti_1111 = 15 (0xf)
      mcc_1 = 4 (0x4)
      mcc_2 = 6 (0x6)
      mcc_3 = 0 (0x0)
      mnc_3 = 15 (0xf)
      mnc_1 = 9 (0x9)
      mnc_2 = 9 (0x9)
      MME_group_id = 54321 (0xd431)
      MME_code = 5 (0x5)
      m_tmsi = 3222006882 (0xc00bec62)

Detach Accept
LTE NAS EMM Plain OTA Incoming Message——Detach Accept MSG
security_header_or_skip_ind = 0 (0x0)
prot_disc = 7 (0x7) (EPS mobility management messages)
msg_type = 70 (0x46) (Detach accept)
lte_emm_msg
  emm_detach_accept
```

```
tsc = 0 (0x0) (cached sec context)
nas_key_set_id = 1 (0x1)
```

8.5.6　Control Plane Service Request

这个控制面业务请求消息通过 RRCConnectionSetupComplete 消息携带，并由基站 eNodeB 提取后再通过 S1AP UplinkNASTransport 消息转发给 MME。

另外，这条消息本身还可以通过 user_data_container IE 携带包含的上行用户数据，以便达到快速传输数据的目的，减少时延，减少信令开销，因此当 MME 收到这个包含上行用户数据的控制面业务请求消息后，必须先把用户数据提取出来并转发给相应的 SCEF 或 S-GW 后，才能回复 Service Accept 消息。

```
LTE NAS EMM Plain OTA Outgoing Message——Control Plane Service Request
prot_disc = 7 (0x7) (EPS mobility management messages)
msg_type = 77 (0x4d) (Control Plane service request)
lte_emm_msg
emm_ctrl_serv_req
tsc = 0 (0x0) (cached sec context)
nas_key_set_id = 3 (0x3)
active_flag = 0 (0x0)
ctrl_plane_service_type = 0 (0x0) (mobile originating req)
esm_msg_container_incl = 1 (0x1)
esm_msg_container
eps_bearer_id_or_skip_id = 5 (0x5)
prot_disc = 2 (0x2) (EPS session management messages)
trans_id = 0 (0x0)
msg_type = 235 (0xeb) (ESM data transport)
lte_esm_msg
esm_data_transport
    user_data_container //快速传输携带的上行用户数据包
        user_data_container_len = 52 (0x34)
        user_data[0] = 69 (0x45)
        user_data[1] = 0 (0x0)
        user_data[2] = 0 (0x0)
        user_data[3] = 52 (0x34)
        user_data[4] = 193 (0xc1)
        user_data[5] = 129 (0x81)
        user_data[6] = 64 (0x40)
        user_data[7] = 0 (0x0)
        user_data[8] = 64 (0x40)
        user_data[9] = 6 (0x6)
        user_data[10] = 18 (0x12)
        user_data[11] = 52 (0x34)
```

```
            user_data[12] = 20 (0x14)
            user_data[13] = 4 (0x4)
            user_data[14] = 8 (0x8)
            user_data[15] = 212 (0xd4)
            user_data[16] = 169 (0xa9)
            user_data[17] = 144 (0x90)
            user_data[18] = 160 (0xa0)
            user_data[19] = 166 (0xa6)
            user_data[20] = 218 (0xda)
            user_data[21] = 138 (0x8a)
            user_data[22] = 10 (0xa)
            user_data[23] = 38 (0x26)
            user_data[24] = 16 (0x10)
            user_data[25] = 218 (0xda)
            user_data[26] = 126 (0x7e)
            user_data[27] = 181 (0xb5)
            user_data[28] = 0 (0x0)
            user_data[29] = 0 (0x0)
            user_data[30] = 0 (0x0)
            user_data[31] = 0 (0x0)
            user_data[32] = 128 (0x80)
            user_data[33] = 2 (0x2)
            user_data[34] = 32 (0x20)
            user_data[35] = 0 (0x0)
            user_data[36] = 115 (0x73)
            user_data[37] = 193 (0xc1)
            user_data[38] = 0 (0x0)
            user_data[39] = 0 (0x0)
            user_data[40] = 2 (0x2)
            user_data[41] = 4 (0x4)
            user_data[42] = 5 (0x5)
            user_data[43] = 180 (0xb4)
            user_data[44] = 1 (0x1)
            user_data[45] = 3 (0x3)
            user_data[46] = 3 (0x3)
            user_data[47] = 8 (0x8)
            user_data[48] = 1 (0x1)
            user_data[49] = 1 (0x1)
            user_data[50] = 4 (0x4)
            user_data[51] = 2 (0x2)
            release_assistance_ind_incl = 0 (0x0)
    nas_msg_container_incl = 0 (0x0)
    eps_bearer_context_incl = 1 (0x1)
```

```
eps_bearer_context_status
            len_eps_bearer_context = 2 (0x2)
            ebi_7 = 0 (0x0)
            ebi_6 = 0 (0x0)
            ebi_5 = 1 (0x1)
            ebi_15 = 0 (0x0)
            ebi_14 = 0 (0x0)
            ebi_13 = 0 (0x0)
            ebi_12 = 0 (0x0)
            ebi_11 = 0 (0x0)
            ebi_10 = 0 (0x0)
            ebi_9 = 0 (0x0)
            ebi_8 = 0 (0x0)
            dev_properties_incl = 0 (0x0)

Service Accept
prot_disc = 7 (0x7) (EPS mobility management messages)
msg_type = 79 (0x4f) (Service accept)
lte_emm_msg
emm_service_acc
            eps_bearer_context_incl = 1 (0x1)
            eps_bearer_context_status
                 len_eps_bearer_context = 2 (0x2)
                 ebi_7 = 0 (0x0)
                 ebi_6 = 0 (0x0)
                 ebi_5 = 1 (0x1)
                 ebi_15 = 0 (0x0)
                 ebi_14 = 0 (0x0)
                 ebi_13 = 0 (0x0)
                 ebi_12 = 0 (0x0)
                 ebi_11 = 0 (0x0)
                 ebi_10 = 0 (0x0)
                 ebi_9 = 0 (0x0)
                 ebi_8 = 0 (0x0)
```

8.5.7 Data Transport

这里介绍的是基于控制面功能优化的用户数据包传输消息和路径，对基于传统用户面功能优化的用户数据传输消息不进行解析。

1．S1AP（S1-C）数据传输消息

```
S1AP {
  pdu value S1AP-PDU ::= initiatingMessage : {
```

```
    procedureCode 13,
    criticality ignore,
    value UplinkNASTransport : {
      protocolIEs {
        {
          id 0,
          criticality reject,
          value MME-UE-S1AP-ID : 2465700
        },
        {
          id 8,
          criticality reject,
          value ENB-UE-S1AP-ID : 262152
        },
        {
          id 26,
          criticality reject,
          value NAS-PDU :
'27e12cb4492d5200eb003445000034005c40008006ac3914043408
920b7417c91401852b8b35ae0000000080022000d50e0000020405b40103030801010402'H
        },
        {
          id 100,
          criticality ignore,
          value EUTRAN-CGI : {
            pLMNidentity '64f099'H,
            cell-ID '0111101001011001110000000000'B
          }
        },
        {
          id 67,
          criticality ignore,
          value TAI : {
            pLMNidentity '64f099'H,
            tAC '2000'H
          }
        }
      }
    }
  }
  NAS {
    securityProtectedNASMessage {
      securityHeaderType Integrity & ciphered (2),
```

```
            protocolDiscriminator 7,
            messageAuthenticationCode 'E1 2C B4 49'H,
            sequenceNumber 45,
            NASMessage '52 00 EB 00 34 45 00 00 34 00 5C 40 00 80 06 AC 39 14 04 34 08 92 0B 74
17 C9 14 01 85 2B 8B 35 AE 00 00 00 00 80 02 20 00 D5 0E 00 00 02 04 05 B4 01 03 03 08 01 01 04 02'H
          }
        }
      }
```

2. NAS 层控制面数据传输消息

该消息通过 user_data_container IE 专门携带用户数据包，并且该用户数据包中应该已经包含源 IP 地址和目的 IP 地址等头信息。

```
LTE NAS ESM Plain OTA Outgoing Message——ESM Data Transport MSG
eps_bearer_id_or_skip_id = 5 (0x5)
prot_disc = 2 (0x2) (EPS session management messages)
trans_id = 0 (0x0)
msg_type = 235 (0xeb) (ESM data transport)
lte_esm_msg
  esm_data_transport
    user_data_container
      user_data_container_len = 64 (0x40)
      user_data[0] = 69 (0x45)
      user_data[1] = 0 (0x0)
      user_data[2] = 3 (0x3)
      user_data[3] = 252 (0xfc)
      user_data[4] = 0 (0x0)
      user_data[5] = 8 (0x8)
      user_data[6] = 0 (0x0)
      user_data[7] = 0 (0x0)
      user_data[8] = 1 (0x1)
      user_data[9] = 17 (0x11)
      user_data[10] = 171 (0xab)
      user_data[11] = 66 (0x42)
      user_data[12] = 20 (0x14)   //源 IP 地址
      user_data[13] = 4 (0x4)
      user_data[14] = 8 (0x8)
      user_data[15] = 212 (0xd4)
      user_data[16] = 169 (0xa9)   //目的 IP 地址
      user_data[17] = 144 (0x90)
      user_data[18] = 160 (0xa0)
      user_data[19] = 166 (0xa6)
      user_data[19] = 250 (0xfa)
```

```
user_data[20] = 192 (0xc0)
user_data[21] = 0 (0x0)
user_data[22] = 14 (0xe)
user_data[23] = 118 (0x76)
user_data[24] = 3 (0x3)
user_data[25] = 232 (0xe8)
user_data[26] = 217 (0xd9)
user_data[27] = 21 (0x15)
user_data[28] = 60 (0x3c)
user_data[29] = 63 (0x3f)
user_data[30] = 120 (0x78)
user_data[31] = 109 (0x6d)
user_data[32] = 108 (0x6c)
user_data[33] = 32 (0x20)
user_data[34] = 118 (0x76)
user_data[35] = 101 (0x65)
user_data[36] = 114 (0x72)
user_data[37] = 115 (0x73)
user_data[38] = 105 (0x69)
user_data[39] = 111 (0x6f)
user_data[40] = 110 (0x6e)
user_data[41] = 61 (0x3d)
user_data[42] = 34 (0x22)
user_data[43] = 49 (0x31)
user_data[44] = 46 (0x2e)
user_data[45] = 48 (0x30)
user_data[46] = 34 (0x22)
user_data[47] = 32 (0x20)
user_data[48] = 101 (0x65)
user_data[49] = 110 (0x6e)
user_data[50] = 99 (0x63)
user_data[51] = 111 (0x6f)
user_data[52] = 100 (0x64)
user_data[53] = 105 (0x69)
user_data[54] = 110 (0x6e)
user_data[55] = 103 (0x67)
user_data[56] = 61 (0x3d)
user_data[57] = 34 (0x22)
user_data[58] = 117 (0x75)
user_data[59] = 116 (0x74)
user_data[60] = 102 (0x66)
user_data[61] = 45 (0x2d)
user_data[62] = 56 (0x38)
```

```
        user_data[63] = 34 (0x22)
    release_assistance_ind_incl = 0 (0x0)
```

3．RRC（Uu）数据传输消息

该 RRC 消息通过 dedicatedInfoNAS IE 专门传输用户数据，即所谓的 Data over NAS（DoNAS）。

```
LTE RRC OTA Packet——UL_DCCH_NB / ULInformationTransfer
RRC Release Number.Major.minor = 13.2.1
Radio Bearer ID = 3, Physical Cell ID = 432，Freq = 3660
SysFrameNum = 0, SubFrameNum = 0
PDU Number = UL_DCCH_NB Message,      Msg Length = 78
SIB Mask in SI =    0x00
value UL-DCCH-Message-NB ::=
{
  message c1 : ulInformationTransfer-r13 :
      {
        criticalExtensions ulInformationTransfer-r13 :
          {
            dedicatedInfoNAS-r13
'2756DF610A135200EB03FC450003FC000800000111AB42
140406A9EFFFFFFAC0000E7603E8D9153C3F786D6C2076657273696F6E3D22312E302220656E636F646
96E673D227574662D38223F3E3C736F61703A456E76656C6F706520786D6C6E733A736F61703D226874
653E'H
          }
      }
}
```

8.6　终端能力消息解析

UE 除通过 UECapabilityInformation 消息专门报告给基站自己的各项无线层接入能力之外，还可以通过 RRCConnectionRequest 消息在初始 RRC 连接建立过程中顺带简要报告自己的能力，如 UE Category。基站接收到 UE 报告上来的能力消息之后会通过 S1AP UE Capability Indication 消息转发给 MME。

在 RRC 连接状态下，eNodeB 会一直保存 UE 的无线能力信息，而在空闲状态下，MME 会一直保存 UE 的无线能力信息，这样当 UE 下次发起 RRC 连接建立过程时，MME 就会通过 Initial Context Setup Request 消息将 UE 的能力信息告诉 eNodeB，而无需 eNodeB 再次发起 UE 能力查询过程，从而可以减少空口信令的开销。

8.6.1 UE Capability Enquiry

如果基站没有从 MME 获得 UE 能力信息，那么基站就会向终端发送该下行 UE 能力查询请求消息。

```
value DL-DCCH-Message-NB ::=
{
  message c1 : ueCapabilityEnquiry-r13 :
      {
        rrc-TransactionIdentifier 0,
        criticalExtensions c1 : ueCapabilityEnquiry-r13 :
            {

            }
      }
}
```

8.6.2 UE Capability Information

上行 UE 能力查询响应消息包括具体的 PDCP/Physical/RF 等能力信息。基站接收到该能力查询响应消息后会通过 S1AP UECapabilityInfoIndication 消息把 UE 能力信息转发给 MME 保存。

```
value UL-DCCH-Message-NB ::=
{
  message c1 : ueCapabilityInformation-r13 :
  {
      rrc-TransactionIdentifier 0,
      criticalExtensions ueCapabilityInformation-r13 :
      {
          ue-Capability-Container-r13
          {
              accessStratumRelease-r13 rel13, //UE 接入层版本信息
              ue-Category-NB-r13 nb1, //UE 能力类别
              multipleDRB-r13 supported,
              pdcp-Parameters-r13
              {
                  supportedROHC-Profiles-r13 //支持哪些类型 IP 头压缩算法
                  {
                      profile0x0002 TRUE,
                      profile0x0003 FALSE,
                      profile0x0004 FALSE,
                      profile0x0006 FALSE,
```

```
                    profile0x0102 FALSE,
                    profile0x0103 FALSE,
                    profile0x0104 FALSE
                maxNumberROHC-ContextSessions-r13: cs2
                }
            },
            phyLayerParameters-r13 //物理层能力，如是否支持 Multi-tone 和多载波
            {
                multiTone-r13: supported
                multiCarrier-r13: supported
            },
            rf-Parameters-r13
            {
                supportedBandList-r13 //支持的 Band 列表及每个 Band 支持的功率等级
                {
                    band-r13 1
                    powerClassNB-20dBm-r13: supported
                    powerClassNB-23dBm-r13: supported
                    band-r13 5
                    powerClassNB-20dBm-r13: supported
                    band-r13 8
                    powerClassNB-20dBm-r13: supported

                }
                multiNS-Pmax-r13: supported
            },
        }
        ue-RadioPagingInfo-r13
        {
            ue-Category-NB-r13 nb1
        }
    }
  }
}
```

附录A 缩 略 语

本附录集中列出了在本书中所有出现的英文缩略语的英文全称和中文含义，并以首字母为序排列，方便读者查询和阅读本书。

英文缩写	英文全称	中文含义
3GPP	Third Generation Partnership Project	第3代合作伙伴项目
AAA	Authentication, Authorization and Accounting	鉴权，授权，计费
ADB	Android Data Bridge	安卓数据桥
AKA	Authentication and Key Agreement	鉴权和密钥协议
ALG	Application Level Gateway	应用级网关
AM	Acknowledged Mode	应答模式
AMR-WB	Adaptive Multi-Rate-WideBand	自适应多速率宽带
AP	Authentication Proxy	鉴权代理
APN	Access Point Name	接入点名称
AR	Argument Reality	增强现实
AS	Application Server	应用服务器
AS	Access Stratum	接入层
ATM	Asynchronous Transfer Mode	异步传输模式
AUTN	Authentication Token	鉴权令牌
AVP	Attribute Value Pair	属性值对
BBU	Baseband Unit	基带处理单元
BGCF	Breakout Gateway Control Function	出口网关控制功能
BPSK	Binary Phase Shift Keying	二进制相移键控调制
BSR	Buffer Status Report	缓冲区状态报告
BSS	Base Station System	基站系统
CA	Carrier Aggregation	载波聚合
CDMA	Code Division Multiple Access	码分多址
CE	Coverage Enhancement	覆盖增强
CE	Control Element	（MAC）控制单元
CIoT	Cellular Internet of Things	蜂窝物联网
CK	Ciphering Key	加密密匙
CN	Core Network	核心网
CQI	Channel Quality Indication	信道质量指示
CP	Cyclic Prefix	循环冗余前缀

续表

英文缩写	英文全称	中文含义
CP	Control Plane	控制平面
CS	Circuit Switched	电路交换
CSCF	Call Session Control Function	呼叫会话控制功能
CSFB	Circuit Switched FallBack	电路域回落
C-SGN	Cellular Serving Gateway Node	蜂窝业务网管节点
CSS	Common Search Space	公共搜索空间
DCI	Downlink Control Information	下行链路控制信息
DHCP	Dynamic Host Confiruation Protocol	动态主机配置协议
DL	DownLink	下行链路
DM-RS	Demodulation Reference Signal	解调参考信号
DNS	Domain Name Server	域名解析服务器
DRB	Data Radio Bearer	数据无线承载
DRX/eDRX	Enhanced DiscontInuous reception	增强的不连续接收
DTM	Dual Transfer Mode	双传输模式
DTMF	Dual-Tone Multi-Frequency	双音多频
DTX	Discontinuous Transmission	不连续发射
DU	Digital Unit	数字处理单元
DV	Data Volume	数据量报告
E-ARFCN	E-UTRA Absolute Radio Frequency Channel Number	LTE 绝对无线频点信道编号
ECM	EPS Connection Management	EPS 连接性管理
EDGE	Enhanced Data rates for GPRS Evolution	GPRS 演进-增强数据速率
EMM	EPS Mobility Management	EPS 移动性管理
eMTC	Enhanced Machine Type Communication	增强机器类型通信
EPC	Evolved Packet Core	演进分组核心网
EPS	Evolved Packet System	演进分组系统
ESM	EPS Session Management	EPS 会话管理
E-UTRAN	Evolved Universal Terrestrial Radio Access Network	演进的通用陆地无线接入网
FDD	Frequency Division Duplex	频分双工
FTP	File Transfer Protocol	文件传输协议
GBA	Generic Bootstrapping Architecture	通用启动架构
GBR	Guaranteed Bit Rate	确保的比特速率
GERAN	GSM/EDGE Radio Access Network	GSM 无线接入网
GGSN	Gateway GPRS Support Node	GPRS 网关支撑结点
GPRS	General Packet Radio Service	通用分组无线业务
GPS	Global Positioning System	全球定位系统
GSM	Global System for Mobile Communication	全球通信系统

续表

英文缩写	英文全称	中文含义
GSMA	GSM Assication	GSM联盟
GTP	GPRS Tunelling Protocol	GPRS隧道传输协议
HARQ	Hybrid Automatic Repeat reQuest	混合自动重发请求
HD-FDD	Half Duplex-Frequency Division Duplex	半频分双工
HLR	Home Location Register	归属位置寄存器
HO	HandOver	切换
HSPA	High Speed Packet Access	高速分组接入
HSS	Home Subscriber Server	归属用户服务器
HTTP	Hypertext Transfer Protocol	超文本传输协议
IARI	IMS Application Reference Identity	IMS应用参考标识
IB	In-Band	NB-IoT带内部署模式
IBCF	Interconnection Border Control Function	互连边界控制功能
ICS	IMS Centralized Services	IMS集中业务
ICSI	IMS Communication Service Identifier	IMS通信业务识别符
IE	Information Element	信息单元
IETF	Internet Engineering Task Force	互联网工程任务组
IK	Integrity Key	完整性保护密钥
IMS	IP Multimedia Subsystem	IP多媒体子系统
IMSI	International Mobile Subscriber Identifier	国际移动用户识别符
IMT	International Mobile Telecom System	国际移动电信系统
IoT	Internet of Things	物联网
IP	Internet Protocol	互联网协议
IP-CAN	IP Connectivity Access Network	IP连接接入网
ISC	IMS Service Continuity	IMS业务的连续性
ISIM	IMS Subscriber Identity Module	IMS用户识别模块
ITU	International Telecommunication Union	国际电信联盟
LA	Link Adaptation	链路自适应
LAU	Location Area Update	位置区更新
LDPC	Low Density Parity Check Code	低密度奇偶校验码
LPWA	Low Power Wide Area	低功耗广域覆盖
LTE	Long Term Evolution	长期演进
M2M	Machine 2(To) Machine	机器对机器通信
MAC	Medium Access Control	媒体接入控制
MCC	Mobile Country Code	移动国家号
MCC	Mission Critical Communication	任务关键通信
MCL	Maximum Coupling Loss	最大耦合路径损耗

续表

英文缩写	英文全称	中文含义
MCS	Modulation and Coding Schemes	调制和编码策略
MEC	Mobile Edge Computation	移动边缘计算
MGCF	Media Gateway Control Function	媒体网关控制功能
MIB	Main Information Block	主信息块
MIME	Multipurpose Internet Mail Extensions	多用途互联网邮件扩展类型
MIMO	Multi Input Multi Output	多入多出
MME	Mobility Management Entity	移动性管理实体
MMS	Multimedia Messaging Service	多媒体消息业务（彩信）
MNC	Mobile Network Code	移动网络号
MO	Mobile Originating	移动台发起的
MRB	Media Resource Broker	—
MRFC	Multi-media Resource Function Controller	多媒体资源功能控制器
MRFP	Multi-media Resource Function Processor	多媒体资源功能处理器
MSC	Mobile Switch Center	移动交换中心
MT	Mobile Terminating	移动台终止的
MTC	Machine Type of Communication	机器类型通信
NACC	Network Assisted Cell Change	网络辅助小区改变
NAS	Non Access Stratum	非接入层
NB-IoT	Narrow Band IoT	窄带物联网
NaaS	Network as a Service	网络即服务
NDI	New Data Indication	新数据（调度）指示
NFV	Network Function Virtualization	网络功能虚拟化
OFDMA	Orthogonal Frequency Division Multiple Access	正交频分多址接入
OSA	Open Services Architecture	开放业务架构
OTA	Over the Air	在空中
OTT	Over the Top	在顶部
PAPR	Peak Average Power Ratio	峰均比
PBCH	Physical Broadcast Channel	物理广播信道
PCO	Protocol Configration Option	协议配置选项
PCI	Physical Cell Identifier	物理小区标识
PCRF	Policy Charging Rules Function	计费策略和功能
PDCCH	Physical Downlink Control Channel	物理下行控制信道
PDCP	Packet Data Convergence Protocol	分组数据收敛协议
PDN	Packet Data Network	分组数据网络
PDP	Packet Data Protocol	分组数据协议
PDSCH	Physical Downlink Shared Channel	物理下行共享信道

续表

英 文 缩 写	英 文 全 称	中 文 含 义
PDU	Protocol Data Unit	协议数据单元
P-GW	PDN GateWay	PDN 网关
PHR	Power Headroom Report	功率余量报告
PLMN	Public Land Mobile Network	公用陆地移动网络
PRACH	Physical Random Access Channel	物理随机接入信道
PRB	Physical Resource Block	物理资源块
PS	Packet Switched	分组交换
PSI	Public Service Identifier	公共业务识别号
PSM	Power Save Mode	功率节省模式
PSS	Primary Synchronization Signal	主同步信号
PSTN	Public Switched Telephone Network	公用交换电话网络
PUCCH	Physical Uplink Control Channel	物理上行控制信道
PUSCH	Physical Uplink Shared Channel	物理上行共享信道
QAM	Quadrature Amplitude Modulation	正交振幅调制
QCI	QoS Class Identifier	QoS 类别标识
QoS	Quality of Service	业务质量
QPSK	Quadrature Phase Shift Keying	正交相移键控
RAB	Radio Access Bearer	无线接入承载
RACH	Random Access Channel	随机接入信道
RAN	Radio Access Network	无线接入网络
RAR	Random Access Response	随机接入响应
RAT	Radio Access Technology	无线接入技术
RAU	Routing Area Update	路由区更新
RCS	Rich Communication Service/Suite	融合通信业务
RE	Resource Element	资源单元
RF	Radio frequency	无线频率
RFC	Requests for comments	—
RI	Rank Indication	（预编码矩阵）秩指示
RLC	Radion Link Control	无线链路控制
RNC	Radio Network Controller	无线网络控制器
RNTI	Radio Network Temporary Identity	无线网络临时标识符
RRC	Radio Resource Control	无线资源控制
RS	Reference Signal	参考信号
RSRP	Reference Signal Received Power	参考信号接收功率
RSRQ	Reference Signal Received Quality	参考信号接收质量
RTCP	Real-time Transport Control Protocol	实时传输控制协议

续表

英文缩写	英文全称	中文含义
RTP	Real-time Transport Protocol	实时传输协议
RRU	Remote Radio Unit	远程射频处理单元
RU	Resource Unit	（NB-IoT）上行资源单位
RU	Radio Unit	无线（射频）处理单元
SA	Stand-Alone	（NB-IoT）独立部署模式
SAE	System Architecture Evolution	系统架构演进
SC	Sub-Carrier	子载波
SCC	Service Centralization and Continuity	业务集中和连续性
SCEF	Service Capability Extended Function	业务能力扩展功能
SCS	Service Capability Server	业务能力服务器
SCTP	Stream Control Transmission Protocol	流控传输协议
SDN	Software Defined Network	软件定义网络
SDP	Session Description Protocol	会话描述协议
SDU	Service Data Unit	业务数据单元
SGSN	Serving GPRS Support Node	GPRS 业务支撑节点
S-GW	Serving GateWay	服务网关
SI	Scheduling Information	调度信息
SIB	System Information Block	系统信息块
SIM	Subscriber Identity Module	用户识别模块
SIP	Session Initiation Protocol	会话初始协议
SLF	Subscription Locator Function	签约数据库定位功能
SMS	Short Message Service	短消息业务
SON	Self Organization Network	自组织网络
SPS	Semi-Persist Scheduling	半静态调度
SR	Scheduling Request	调度请求
SRB	Signaling Radio Bearer	信令无线承载
SRS	Sounding Reference Signal	探测参考信号
SRVCC	Single Radio Voice Call Continuity	单一无线语音会话的连续性
SS	Supplementary Services	补充业务
SSF	Service Switching Function	业务切换功能
SSS	Secondary Synchronization Signal	辅助同步信号
SV-LTE	Simultaneous Voice and LTE	同时语音业务
TAS	Telephony Application Server	电话业务应用服务器
TAU	Tracking Area Update	跟踪区更新
TBS	Transport Block Size	传输块大小
TCP	Transmission Control Protocol	传输控制协议

续表

英文缩写	英文全称	中文含义
TDD	Time Division Duplex	时分双工
TDMA	Time Division Multi-Access	时分多址接入
TLS	Transport Layer Security Protocol	传输层安全协议
TM	Transmission Mode	发射模式
TM	Transparent Mode	透传模式
TMSI	Temporary Mobile Subscriber Identity	临时移动用户标识符
TrGW	Transition Gateway	转换网关
TTI	Transmission Time Interval	发射时间间隔
UA	User Agent	用户代理
UAC	User Agent Client	用户代理客户端
UAS	User Agent Server	用户代理服务器端
UCI	Uplink Control Information	上行链路控制信息
UDP	User Datagram Protocol	用户数据报协议
UE	User Equipment	用户设备
UICC	Universal Integrated Circuit Card	通用集成电路卡
UL	UpLink	上行链路
UM	Unacknowldeged Mode	无应答模式
UP	User Plane	用户平面
URI	Uniform Resource Identifier	统一资源识别符
URL	Universal Resource Locator	通用资源定位器
URLLC	Ultra-Reliable Low Latency Communication	超高可靠性超低时延通信
URN	Uniform Resource Name	统一资源名称
USIM	Universal Subscriber Identity Module	通用用户识别模块
USS	UE specific Search Space	UE 特定的搜索空间
USSD	Unstructured Supplementary Service Data	非结构化补充业务数据
UTRAN	UMTS Terrestrial Radio Access Network	UMTS 陆地无线接入网络
VLR	Visitor Location Register	拜访位置寄存器
VM	Virtual Machine	虚拟机
VoIP	Voice over IP	IP 电话
VoLTE	Voice over LTE	LTE 直接承载语音呼叫业务
VR	Virtual Reality	虚拟现实
WCDMA	Wideband Code Division Multiple Access	宽带码分多址接入
WLAN	Wireless Local Area Network	无线局域网
XCAP	XML Configuration Access Protocol	XML 配置访问协议
xDSL	Digital Subscriber Line	数字用户线路
XML	eXtensible Markup Language	扩展标记语言

附录 B　IETF-RFC 规范

序　号	内　容
1	RFC2401. Security Architecture for the Internet Protocol.
2	RFC2486. The Network Access Identifier.
3	RFC2617. HTTP Authentication: Basic and Digest Access Authentication.
4	RFC2833. RTP Payload for DTMF Digits, Telephony Tones and Telephony Signals.
5	RFC3261. SIP: Session Initiation Protocol.
6	RFC3262. Reliability of Provisional Responses in the Session Initiation Protocol (SIP).
7	RFC3264. An Offer/Answer Model with SDP.
8	RFC3265. Session Initiation Protocol (SIP)-Specific Event Notification.
9	RFC3310. Hypertext Transfer Protocol (HTTP) Digest Authentication Using Authentication and Key Agreement(AKA).
10	RFC3311. The Session Initiation Protocol (SIP) UPDATE Method.
11	RFC3312. Integration of Resource Management and Session Initiation Protocol.
12	RFC3323. A Privacy Mechanism for the Session Initiation Protocol (SIP).
13	RFC3325. Private Extensions to the Session Initiation Protocol (SIP) for Asserted Identity within Trusted Networks.
14	RFC3327. Session Initiation Protocol (SIP) Extension Header Field for Registering NonAdjacent Contacts.
15	RFC3329. Security Mechanism Agreement for the Session Initiation Protocol (SIP).
16	RFC3455. Private Header (P-Header) Extensions to the Session Initiation Protocol (SIP) for the 3rd-Generation Partnership Project (3GPP).
17	RFC3550. RTP: A Transport Protocol for Real-time Applications.
18	RFC3551. RTP Profile for Audio and Video Conferences with Minimal Control.
19	RFC3556. SDP Bandwidth Modifiers for RTCP Bandwidth.

续表

序　号	内　容
20	RFC3608. Session Initiation Protocol (SIP) Extension Header Field for Service Route Discovery during Registration.
21	RFC3680. A Session Initiation Protocol (SIP) Event Package for Registrations.
22	RFC3840. Indicating User Agent Capabilities in the Session Initiation Protocol (SIP).
23	RFC3841. Caller Preferences for the Session Initiation Protocol (SIP).
24	RFC3842. A Message Summary and Message Waiting Indication Event Package for the Session Initiation Protocol (SIP).
25	RFC3986. Uniform Resource Identifier (URI): Generic Syntax.
26	RFC4006. Diameter Credit-Control Application.
27	RFC4028. Session Timers in the Session Initiation Protocol (SIP).
28	RFC4566. SDP: Session Description Protocol.
29	RFC4575.
30	RFC4579.
31	RFC4585. Extended RTP Profile for Real-time Transport Control Protocol(RTCP)-Based Feedback(RTP/AVPF).
32	RFC4596. Guidelines for Usage of the Session Initiation Protocol (SIP) Caller Preferences Extension.
33	RFC4745. Common Policy: A Document Format for Expressing Privacy Preferences.
34	RFC4867. RTP Payload Format and File Storage Format for the Adaptive Multi-Rate (AMR) and Adaptive Multi-Rate Wideband (AMR-WB) Audio Codecs.
35	RFC4975. The Message Session Relay Protocol (MSRP).
36	RFC5031. A Uniform Resource Name (URN) for Emergency and Other Well-Known Services.
37	RFC5279. A Uniform Resource Name (URN) Namespace for the 3rd Generation Partnership Project (3GPP).
38	RFC6050. A Session Initiation Protocol (SIP) Extension for the Identification of Services.

附录 C　3GPP 规范

序　号	内　容
1	3GPP TR 23.815. Charging Implications of IMS Architecture.
2	3GPP TR 23.882. 3GPP System Architecture Evolution (SAE): Report on Technical Options and Conclusions.
3	3GPP TR 23.893. Feasibility Study on Multimedia Session Continuity.
4	3GPP TS 22.101. Service Principles.
5	3GPP TS 22.173. IP Multimedia Core Network Subsystem (IMS) Multimedia Telephony Service and Supplementary Services.
6	3GPP TS 22.228. Service Requirements for the IP Multimedia Core Network Subsystem.
7	3GPP TS 23.002. Network Architecture.
8	3GPP TS 23.003. Technical Specification Group Core Network; Numbering, Addressing and Identification.
9	3GPP TS 23.009. Handover Procedures.
10	3GPP TS 23.018. Basic Call Handling; Technical Realization.
11	3GPP TS 23.040. Technical Realization of the Short Message Service (SMS).
12	3GPP TS 23.167. IP Multimedia Subsystem (IMS) Emergency Sessions.
13	3GPP TS 23.203. Policy and Charging Control Architecture.
14	3GPP TS 23.204. Support of Short Message Service (SMS) Over Generic 3GPP Internet Protocol (IP) Access.
15	3GPP TS 23.207. End-to-End QoS Concept and Architecture.
16	3GPP TS 23.221. Architectural Requirements.
17	3GPP TS 23.228. IP Multimedia (IM) Subsystem; Stage 2.
18	3GPP TS 23.236. Intra-domain Connection of Radio Access Network (RAN) Nodes to Multiple Core Network (CN) Nodes.
19	3GPP TS 23.237. IP Multimedia Subsystem (IMS) Service Continuity.
20	3GPP TS 23.272. Circuit Switched (CS) Fallback in Evolved Packet System (EPS).
21	3GPP TS 23.292. IP Multimedia Subsystem (IMS) Centralized Services.
22	3GPP TS 23.334. IP Multimedia Subsystem (IMS) Application Level Gateway (IMS-ALG) – IMS Access Gateway (IMS-AGW) Interface: Procedures Descriptions.
23	3GPP TS 23.401. General Packet Radio Service (GPRS) Enhancements for Evolved Universal Terrestrial Radio Access Network (E-UTRAN) Access.

续表

序　号	内　容
24	3GPP TS 23.402. Architecture Enhancements for non-3GPP Accesses.
25	3GPP TS 24.008. Mobile Radio Interface Layer 3 Specification; Core Network Protocols.
26	3GPP TS 24.010. Mobile Radio Interface Layer 3; Supplementary Services Specification; General Aspects.
27	3GPP TS 24.011. Point-to-Point (PP) Short Message Service (SMS) Support on Mobile Radio Interface.
28	3GPP TS 24.147. Conferencing using the IP Multimedia (IM) Core Network (CN) subsystem; Stage 3.
29	3GPP TS 24.173. IMS Multimedia Telephony Service and Supplementary Services; Stage 3.
30	3GPP TS 24.229. IP Multimedia Call Control Based on SIP and SDP; Stage 3.
31	3GPP TS 24.292. IP Multimedia (IM) Core Network (CN) Subsystem Centralized Services (ICS); Stage 3.
32	3GPP TS 24.294. IP Multimedia Subsystem (IMS) Centralized Services (ICS) Protocol Via I1 Interface.
33	3GPP TS 24.301. Non-Access-Stratum (NAS) Protocol for Evolved Packet System (EPS); Stage 3.
34	3GPP TS 24.341. Support of SMS Over IP Networks; Stage 3.
35	3GPP TS 24.623. Extensible Markup Language (XML) Configuration Access Protocol (XCAP) Over the Ut interface for Manipulating Supplementary Services.
36	3GPP TS 24.930. Signalling Flows for the Session Setup in the IP Multimedia Core Network Subsystem (IMS)Based on Session Initiation Protocol (SIP) and Session Description Protocol (SDP); Stage 3.
37	3GPP TS 25.413. UTRAN Iu interface Radio Access Network Application Part (RANAP) Signalling.
38	3GPP TS 26.114. IP Multimedia Subsystem (IMS); Multimedia Telephony; Media Handling and Interaction.
39	3GPP TS 29.002. Mobile Application Part (MAP) Specification.
40	3GPP TS 29.018. General Packet Radio Service (GPRS); Serving GPRS Support Node (SGSN) – Visitors Location Register (VLR); Gs Interface Layer 3 Specification.
41	3GPP TS 29.118. Mobility Management Entity (MME) – Visitor Location Register (VLR) SGs Interface Specification.
42	3GPP TS 29.163. Interworking Between the IP Multimedia (IM) Core Network (CN) Subsystem and Circuit Switched (CS) Networks.
43	3GPP TS 29.212. Policy and Charging Control Over Gx Reference Point.
44	3GPP TS 29.213. Policy and Charging Control Signalling Flows and Quality of Service (QoS) Parameter Mapping.
45	3GPP TS 29.214. Policy and Charging Control Over Rx Reference Point.
46	3GPP TS 29.228. IP Multimedia (IM) Subsystem Cx and Dx Interfaces: Signaling Flows and Message Contents.
47	3GPP TS 29.229. Cx and Dx Interfaces Based on the Diameter Protocol: Protocol Details.

续表

序　号	内　容
48	3GPP TS 29.272. Evolved Packet System (EPS); Mobility Management Entity (MME) and Serving GPRS Support Node (SGSN) Related Interfaces Based on Diameter Protocol.
49	3GPP TS 29.280. Evolved Packet System (EPS); 3GPP Sv Interface (MME to MSC, and SGSN to MSC) for SRVCC.
50	3GPP TS 29.329. Sh Interface Based on the Diameter Protocol.
51	3GPP TS 29.334. IMS Application Level Gateway (IMS-ALG) – IMS Access Gateway (IMS-AGW); Iq Interface, Stage 3.
52	3GPP TS 32.240. Telecommunication Management; Charging Management; Charging Architecture and Principles.
53	3GPP TS 32.260. Telecommunication Management; Charging Management; IP Multimedia Subsystem (IMS) Charging.
54	3GPP TS 32.295. Charging Management; Charging Data Record (CDR) Transfer.
55	3GPP TS 32.299. Telecommunication Management; Charging Management; Diameter Charging Applications.
56	3GPP TS 33.102. 3G Security; Security Architecture.
57	3GPP TS 33.203. 3G Security; Access Security for IP-based Services.
58	3GPP TS 33.210. 3G Security; Network Domain Security (NDS); IP Network Layer Security.
59	3GPP TS 33.220. 3G Security; Generic Authentication Architecture (GAA); Generic Bootstrapping Architecture,3GPP.
60	3GPP TS 33.401. 3GPP System Architecture Evolution (SAE); Security Architecture.
61	3GPP TS 36.306. User Equipment (UE) Radio Access Capabilities.
62	3GPP TS 36.211. Evolved Universal Terrestrial Radio Access (E-UTRA); Physical channels and modulation.
63	3GPP TS 36.212. Evolved Universal Terrestrial Radio Access (E-UTRA); Multiplexing and channel coding.
64	3GPP TS 36.213. Evolved Universal Terrestrial Radio Access (E-UTRA); Physical layer procedures.
65	3GPP TS 36.321. Evolved Universal Terrestrial Radio Access (E-UTRA); Medium Access Control (MAC) protocol specification.
66	3GPP TS 36.331. Radio Resource Control (RRC); Protocol Specification.
67	3GPP TS 36.413. Evolved Universal Terrestrial Radio Access Network (E-UTRAN); S1 Application Protocol (S1AP).
68	3GPP TS 48.008 Mobile Switching Centre – Base Station System (MSC-BSS) Interface; Layer 3 Specification.

附录 D　GSMA 规范

序　号	内　容
1	IR.65. IMS Roaming and Interworking Guidelines.
2	IR.92. IMS Profile for Voice and SMS.
3	IR.94. IMS Profile for Conversational Video Service.

参考文献

[1] 小火车，好多鱼. 大话5G. 北京：电子工业出版社，2016.

[2] 郎为民. 大话物联网. 北京：人民邮电出版社，2011.

[3] AFIF O. JOSE F. M. PATRICK M. 陈明，缪庆育译. 5G移动无线通信技术. 北京：人民邮电出版社，2017.

[4] 戴博，袁戈非. 窄带物联网（NB-IoT）标准与关键技术. 北京：人民邮电出版社，2016.

[5] 郑侃，王文博. 3G 长期演进技术原理与系统设计. 北京：电子工业出版社，2007.

[6] 田辉，康桂霞，等. 3GPP 核心网技术. 北京：人民邮电出版社，2007.

[7] 吴伟陵，牛凯. 移动通信原理. 修订版. 北京：电子工业出版社，2009.

[8] 沈嘉. 3GPP 长期演进（LTE）技术原理与系统设计. 北京：人民邮电出版社，2008.

[9] 上海贝尔股份有限公司 LTE 网管集成开发团队. LTE 无线网络管理设计与实现. 北京：机械工业出版社，2011.

[10] LTE 无线网络规划与设计编委会. LTE 无线网络规划与设计. 北京：人民邮电出版社，2012.

[11] 陈宇恒，肖竹，王洪. LTE 协议栈与信令分析. 北京：人民邮电出版社，2013.

[12] 孙宇彤. LTE 教程：原理与实现. 北京：电子工业出版社，2014.

[13] 赵绍刚. IMS 网络部署、运营与未来演进. 北京：电子工业出版社，2011.

[14] 易睿得. LTE 系统原理及应用. 北京：电子工业出版社，2012.

[15] 江林华. LTE 语音业务及 VoLTE 技术详解. 北京：电子工业出版社，2016.

[16] 王晓云，杨志强. VoLTE 引领 4G 语音新时代. 北京：人民邮电出版社，2016.

[17] ERIK D. 3G evolution: HSPA and LTE for mobile broadband. 2nd ed. Academic Press，2008.

[18] HARRIHOLMAAND A. TE for UMTS: OFDMA and SC-FDMA Based Radio Access. John Wiley & Sons, 2009.

[19] STEFANIA S. ISSAM T. MATTHEW B. LTE-The UMTS Long Term Evolution From Theory to Practice. 2nd ed. A John Wiley & Sons, Ltd., Publication, 2010.

[20] ERIK D, STEFAN P, JOHAN S. 4G LTE/LTE-Advanced for Mobile Broadband. Academic Press, 2011.